KB245513

LE GRAND MANUEL DU BOULANGER

불랑제 그랜드 매뉴얼

불랑제 그랜드 매뉴얼
LE GRAND MANUEL DU BOULANGER

1판1쇄 펴냄 2020년 7월 31일
2판2쇄 펴냄 2025년 9월 3일

지은이 로돌프 랑드멘 | **옮긴이** 배영란 | **감수** 신성환

펴낸이 김경태 | **편집** 조현주 홍경화 강가연 | **디자인** 박정영 김재현 | **마케팅** 유진선 강주영 정보경
펴낸곳 (주)출판사 클
출판등록 2012년 1월 5일 제311-2012-02호
주소 03385 서울시 은평구 연서로26길 25-6
전화 070-4176-4680 | 팩스 02-354-4680 | 이메일 bookkl@bookkl.com

ISBN 979-11-94374-37-4 13590

이 도서의 국립중앙도서관 출판예정도서목록(CIP)은 서지정보유통지원시스템 홈페이지(http://seoji.nl.go.kr)와
국가자료공동목록시스템(http://www.nl.go.kr/kolisnet)에서 이용하실 수 있습니다.(CIP제어번호: CIP2020028147)

LE GRAND MANUEL DU BOULANGER

불랑제 그랜드 매뉴얼

로돌프 랑드멘RODOLPHE LANDEMAINE 지음

안 카조르ANNE CAZOR 자문

외르크 레만JOERG LEHMANN 사진

야니스 바루치코스YANNIS VAROUTSIKOS 일러스트

배영란 옮김

신성환 감수

불랑주리boulangerie
프랑스식 식사용 빵을 만드는 '제빵', 그런 빵을 판매하는 '빵집'을 의미한다. 케이크, 과자 등의 디저트와 그
것을 파는 가게인 파티스리pâtisserie, 버터와 달걀을 사용한 부드러운 빵과 그것을 파는 가게인 비에누아즈
리viennoiserie와 구분한다.

불랑제boulanger
불랑주리 셰프를 가리키며, 여성 셰프는 불랑제르boulangère라고 한다. 참고로 파티스리 셰프는 파티시에
pâtissier, 파티시에르pâtissière라고 한다.

일러두기

- 이 책에서 하단의 주석은 옮긴이와 감수자 주석이다.
- 외래어와 외국어 표기는 통용되는 명칭보다는 국립국어원 외래어 표기법을 따랐다.
  (예를 들어 치아바타는 차바타, 포카치아는 포카차 등)

메종 랑드멘

MAISON LANDEMAINE

마옌 출신인 로돌프 랑드멘Rodolphe Landemaine은 프랑스 전통 기술을 전수하는 직업 학교 레 콩파뇽 뒤 드부아르 에 뒤 투르 드 프랑스Les Compagnons du Devoir et du Tour de France에서 제빵 및 제과 기술을 공부했다. 이후 피에르 에르메Pierre Hermé 곁에서 라 뒤레La Durée 파티시에로 근무했을 뿐 아니라 리옹 폴 보퀴즈Paul Bocuse 레스토랑, 뤼카 카르통Lucas Carton 레스토랑, 브리스톨Bristol 호텔 등을 거치며 최고의 노하우를 쌓아갔다. 2007년 아내 요시미와 함께 파리 9구에 자신의 이름을 딴 첫 베이커리를 오픈한 뒤 파리 시내 여러 곳으로 지점을 확대한다.

메종 랑드멘은 노력과 실력, 그리고 즐거움이라는 세 가지 가치를 기반으로 한다. 레드 라벨 혹은 유기농 밀가루와 AOP(원산지 정부 공인) 버터, 신선한 계절 과일과 채소 등 최고의 원료를 바탕으로 제품을 만드는 한편 느린 발효 과정의 천연 르뱅을 기반으로 한 정통 방식을 고수하고 수제 제품을 사용하는 메종 랑드멘의 파리 임직원들은 이렇듯 좋은 빵을 만들기 위한 여러 요소들에 역점을 두며 최고의 제품을 선보이고자 노력한다. 최근에는 도쿄 시내에 1호 매장을 오픈하고 제빵 학교도 함께 세움으로써 일본에서도 그 여정을 이어가고 있다.

이 책에는 누구에게든 항상 양질의 제품을 선보일 수 있도록 10년 간 쉬지 않고 쇄신하여 갈고 닦은 기술과 작업의 결과물이 집약되어 있다. 전문 베이커의 설명과 요령을 곁들여 메종 랑드멘 만의 비밀 레시피를 공개하는 이 책을 통해 독자들도 맛있는 빵을 만들어 맛있게 먹을 수 있길 바란다.

차례
SOMMAIRE

이 책의 활용법
COMMENT UTILISER CE LIVRE

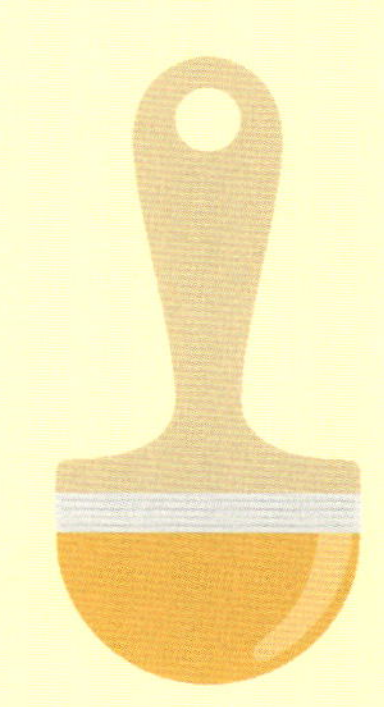

베이스 LES BASES

밀과 밀가루에서 시작하여 믹싱에서 굽기까지의 전 과정은 물론
빵 반죽에서 푀이타주에 이르기까지
제빵의 기본이 되는 재료와 기술, 레시피 등을 먼저 알아본다.
각각의 베이스에는 인포그래픽과 함께
제빵 기술의 세부 사항이나 준비 과정별 설명이 실려 있다.

레시피 LES RECETTES

베이스 레시피를 실행해보고
빵, 비에누아즈리, 브리오슈, 타르트, 케이크 등의 제품들을 만든다.
각각의 레시피는 베이스 레시피에 대한 참조 및 해당 레시피의 기본 개념에 대한 인포그래픽,
그리고 제작 과정을 차근차근 따라할 수 있도록 해주는 사진들로 구성되어 있다.

용어 사전 LE GLOSSAIRE ILLUSTRÉ

도구 사용법에 대한 자세한 설명을 더하고
주요 동작과 기술을 그림으로 표현하여 이해를 돕는다.

제1부

베이스

기본 재료

첨가 재료

발효 단계

기본 반죽

기본 크림

밀가루

FARINE DE BLÉ

밀알을 빻아 만든 가루.

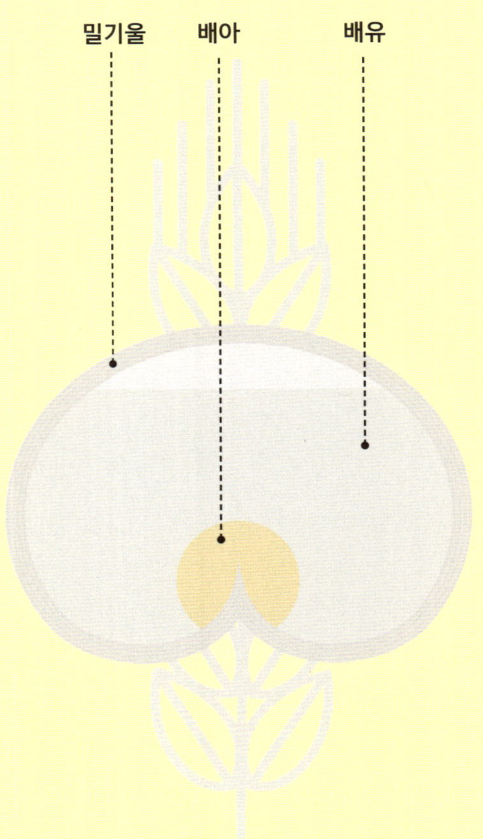

밀알의 성분

밀기울(겨): 밀알의 20-25%를 차지하며, 무기질이 풍부하다.

배유(배젖): 밀알의 70-75%를 차지하며, 녹말 70%, 글루텐 12%를 함유하고 있다.

배아(씨눈): 밀알의 3%를 차지하며, 비타민을 함유한다.

밀가루가 흰색일수록 밀기울 함량은 적고 글루텐 함량은 높다.

밀에서 가루가 되기까지

(백밀가루, 백밀+통밀 혼합가루, 통밀가루 등) 원하는 품질의 정제된 가루가 나올 때까지 밀을 분쇄하고, 체에 거르고 분류한 뒤 다시 분쇄한다.

맷돌 제분 밀가루

맷돌 제분 밀가루란 (금속 재질의 롤러를 이용하지 않고) 맷돌을 이용하여 분쇄한 밀가루를 가리킨다. 이러한 전통적인 제분 기법을 사용할 경우, 밀알의 배아와 함께 밀기울의 전체 혹은 일부가 남아 있게 되므로 영양소 대부분이 밀가루 내에 보존된다.

밀기울 함량이 높은 밀가루

밀기울은 밀알을 감싸고 있는 씨껍질로, 분쇄 과정에서 배유와 분리된다. 원하는 밀가루의 종류에 따라 이 씨껍질의 일부가 추가되기도 한다. 밀기울 함량이 높을수록 가루가 거칠어 글루텐 조직의 형성이 쉽지 않기 때문에 빵 반죽이 덜 부풀어오르며 이로써 보다 조밀한 내상이 만들어진다. 밀기울 함량이 높은 가루는 섬유질과 단백질, 비타민 및 무기질 함량이 높으며, 거친 맛이 난다.

밀가루의 'T'는 무엇을 의미하나?

밀가루의 종류를 표기할 때 사용하는 'T'는 밀가루 100g당 회분(무기질) 함량을 나타내는데, 정제된 밀가루일수록 흰색에 더욱 가깝고 밀기울 함량이 적어 자연히 회분 함량도 낮아진다. 가령 T45 밀가루에는 100g당 0.45%의 회분이 들어 있고, T150 밀가루는 1.50%의 회분을 함유한다.

T 수치가 낮은 밀가루

외형: 흰색을 띠며 입자가 곱다.

회분 함량: 낮다.

글루텐 비율: 매우 높다.

용도: 흰 빵, 브리오슈, 비에누아즈리

특징: 빨리 부풀어오르며 신축성 있는 반죽, 가벼운 내상과 부드러운 식감, 얇은 겉껍질, 단조로운 풍미.

T 수치가 높은 밀가루

외형: 다소 회색빛을 띠며 입자가 거칠다.

회분 함량: 높다.

글루텐 비율: 낮다.

용도: 팽 뤼스티크Pains rustiques, 팽 스페시오

특징: 글루텐 조직이 적어 신축성이 떨어지고 힘이 없는 반죽, 조밀한 내상과 밀기울 함량이 높아 빵 맛이 더 좋다.

팽 스페시오Pains spéciaux 제빵 과정에서 통상적으로 사용하는 재료(유지, 유제품, 설탕 및 기타 첨가제) 이외의 성분이 함유된 빵으로, 재료에 호밀, 옥수수, 쌀 등의 기타 곡물이 들어가는 경우를 일컫는다.

1

3

4

5

6

7

1 T45: 파린 드 그뤼오FARINE DE GRUAU (알갱이가 고운 최상급 백밀가루)

고단백질의 개량밀Blé de force을 빻아 만든 파린 드 그뤼오에는 일반적인 밀가루보다 더 많은 글루텐이 함유되어 있다.

외형: 흰색을 띠는 고운 입자.
회분 함량: 0.45%
글루텐 비율: 매우 높음
용도: 브리오슈, 비에누아즈리

2 T55: 백밀가루

외형: 흰색을 띠는 고운 입자.
회분 함량: 0.55%
글루텐 비율: 높음
용도: 흰 빵, 파트 아 타르트, 파트 아 피자, 제과류

3 T65: 백밀가루

외형: 흰색을 띠는 중간 정도의 입자.
회분 함량: 0.65%
글루텐 비율: 중간
용도: 팽 드 캉파뉴, 파트 아 타르트, 파트 아 피자, 제과류

4 T65 트라디시옹 (회분율 0.65%의 전통 밀가루)

1993년 제빵 관련 법령에 따라 법으로 보장된 무첨가제 밀가루.
외형: 흰색을 띠는 중간 정도의 입자.
회분 함량: 0.65%
글루텐 비율: 중간
용도: 팽 드 트라디시옹

5 T80: 파린 비즈FARINE BISE (흑밀가루) or 파린 스미-콩플레트FARINE SEMI-COMPLÈTE (백밀 통밀 혼합 밀가루)

외형: 밝은 회색을 띠는 중간 정도의 입자.
회분 함량: 0.80%
글루텐 비율: 중간
용도: 팽 스페시오, 제과류

6 T110: 파린 콩플레트FARINE COMPLÈTE (통밀가루)

외형: 회색을 띠는 굵은 입자.
회분 함량: 1.10%
글루텐 비율: 낮음
용도: 팽 콩플레 에 비스Pain complet et bis (통밀빵과 흑밀빵)

7 T150: 파린 앵테그랄FARINE INTÉGRALE (순수 통밀가루)

외형: 회색을 띠는 굵은 입자.
회분 함량: 1.50%
글루텐 비율: 낮음
용도: 팽 드 송

'글루텐'이란?

글루텐은 밀가루에 함유된 단백질의 한 종류로서, 반죽을 하는 동안 글루텐을 이루는 단백질(글루테닌과 글루아딘) 사이에 결합이 형성되어 촘촘한 그물망(글루텐 조직)이 만들어진다. 반죽을 너무 오래 치댔을 경우 (혹은 충분히 치대지 않았을 경우) 글루텐 조직이 촘촘하게 만들어지지 못하고 성긴 형태를 띠면서 반죽의 팽창에 필요한 가스를 충분히 가두지 못한다. 따라서 글루텐은 반죽이 부풀어오르는 데에 필수적인 요소이며, 글루텐 함량이 높은 밀가루일수록 반죽이 쉽게 부풀어오른다. 글루텐이 없는 가루는 통상 빵이 될 수 없는 가루로 일컬어진다.

밀가루 대체재

FARINES ALTERNATIVES

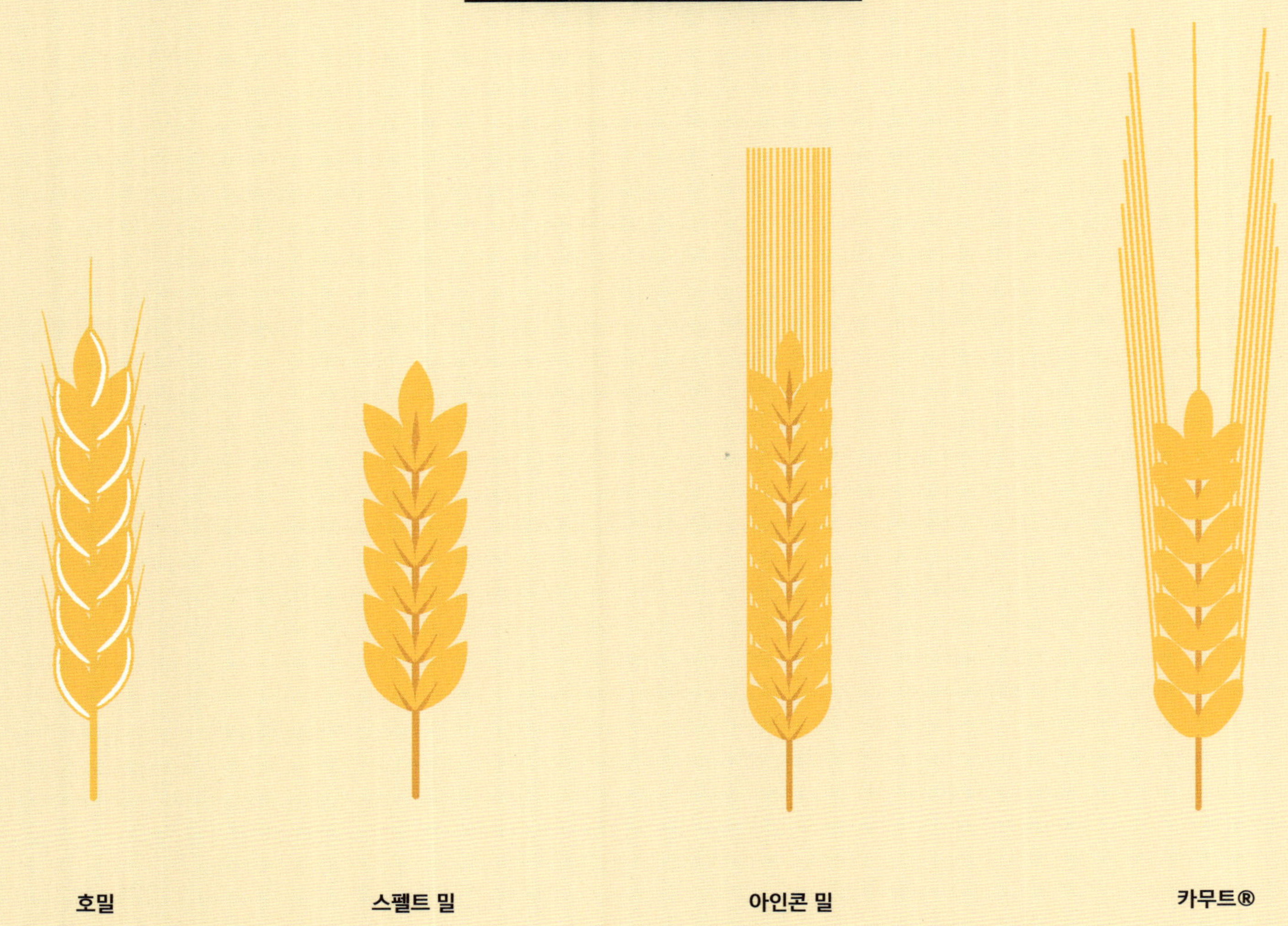

호밀　　　　스펠트 밀　　　　아인콘 밀　　　　카무트®

밀가루 대체제들로 빵을 만들려면 왜 밀가루와 섞어야 할까?

글루텐 조직을 제대로 형성시킬 만큼 충분한 글루텐을 함유하고 있지 않기 때문이다. 따라서 (글루텐이 풍부한) 일반 밀가루와 섞어 쓰면 빵 반죽이 더 크게 부풀고 가벼운 내상을 얻을 수 있다.

1

2

3

4

4 호밀가루

호밀 알갱이를 빻아 만든 제품으로, 유럽 북부 지역에서 나는 곡물이다.

성분: 제빵에 이용되기에는 미흡한 수준의 글루텐을 함유. 따라서 일반 밀보다 신축성이 떨어지고 힘이 없으며 글루텐 조직이 취약하다.

용도: 단독으로 제빵에 이용될 수 있으나, 밀가루와 혼합하면 작업이 더욱 용이. 이 경우 호밀가루의 비율은 전체 가루에서 20-50% 정도를 차지한다.

특징: 촘촘하고 조밀한 내상, 짙은 밤색, 딱딱한 식감의 강한 풍미.

1 스펠트 밀가루

스펠트 밀알을 빻아 만든 제품. 밀의 원류인 연질밀의 아종이다.

성분: 글루텐 12% 함유. 씨껍질이 많이 포함되어 있고 영양 성분이 풍부하다.

용도: 밀과 아인콘 밀의 중간 정도의 용도로 사용되며, 단독으로 제빵에 이용 가능하다.

특징: 밀을 함께 사용했을 때보다 더 조밀한 내상, (밝은 밤색 정도의) 보다 짙은 색상, 꽤 두드러진 풍미.

2 아인콘 밀가루

아인콘 밀알을 빻아 만든 제품. 오래된 곡물 품종으로, 유기 농법으로만 생산한다.

성분: 글루텐 7% 함유. 인체의 소화 흡수에 용이하여 글루텐에 민감한 사람들에게 적합하다.

용도: 단독으로 제빵에 이용 가능하나, 보통 일반 밀가루와 혼합하여 사용. 이 경우 아인콘 밀가루의 비율은 전체 가루에서 50-70% 정도를 차지한다.

특징: 노란빛을 띠는 조밀한 내상. 약간 달고 은은한 풍미.

3 카무트® 밀가루

(밀의 원류인) 호라산 밀알을 빻아 만든 제품으로, 원산지는 이집트이며 유기 농법으로만 생산한다. 정식으로 등록된 'KAMUT®'라는 상표는 '밀'을 의미하는 이집트 단어에서 유래했다.

성분: 글루텐 10-12% 함유. 인체의 소화 흡수에 용이하여 글루텐에 민감한 사람들에게 적합.

용도: 단독으로 제빵에 이용 가능하나, 보통 일반 밀가루와 혼합하여 사용. 이 경우 카무트® 밀가루의 비율은 전체 가루에서 50-70% 정도를 차지한다.

특징: 촘촘한 내상. 밀보다 더 두드러진 은은한 풍미. 미세한 건과일 향.

글루텐 프리 가루

FARINES SANS GLUTEN

'빵이 될 수 없는 가루' 란?

글루텐이 없는 가루로, 발효 과정에서 발생한 가스를 가두고 반죽이 부풀어오르게 하는 글루텐 조직을 형성할 수 없다. 반죽이 팽창되는 단계가 존재하지 않으므로 빵이 만들어질 수 없다고 보는 것인데, 이러한 글루텐 프리 가루로도 일부 빵을 만들 수 있긴 하다. 다만 이렇게 만들어진 빵의 경우, (빵의 볼륨감이 없어) 매우 조밀하다.

1

2

3

4

4 쌀가루

쌀 알갱이를 빻아 만든 제품.

성분: 글루텐 0%, 다량의 전분 함유.

용도: 그냥은 빵이 될 수 없는 가루로, 밀가루와 혼합하여 사용해야 한다. 이 경우 쌀가루의 비율은 전체 가루에서 5–10% 정도를 차지한다.

특징: 오톨도톨한 속살, 약간 단맛.

1 밤가루

밤을 빻아 만든 가루.

성분: 글루텐 0%

용도: 그냥은 빵이 될 수 없는 가루로, 밀가루와 혼합하여 사용해야 한다. 이 경우 밤가루의 비율은 전체 가루에서 5–20% 정도를 차지한다.

특징: 베이지 색상의 촘촘한 내상, 달고 짙은 풍미.

2 옥수숫가루

옥수수 알갱이를 빻아 만든 가루.

성분: 글루텐 0%, 오톨도톨한 질감.

용도: 그냥은 빵이 될 수 없는 가루로, 밀가루와 혼합하여 사용해야 한다. 이 경우 옥수숫가루의 비율은 전체 가루에서 5–20% 정도를 차지한다.

특징: 노란빛을 많이 띠는 속살, 단맛.

3 메밀가루

메밀 알갱이를 빻아 만든 제품(흑밀). 동북아시아 원산지의 회색 곡물.

성분: 글루텐 0%

용도: 그냥은 빵이 될 수 없는 가루로, 밀가루와 혼합하여 사용해야 한다. 이 경우 메밀가루의 비율은 전체 가루에서 5–20% 정도를 차지한다.

특징: 회색빛의 촘촘한 내상, 약간 신맛.

제빵용 생이스트

LEVURE FRAÎCHE DE BOULANGER

(미세균류를 비롯한) 세균군으로 이루어진 발효제로, 밀가루 및 물과 더불어 제빵의 기본 요소.

 **역할**

발효를 일으켜 반죽을 부풀린다.

 **원리**

(믹싱할 때) 산소가 들어가면 이스트가 증식하고 활발히 활동한다. (반죽을 휴지시켜) 산소가 없는 상태가 되면 이스트가 밀가루 속 당분을 먹고 이산화탄소 및 알코올을 생성해냄으로써 발효가 이뤄진다. 이를 알코올 발효라 한다.

 **특징**

벌집 기공이 많은 내상, 아주 단조로운 풍미, 얇은 겉껍질.

주의

이스트는 소금이 닿으면 죽기 때문에 즉시 반죽을 시작해야 한다.

보관

냉장고에서 2주.

구매처

빵집, 식재료 매장, 마트 제빵 코너

르뱅에 비해 제빵용 이스트의 이점은 무엇인가?

보다 빠른 시간 내에 더욱 균일하게 발효가 이뤄진다. 즉시 사용이 가능하며, 작은 큐브 형태로 되어 있어 산화가 방지되고 쉽게 잘 부서진다.

생이스트 대신 드라이 이스트를 사용해도 괜찮을까?

생이스트에서 수분을 제거하고 가루로 만든 뒤 밀봉해 포장 판매하는 드라이 이스트도 생이스트와 성분은 동일하다. 다만 생이스트보다 농축된 상태이기 때문에 용량 조절에만 좀 더 신경을 쓰면 되는데, 같은 양의 밀가루를 사용할 때 드라이 이스트는 생이스트보다 더 적은 양을 사용해야 한다. 보관은 생이스트보다 드라이 이스트 쪽이 더 용이하다.

르뱅

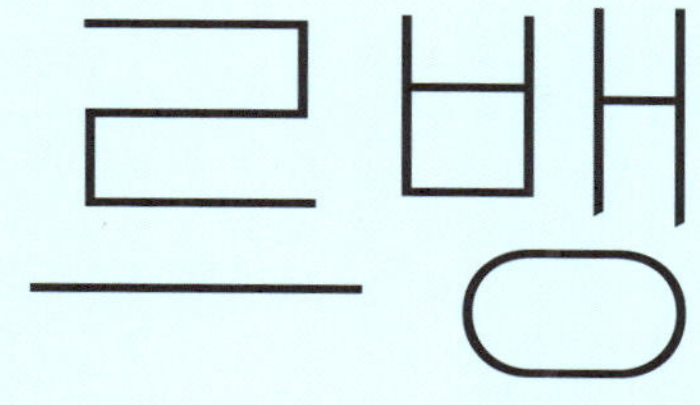

LEVAIN

따뜻한 물과 밀가루 혼합물로부터 자연 효모와 박테리아를 배양하여 얻어낸 살아 있는 천연의 발효종으로,
밀가루 및 물과 더불어 제빵의 기본 요소.

 **역할**

발효를 일으켜 반죽을 부풀린다.

 **원리**

물과 밀가루를 각각 동일한 양으로 섞은 혼합물 안에 자연적으로 존재하는 미생물과 자연 효모가 밀가루의 당분을 먹고 발효를 일으킨다. 이로부터 '르뱅 셰프levain chef(→20쪽)'를 얻게 된다. 지나치게 산미가 높아지는 것을 피하려면 물과 밀가루를 추가로 공급하면서 주기적으로 르뱅에 먹이주기를 한다. 따뜻한 곳에서 르뱅에 먹이주기와 휴지시키는 과정을 며칠간 반복하고 나면 르뱅의 준비가 완료된다.

 **특징**

(불규칙한 기공의) 조밀한 내상, 투박하고 거친 식감, 두꺼운 겉껍질.

르뱅의 두 가지 형태

르뱅 리키드 (액상 형태)
더 많은 양의 물을 사용하여 먹이주기를 하며, 젖산 발효 작용을 거친다.

르뱅 뒤르 (단단한 형태)
더 많은 양의 밀가루를 사용하여 먹이주기를 하며, 초산 발효 작용을 거친다.

르뱅 리키드와 르뱅 뒤르 중 어떤 걸 선택해야할까?
풍미: 르뱅 리키드 – 부드러운 젖산 풍미
　　　르뱅 뒤르 – 강한 초산 풍미
겉껍질: 르뱅 리키드 – 바삭바삭한 겉껍질
　　　　르뱅 뒤르 – 바삭바삭하고 두꺼운 겉껍질
속살: 르뱅 리키드 – 벌집 모양의 기공
　　　르뱅 뒤르 – 조밀함(반죽의 내부 구조를 조여주는 속성의 산도가 더 높기 때문)
보관: 르뱅 뒤르의 보관 기간이 더 길다.

제빵용 이스트에 비해 르뱅이 가진 이점은 무엇인가?

르뱅을 사용하면 식감이 투박하며 거칠어지고 산미가 높아지는 등 빵의 특징이 더욱 두드러진다. 뿐만 아니라 영양 성분도 더 풍부하며, 빵의 보관도 더 용이하다.

르뱅으로 만든 반죽에서 신맛이 나는 이유는?

박테리아와 자연 효모라는 르뱅 특유의 구성 성분으로 인해 산성 발효가 일어나서 신맛이 생기기 때문이다.

수분을 제거한 르뱅의 특징은?

수분을 제거한 가루 형태의 르뱅은 밀봉팩에 담아 유기농 식재료 매장에서 판매된다. 천연 르뱅보다는 효과가 좀 더 떨어지며, 신맛이 적어 풍미도 더 떨어진다. 반면 사용과 보관은 천연 르뱅보다 더욱 편리하다는 장점이 있다.

르뱅 리키드

FAIRE UN LEVAIN LIQUIDE

동일한 양의 물과 밀가루로 만들어낸 발효종으로서, 젖산 발효 작용을 거치며 반죽을 부풀린다.

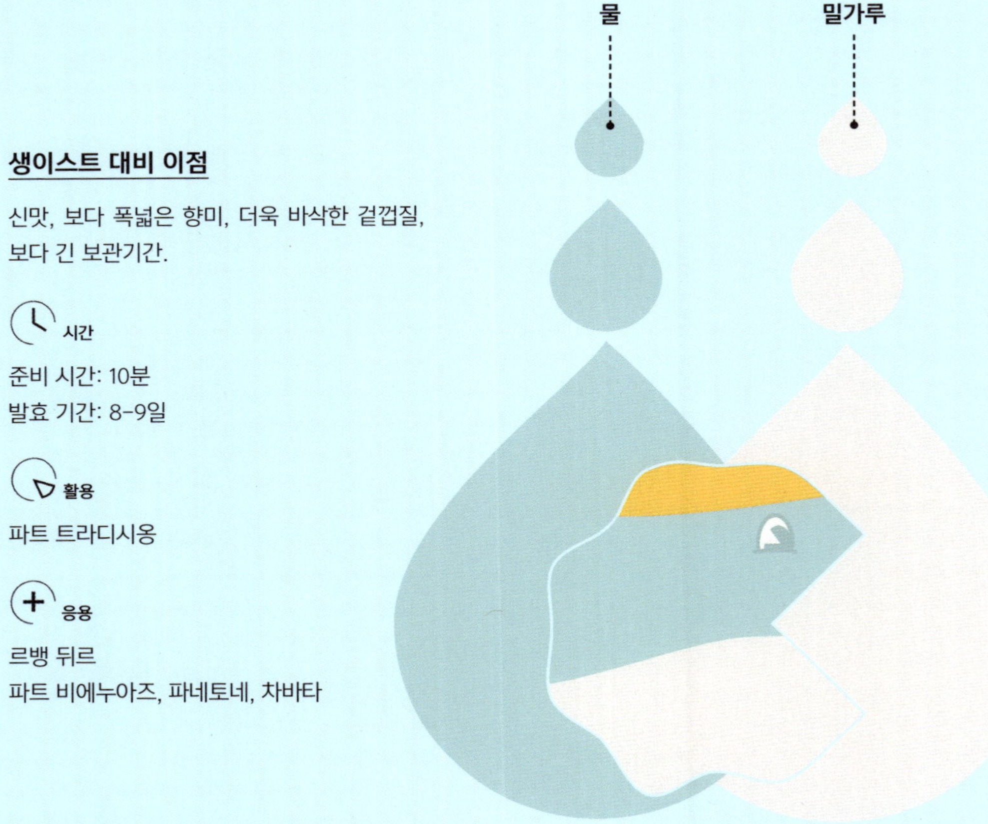

생이스트 대비 이점

신맛, 보다 폭넓은 향미, 더욱 바삭한 겉껍질, 보다 긴 보관기간.

시간

준비 시간: 10분
발효 기간: 8~9일

활용

파트 트라디시옹

응용

르뱅 뒤르
파트 비에누아즈, 파네토네, 차바타

주의

르뱅의 보관에 주의. 먹이주기를 너무 자주 하거나 발효가 이뤄지는 장소의 온도가 충분히 높지 않을 경우 르뱅의 발효가 저해되어 반죽이 덜 부풀어오르고 아울러 산미가 떨어지고 향미도 약해진다. 반면 먹이주기 사이에 르뱅이 과발효되거나 발효가 이뤄지는 장소의 온도가 너무 높을 경우, 부담스러울 정도의 신맛이 난다.

팁

르뱅은 활성화되기까지 숙성될 시간이 필요하므로 넉넉하게 여유를 두고 기다려야 한다.

완성

8일에서 9일 정도 지난 후 르뱅의 부피가 8시간 만에 2배로 커졌을 때의 상태를 '르뱅 셰프 levain chef'라 부른다. 완성된 르뱅 리키드는 크림 형태의 베이지색 요구르트 상태가 된다.

보관

밀폐 용기에서 저온 보관. 2~3일에 한 번씩 르뱅을 다시 섞어 지속적으로 활성화시켜주면 무기한 보관 가능.

르뱅에 먹이주기가 필요한 이유는?

발효 시 효모와 박테리아가 밀가루에 함유된 당분을 먹는데, 모든 당분이 소진되면 더 이상 발효가 이뤄지지 않는다. (먹이주기를 하지 않아) 르뱅에 당분이 충분히 공급되지 않으면 산도가 너무 높아져 빵의 맛이 시큼해진다.

꿀을 넣는 이유는?

미생물의 증식을 가속화하고 반죽이 보다 빠르게 부풀어오르도록 하기 위해서이다.

따뜻한 장소에서 휴지시켜야 하는 이유는?

미생물이 충분한 양으로 늘어나 효과적으로 발효 작용을 일으킬 수 있도록 하기 위해서이다. 그렇지 않으면 르뱅의 신맛이 너무 강해져서 부담스러울 정도의 신맛이 난다.

르뱅 리키드 300g

시작 단계

유기농 T65 밀가루 100g
50℃ 물 100g
유기농 꿀 10g

36시간 혹은 48시간마다 먹이주기

물 100g
유기농 T65 밀가루 100g

1일 차

스텐볼에 밀가루와 50℃의 물, 꿀을 섞은 뒤 밀폐 용기에 담아 48시간 동안 따뜻한 곳(냉장고 상판이나 라디에이터 위와 같이 최소 25℃ 이상의 장소)에서 휴지시킨다.

3일 차

작은 기포가 형성될 때 100g을 떼어내어 스텐볼에 담고 나머지는 버린다. 반죽에 밀가루 100g, 물 100g을 추가하여 먹이주기를 한 뒤, 스패튤러로 잘 섞어주고 다시 밀폐 용기에 담아 36시간 동안 따뜻한 곳에 휴지시킨다.

5일 차

앞의 과정을 반복한 후, 따뜻한 장소에서 다시 약 36시간 동안 휴지시킨다.

6일 혹은 7일 차

앞의 과정을 마지막으로 다시 한번 반복한 뒤, 따뜻한 장소에서 다시 약 36시간 동안 휴지시킨다.

8일에서 9일 정도가 지나면 르뱅이 완성된다.

르뱅 뒤르

FAIRE UN LEVAIN DUR

르뱅 리키드를 맷돌 제분 밀가루와 물을 첨가하여 되직하게 만든 것.

시간
준비 시간: 10분
발효 기간: 10일

활용
팽 드 캉파뉴

주의
르뱅의 보관에 주의.

완성
회색의 퍽퍽한 빵 반죽과 비슷해졌을 때.

보관
르뱅의 활력을 유지하기 위해 2-3일에 한 번씩 먹이주기를 한다. 맷돌 제분 밀가루 200g과 50℃ 물 100g을 더한 뒤 24시간 동안 휴지시킨다.

르뱅 리키드에 비해 르뱅 뒤르의 이점은 무엇인가?

겉껍질이 두껍고 매우 바삭하며, 풍미가 강하고 두드러진 빵 맛을 얻을 수 있다. 장기간 보관도 용이하다.

왜 이런 차이가 생기는가?

르뱅 뒤르 반죽의 밀도와 산도가 더 높기 때문이다. 밀도 높은 반죽은 두꺼운 겉껍질과 촘촘한 내상을 만들어내고, 높은 산도는 빵 맛을 더욱 두드러지게 만들어준다.

르뱅 뒤르 400g

시작 단계

유기농 T65 밀가루 100g
50℃ 물 100g
유기농 꿀 10g

36시간 혹은 48시간마다 먹이주기

물 100g
유기농 T65 밀가루 100g

르뱅 리키드를 르뱅 뒤르로 만들기

T80 혹은 T110의 맷돌 제분 밀가루 200g
50℃ 물 50g

1일 차

스텐볼에 밀가루와 50℃의 물, 꿀을 섞은 뒤 밀폐 용기에 담아 48시간 동안 따뜻한 곳(냉장고 상판이나 라디에이터 위와 같이 최소 25℃ 이상의 장소)에서 휴지시킨다.

3일 차

작은 기포가 형성될 때 100g을 떼어내어 스텐볼에 담고 나머지는 버린다. 반죽에 밀가루 100g, 물 100g을 추가하여 먹이주기를 한 뒤, 스패튤러로 잘 섞어주고 다시 밀폐 용기에 담아 36시간 동안 따뜻한 곳에서 휴지시킨다.

5일 차

앞의 과정을 반복한 후, 따뜻한 장소에서 다시 약 36시간 동안 휴지시킨다.

6일 혹은 7일 차

앞의 과정을 마지막으로 다시 한번 반복한 뒤, 따뜻한 장소에서 다시 약 36시간 동안 휴지시킨다.

8일 혹은 9일 차

르뱅 리키드(발효 종균) 100g을 덜어 훅을 장착한 믹서에 넣고, 맷돌 제분 밀가루와 온수를 첨가한 뒤 저속으로 5분간 믹싱한다. 밀폐 용기에 넣어 냉장고에서 24시간 동안 휴지시킨 뒤 사용한다.

풀리시

POOLISH

동일한 양의 밀가루와 물에 생이스트를 넣은 혼합물로, 일종의 '속성' 르뱅.

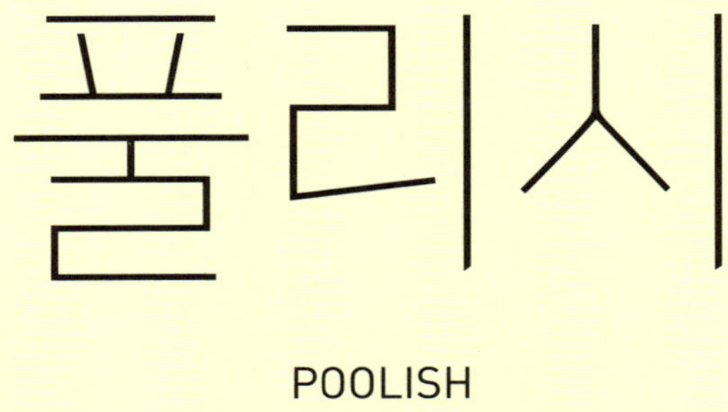

 **시간**

준비 시간: 5분
발효 기간: 10시간

 **역할**

르뱅이나 이스트처럼 발효제로서의 역할을
하여 반죽을 발효시키고 부풀어오르게 한다.

 **특징**

이스트를 썼을 때보다 흥미롭고 두드러진 풍
미를 만들어내지만 르뱅을 썼을 때보다 산미
는 더 떨어진다. (르뱅을 썼을 때처럼) 불규
칙한 기공이 나타나고, (이스트를 썼을 때처
럼) 겉껍질이 얇다.

 **활용**

흰 빵, 비에누아즈리(데트랑프가 부풀어오르
는 데 도움이 된다)

 **주의**

완전히 숙성된 상태의 풀리시를 사용해야 한
다. (가운데 부분이 꺼지면서) 반죽이 가라앉
는 순간이 완전히 숙성된 상태이다. 너무 이르
면 발효와 풍미가 부족하고, 너무 늦으면 산미
가 강해진다.

 **팁**

빠른 발효를 위해 미지근한 물을 사용한다.

르뱅에 비해 이점은 무엇인가?

작업 방식이 간편하다. 발효 종균을 만들 필요가 없고 믹싱 전 몇 시간이라도 제작이 가능하다.

이스트에 비해 이점은 무엇인가?

반죽의 풍미가 더 좋아진다. 반죽의 발효 시간이 더 길기 때문에 보다 폭넓은 향미가 만들어질
시간도 더 많기 때문이다. 글루텐을 유연하게 만들어 반죽의 신장성을 높일 수 있고 보관이 용이
하다.

풀리시 200g

T65 트라디시옹 밀가루 100g
미지근한 물 100g
제빵용 생이스트 1꼬집

1 잘게 부순 이스트를 물에 녹인다.
2 밀가루를 넣고 휘저어 균일하게 섞는다.
3 랩이나 면포로 덮는다.
4 약 10시간 동안 상온에 휴지시킨다.
5 믹싱을 시작할 때 다른 재료와 함께 풀리시를
  섞는다.

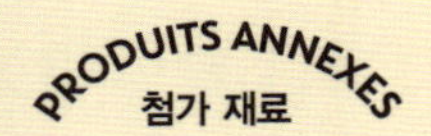

물

EAU

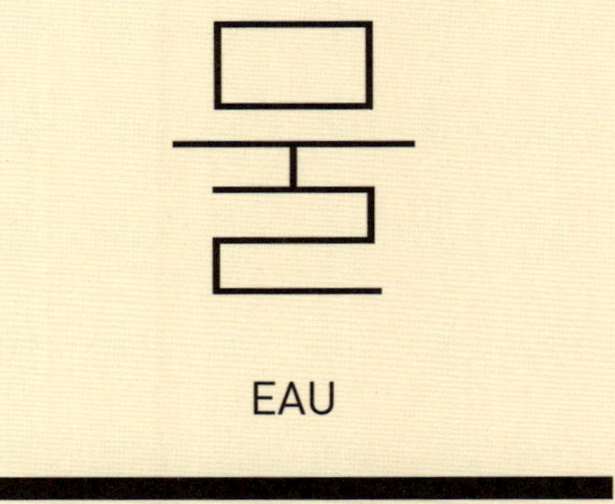

밀가루 및 (르뱅, 이스트와 같은) 발효제와 더불어 제빵의 필수 요소.

 **역할**

밀가루를 수화시켜 반죽의 형태를 만든다.(밀가루 1kg당 물 600-700g가량 사용).
소금과 이스트를 녹이고 글루텐 조직 형성을 돕는다.
글루텐을 유연하게 하여 반죽의 탄력성을 높이며, 이스트가 활성화하는 데에 필수적인 수분을 제공한다.

 **온도**

물의 온도는 적당한 온도의 반죽(22-24℃)을 얻기 위해 조절해야 하는 주요 변수이다.

반죽의 온도가 중요한 이유는?

반죽 속의 이스트가 충분히 활성화하여 당분을 이산화탄소로 변환시키기 위해서는 특정 온도(23-24℃)가 필요하기 때문이다. 반죽의 온도가 너무 높거나 너무 낮으면 최적의 발효가 이뤄지지 않고, 좋은 품질의 빵이 될 수 없다.

최적의 물 온도는 어떻게 계산하나?

기본 온도 $T°$ 는 55℃와 65℃ 사이여야 한다.
기본 온도 $T°$ = 물 온도 $T°$ + 실내 온도 $T°$ + 밀가루 온도 $T°$

실내 온도와 밀가루 온도는 통상 동일하다. 이를 서로 더한 뒤, 이어 기본 온도에서 이를 빼면 다음과 같이 물의 온도가 나온다.
기본 온도 $T°$ -(실내 온도 $T°$ + 밀가루 온도 $T°$) = 물 온도 $T°$

물 온도가 너무 낮으면 어떻게 될까?

기본 온도가 너무 낮아 최적의 발효가 이뤄지지 않는다. 반죽에 힘이 없어져서 속살도 제대로 부풀어오르지 않고, 겉껍질도 고르지 못하게 된다.

물 온도가 너무 높으면 어떻게 될까?

기본 온도가 너무 높아 반죽의 강도와 점도가 높아지며 빵의 질감이 거칠고 겉껍질에 윤기가 없어진다.

'수분율'이란 무엇인가?

재료를 믹싱하여 반죽을 만들 때 밀가루에 섞여 들어간 물의 양을 뜻한다. 물은 밀가루 100kg당 55-75L를 사용하는데, 이러한 물의 양은 속살을 부드럽게 만들고 겉껍질을 형성하는 데에 영향을 준다. 수분율이 낮을수록 구울 때 빵 표면이 더 빨리 마르기 때문에 겉껍질이 오랜 시간 만들어지고, 더욱 두꺼워진다.

소금

SEL

밀가루 및 (르뱅, 이스트와 같은) 발효제, 물과 더불어 제빵의 마지막 필수 요소.

 주의

이스트는 소금이 닿으면 죽기 때문에 즉시 반죽을 시작해야 한다.

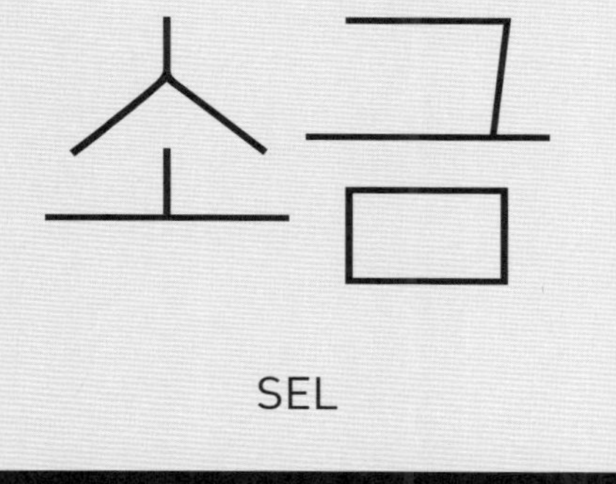

이스트는 왜 소금에 닿으면 죽을까?

소금은 이스트가 함유한 물을 흡수하기 때문에, 소금과 만나면 이스트 내의 수분이 제거된다. 이스트의 활동에 필수적인 물을 빼앗김으로써 이스트의 활동이 저해되고, 나아가 이스트가 죽는 것이다.

어떤 소금을 써야 할까?

바다에서 채취한 가는소금 혹은 굵은소금. 비율은 밀가루 1kg당 약 18-20g의 소금을 사용한다.

소금이 반죽에 미치는 영향은?

소금이 단백질 사이를 연결하고 글루텐 조직을 안정시켜서 반죽에 힘이 생기도록 한다. 또한 소금은 이스트의 활동을 제한하기 때문에 발효 속도를 조절한다. 소금이 안 들어가면 반죽의 발효가 훨씬 빨라진다.

소금이 구운 빵에 미치는 영향은?

소금은 빵 맛을 높인다. 겉껍질 색을 만들어내는 데에 기여하며, 흡습성을 갖고 있어 빵 속에 수분을 유지시켜준다. 따라서 굽는 동안 혹은 구운 후 부드러운 속살의 상태가 유지된다.

지방 & 우유

MATIÈRES GRASSES & LAIT

지방

동물성 혹은 식물성 지방산.

 **역할**

지방은 글루텐 조직의 형성을 억제하여 겉 껍질과 속살의 형성에 영향을 미침으로써 고운 결과 부드러운 식감의 속살과 얇은 겉 껍질을 만들어낸다.

 **활용**

비에누아즈리, 브리오슈, 이탈리아빵

 **팁**

믹싱할 때 상온의 버터와 마가린을 이용하면 재료의 혼합이 더 쉬워진다.

투라주 버터 BEURRE DE TOURAGE

일반 버터보다 유지방분은 더 풍부하고 수분은 더 적은 버터로, (층상구조가 나타나는) 푀이타주 작업에 사용된다. 투라주 버터를 사용했을 때의 이점은 수분이 적어 더 천천히 녹기 때문에 작업이 보다 용이하다는 것이다. 투라주 버터는 굽는 과정에서 데트랑프 반죽과 섞이지 않기 때문에 여러 개의 층을 유지시켜 층상 구조를 만들어낼 수 있다.

기름

식물성 지방은 같은 양을 사용했을 때 버터보다 더 많은 수분을 제공하고 반죽을 더 가볍게 만들어준다. 주로 짠맛이 나는 빵을 만들 때 사용.

우유

별다른 언급이 없는 경우에는 젖소에게서 짜낸 우유를 일컫는다. 물 87%와 지질 4%로 구성.

 **역할**

수분 함량이 높기 때문에 반죽의 수분율에 영향을 준다. 지질을 함유하고 있어 반죽이 더 부드러워지며 각 제품의 맛과 색에도 영향을 준다.

 **활용**

파트 비에누아즈, 비에누아즈리, 브리오슈

식물성 우유

동물성인 우유 대신 사용하며, 작업 시 같은 양을 쓴다.
단조로운 풍미: 두유, (쌀로 만든) 미유, 귀리유.
보다 개성 있는 풍미: 헤이즐넛유, 아몬드유, 스펠트밀유.

설탕 & 달걀

SUCRE & ŒUFS

설탕

사탕수수 혹은 사탕무 추출물.

역할

반죽의 상태를 부드럽게 만들어준다. 설탕은 글루텐 조직의 형성을 저해하기 때문에 설탕이 들어간 반죽은 작업성이 좋다. 뿐만 아니라 설탕은 발효에도 도움이 되는데, 이스트가 당분을 곧바로 흡수할 수 있기 때문이다. 빵의 향과 맛을 더하고 마야르 반응(→285쪽)을 통해 굽는 과정에서 빵의 색을 더 진하게 만든다.

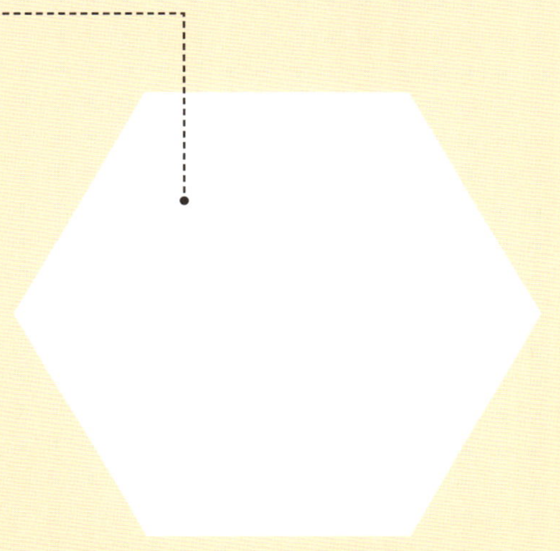

재료 선별법

흰 설탕: 제빵에서 가장 많이 사용.
케인슈거: 독특한 맛을 줄 수 있다.
슈거파우더: 설탕을 가늘게 빻아 미세한 입자로 만든 것으로, 재료와 잘 섞이기 때문에 제과용으로 쓰인다.

달걀

제빵에서는 오직 닭이 낳은 알만을 사용한다. 달걀 1개는 평균 50g이다.
달걀흰자 32g: 수분 함량이 높다.
달걀노른자 18g: 단백질 함량이 높다.

역할

반죽의 색 내기, 굽기 전 달걀물 바르기, 설탕 및 지방과 조합하여 향미 유지, 여러 가지 재료들을 결합시키는 역할, 반죽의 기공 형태 개선.

활용

브리오슈, 달걀물 바르기, 제과류

달걀이 반죽의 기공을 더 많이 생기게 하는 이유는?

달걀에 포함된 단백질은 표면장력을 감소시키는 특성이 있기 때문에 반죽에 공기가 잘 유입될 수 있도록 해준다. 게다가 달걀 단백질에는 물과 공기를 동시에 연결해주는 속성도 있다.

손 반죽

PÉTRISSAGE MANUEL

손으로 반죽의 모든 재료들을 혼합하는 행위.

 **역할**

반죽에 공기를 유입시켜줌으로써 효모균을 활성화하고 성장시키는데, 이를 '호기성' 상태라 부른다.

또한 반죽의 글루텐 조직을 발전시키는데, 특히 믹싱 작업을 하면서 글루텐 단백질이 서로 연결되고 이로써 그물망 같은 글루텐 조직이 형성된다. 이렇게 되면 반죽에는 '힘'이 생겨 발효 단계에 들어갈 준비가 완료된다.

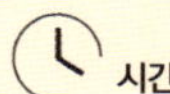 **시간**

15분

도구

온도계

 **주의**

반죽을 적정 온도(23-24℃)로 유지해야 하며, 충분히 믹싱해야 글루텐의 신장성이 좋아지고 반죽의 탄력이 높아진다. 충분한 믹싱이 이뤄지지 않을 경우, 가스가 빠져나가 (발효 시) 반죽이 부풀어오르지 않는다.

 **팁**

믹싱 작업 마지막에 반죽의 일부분을 당겨 보았을 때, (글루텐이 잘 발달하여) 반죽이 찢어지지 않으면 반죽이 완료된 것이다.

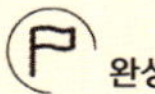 **완성**

반죽이 균일하게 섞이고 매끄러우며 탄력이 있고 끈적거리지 않을 때.

반죽의 믹싱이 너무 길어지면?

글루텐 단백질 사이의 연결이 느슨해져 반죽에 힘이 없고 끈적거리는 상태가 된다.

반죽의 믹싱이 충분히 이뤄지지 않으면?

반죽을 발효시키고 구울 때 반죽 안에 가스를 잡아둘 만큼 충분히 탄탄한 글루텐 조직이 만들어지지 못하여 빵이 잘 부풀어오르지 않는다.

반죽의 적정 온도는 왜 23-24℃인가?

이스트와 르뱅 속의 박테리아는 살아 있는 생물체다. 이러한 박테리아는 발효 단계에서 밀가루 속의 당분을 흡수해 이산화탄소를 만들어내는데, 이 작업이 가장 잘 이뤄질 수 있는 온도가 바로 23-24℃이다.

1

2-1

2-2

3

4

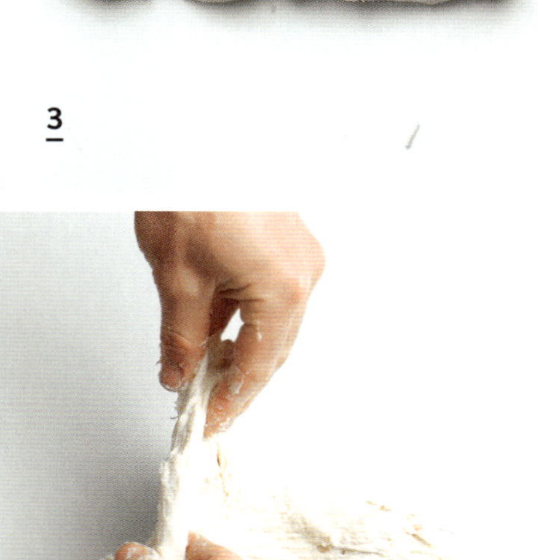

5-1

5-2

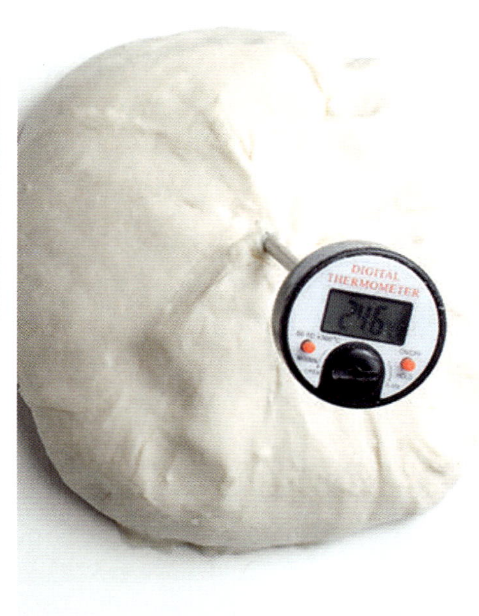

6

재료

밀가루
물
발효제
소금

1 스텐볼 안에 물을 넣고 소금과 발효제를 녹인다.
2 작업대 위에 밀가루를 부은 후 가운데를 움푹 패게
   한 다음, 그 안에 **1**을 붓고 잘 섞어준다. 이를 '프라
   자주frasage'라고 일컫는다.
3 하나로 뭉친 전체 반죽을 대략 직사각형 모양으로
   만든 뒤, 왼쪽 끝에서 4분의 1 만큼 잘라낸다.
4 잘라낸 1/4 반죽을 나머지 반죽의 오른쪽에 갖다
   붙인다. 이 같은 과정을 약 3분간 여러 차례 반복하
   는데, 글루텐의 신장성을 높여 반죽에 탄력을 주기
   위한 작업이다. 이를 '데쿠파주découpage & 파사
   주 앙 테트passage en tête'라고 부른다. 반죽에서
   덩어리를 일부 떼어내어 자리 배치를 선두로 바꿔
   준다는 뜻이다.

5 반죽을 크게 떼어낸 뒤 작업대 위에 힘차게 집어던
   진다. 이후 반죽을 포개어 접음으로써 내부에 최대
   한 공기가 유입되도록 한다. 이를 '에티라주étirage
   & 수플라주soufflage'라고 부른다. 반죽을 당겨 늘
   리고 안에 공기를 집어넣어준다는 뜻이다.
6 반죽의 온도가 23-24℃ 정도인지 온도계로 확인
   한다.

기계 반죽

PÉTRISSAGE MÉCANIQUE

기계를 이용하여 반죽의 모든 재료들을 혼합하는 행위.

 **장점**

힘을 적게 들이면서 단시간 내에 효율적으로 반죽을 할 수 있다.

 **역할**

반죽에 공기를 유입시켜줌으로써 효모균을 활성화하고 성장시키는데, 이를 '호기성' 상태라 부른다.
또한 반죽의 글루텐 조직을 발전시키는데, 특히 믹싱 작업을 하면서 글루텐 단백질이 서로 연결되고 이로써 그물망 같은 글루텐 조직이 형성된다. 이렇게 되면 반죽에는 '힘'이 생겨 발효 단계에 들어갈 준비가 완료된다.

 **시간**

15분

 **도구**

훅을 장착한 믹서, 온도계

단계

프라자주frasage: 천천히 재료를 섞는 단계.
말락사주malaxage: 중속으로 섞어주며 공기를 유입시키는 단계.
바시나주bassinage(물 추가): 믹싱 마지막에 물 추가를 하는 단계(선택 가능).

 **주의**

반죽을 적정 온도(23-24℃)로 유지한다.

 **완성**

반죽이 믹싱볼 안쪽 벽에 달라붙지 않고 떨어질 때. 반죽이 매끄럽고 균일하게 섞이고 탄력이 있으며 잘 늘어나는 한편, 끈적거리지 않아야 한다.

손 반죽과 기계 반죽의 결과물은 동일한가?

믹싱 과정에서 반죽은 늘리고 압박하는 힘을 받는다. 기계 반죽을 할 때에는 이러한 힘의 작용이 더 커지므로 보다 탄력 있는 반죽이 만들어지고, 글루텐 조직이 잘 발달되어 있기 때문에 발효 시 부풀어오르는 힘에 대한 저항력이 더욱 좋아진다.

믹싱 시간이 중요한 이유는?

어떤 결과물을 원하느냐에 따라 믹싱 시간을 달리해야 한다. 믹싱 시간이 짧으면 밀가루의 향은 보전할 수 있지만 글루텐 조직의 발달이 최적화되기 힘들다. 이 경우 믹싱을 짧게 하는 대신 반죽에 다시 힘을 실어줄 수 있는 접기 과정과 더불어 1차 발효(푸앵타주pointage) 시간을 늘려주는데, 개성 있는 풍미를 추구하는 큰 사이즈의 빵에 이 같은 방법을 사용한다. 믹싱 시간이 길면 반죽에 힘이 생기지만 그만큼 풍미는 더 줄어든다. 반죽에 다시 힘을 실어줄 필요가 없으므로 발효 시간도 짧게 마무리된다. 단조로운 풍미에 벌집 기공이 두드러진 바게트의 경우가 이에 해당한다.

'바시나주(물 추가)'란?

믹싱이 끝나갈 때 물을 추가하는 것으로, 지나치게 되직해진 반죽을 부드럽게 만들어준다. 이러한 물 추가는 (반죽에 물이 많을수록 반죽이 더 천천히 마르고 겉껍질이 형성될 시간이 줄기 때문에) 겉껍질을 보다 얇게 만들어주고, 빵의 부피를 더욱 크게 늘려준다.

믹싱 속도를 저속으로 했다가
이후 중속으로 높이는 이유는?

프라자주 단계는 반죽의 재료를 섞어주는
것이므로 천천히 믹싱해야 균일하게 섞인
반죽을 만들 수 있다. 말락사주 단계에서
는 글루텐 조직을 발달시키고 공기를 집
어넣어주어야 하는데, 이는 중속이 적합
하다.

재료

밀가루, 물, 발효제, 소금

1   믹서에 모든 재료를 넣은 뒤, 저속으로 4분간 잘 섞
    어준다. 이 단계가 '프라자주frasage 또는 프라제
    fraser'에 해당하는 단계이다.
2   믹서의 속도를 중속으로 올린 뒤, 반죽이 매끄럽
    고 균일하게 섞인 상태가 되어 믹싱볼 안쪽 벽에
    달라붙지 않고 떨어질 때까지 계속해서 믹싱한다.
    대략 6분간 믹싱이 이뤄지는 이 단계가 '말락사주
    malaxage'에 해당하는 단계이다.
3   반죽의 온도가 23-24℃ 정도인지 온도계로 확인
    한다.

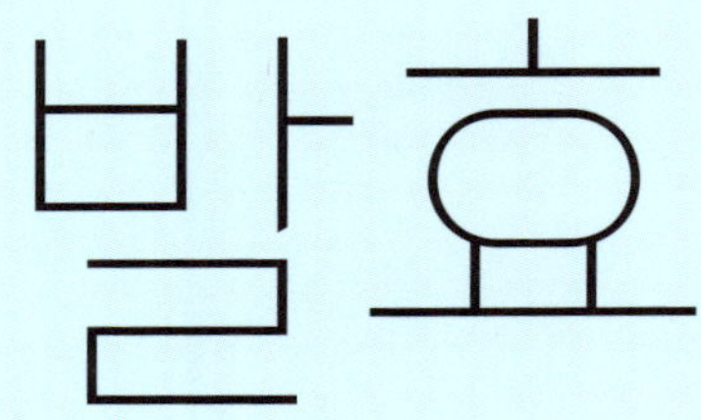

발효

FERMENTATION

(르뱅이나 이스트 등) 발효제에 포함된 박테리아의 작용으로 밀가루 내 당분이 이산화탄소와 알코올로 변하는 과정. 이때 나온 가스가 반죽을 부풀린다.

 **역할**

반죽의 숙성을 최적화하고, 빵의 풍미와 향을 돋운다.

 **온도**

효소 안의 미생물이 성장하려면 반죽 온도가 23~24℃ 사이로 유지되어야 한다. 최적의 향이 만들어지는 온도도 23~24℃ 사이다.

발효제의 종류에 따른 발효 유형

제빵용 이스트를 이용한 발효

이스트가 다량의 이산화탄소를 만들어내기 때문에 반죽이 빠르게, 많이 부풀어오른다. 발효 과정에서 알코올 성분이 생성(기화)되기 때문에 '알코올 발효'라고 한다. 가벼운 속살과 단조로운 풍미가 특징이다.

르뱅 리키드를 이용한 발효

발효가 더디고 반죽이 잘 부풀지 않아 이스트를 추가해서 보완하는 경우가 많고 적절한 온도와 습도를 요구한다. 발효 시 산이 생성되므로 '젖산 발효'라 부르며, 한층 두드러진 향을 만들어낸다.

르뱅 뒤르를 이용한 발효

르뱅 리키드보다 발효가 더디며, 저온 발효 과정을 거친다. 발효의 종류는 '초산 발효'에 해당하는데, 투박하고 거친 식감과 신맛이 특징이다.

1

2

3

4

5

8

6

7

1 믹싱

산소의 유입으로 이스트가 활성화된다.

2 1차 발효

혐기성 상태: 산소의 유입이 없는 상태에서 이스트가 밀가루의 당분을 분해하고 이산화탄소를 만들어내면서 가스가 발생하여 반죽이 처음으로 부풀어오른다.

3 접기

반죽에 공기(산소)를 유입시켜 1차 발효 동안 이스트를 재활성화한다.

4 1차 발효

혐기성 상태: 산소가 모두 소모된 상태에서 다시금 이스트가 당분을 분해하고, 반죽은 계속해서 부풀어오른다.

5 가성형하기

반죽이 더 이상 부풀어오르지 않는 상태에서 만들고자 하는 빵의 대략적인 모양에 따라 반죽을 분할하고 균일하게 만든다.

6 휴지

반죽이 이완되고 찢어지지 않도록 하기 위해 성형 전에 이뤄지는 단계이다.

7 성형

8 2차 발효

두번째 발효. 1차 발효 때와 동일한 과정으로 진행되나, 빵의 최종 완성 형태로 발효가 이뤄진다.

1차 발효

FERMENTATION POINTAGE

발효의 두번째 과정이자 빵 반죽이 처음으로 부풀어오르는 단계(1차 발효).
1차 발효는 믹싱이 끝난 시점에서 시작되어 성형 단계에서 마무리된다. 이때 반죽은 혐기성 단계가 되는데,
반죽 안에 더 이상 산소가 없기 때문에 발효제가 당분을 먹기 시작하여 이를 이산화탄소로 변화시키는 것이다.

 **역할**

반죽을 부풀린다. 발효 시에 만들어진 가스가 (촘촘한 그물망을 형성하는) 글루텐 조직을 통해 반죽에 남아 있기 때문에 반죽이 팽창하는 것이다. 또한 이 단계를 통해 향미는 더 좋아지며, 산도도 높아진다. 반죽도 끈기와 탄력이 적절한 균형을 이루어 반죽을 손상시키지 않으면서 펴고 늘릴 수 있는 성형하기 좋은 상태로 만들어진다.

 **시간**

상온인 경우 30분-3시간.
저온인 경우 12-48시간.

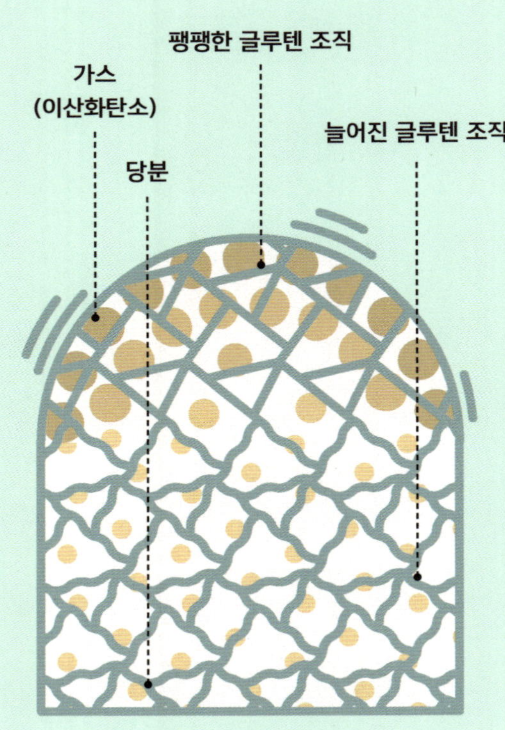

 **완성**

반죽이
1) 약간 부피가 늘어났을 때.
2) 손가락으로 반죽을 찔러보았을 때 찌른 자국이 수축하고, 처져 있던 반죽이 팽팽해졌을 때.
3) 보다 매끈해졌을 때.
4) 신장성과 탄성이 더 좋아졌을 때.

작업 시 지켜야 할 점

믹싱볼이나 스텐볼에서 직접 발효.
표면이 말라 껍질이 형성되어 발효가 저해되는 상황을 피하기 위하여 랩이나 면포로 덮어 주변 공기와의 접촉을 차단하고 상온에서 발효한다.

실온에서 1차 발효를 하지 않고 저온에서 1차 발효를 할 때의 이점은 무엇인가?

1) 발효가 천천히 진행될수록 향이 충분이 발달할 수 있어서 양질의 발효가 이뤄진다. (르뱅, 이스트와 같은) 발효제가 온전히 제 기능을 발휘할 시간적 여유가 생기기 때문이다.
2) 글루텐 조직이 발달한다. 글루텐의 그물망이 저온에서 촘촘하게 조여지기 때문이다.
3) 빵의 수분율이 높아져 기공 형태가 개선되고 겉껍질은 더 얇아진다. 저온에서는 반죽이 좀 더 팽팽해지며 저온 발효를 거친 반죽은 구울 때 형태가 보다 잘 유지된다.
4) 저온 발효에서는 반죽의 부풀어오른 정도가 발효 여부 판단의 전부가 아니므로, 융통성 있고 여유 있게 작업한다.

반죽의 종류마다 1차 발효 시간이 달라지는 이유는?

발효 시간은 반죽 안에 들어 있는 효모균의 양과 수분율에 따라 달라진다. 효모균이 적을수록 1차 발효 시간이 더 길어지는데, 이는 효모균의 양이 더 적은 만큼 효모균이 당분을 흡수하는 데에 더 많은 시간이 걸리고 이에 따라 반죽이 부풀어오르는 데에도 더 많은 시간이 소요되기 때문이다. 또한 반죽에 수분 함량이 높으면 반죽은 힘이 없어지므로 오랜 시간 1차 발효를 해줘야만 반죽에 다시 힘이 생긴다.

이 책의 저자는 발효의 첫번째 단계를 반죽으로 보았다. 반죽은 이스트의 활성화가 시작될 수 있도록 해주기 때문이다.

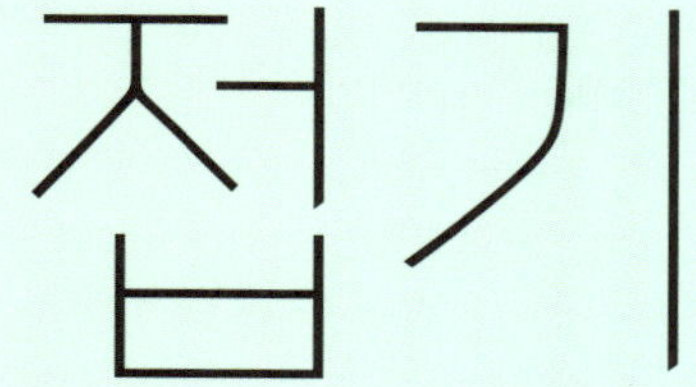

접기

FERMENTATION RABAT

발효에 활력을 주기 위해 반죽을 포개어 접는 행위.

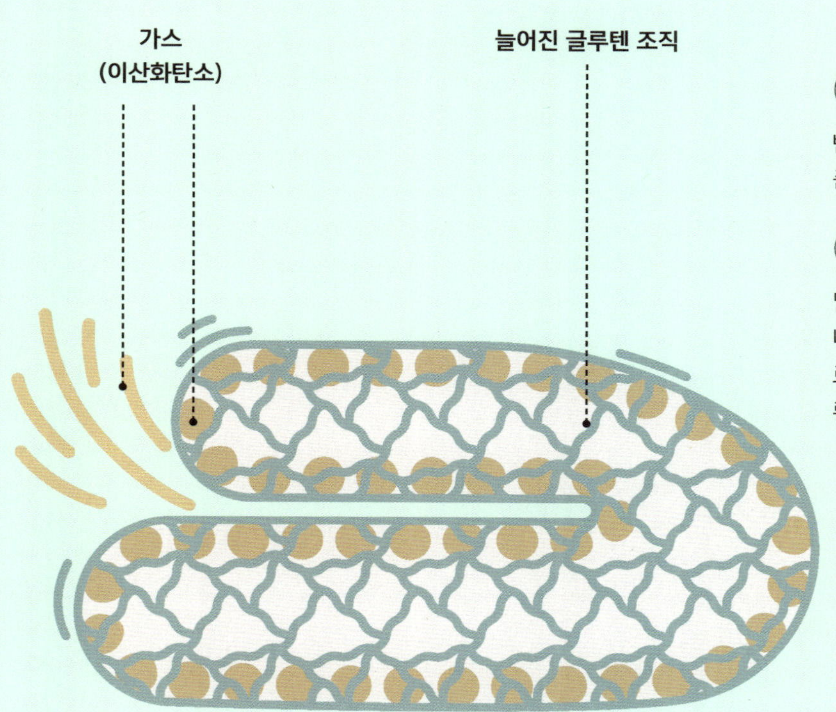

 역할

반죽에 다시 힘이 생기면서 발효에 활력을
준다.

 원리

밀가루를 약간 뿌린 작업대 위에서 반죽의
네 귀퉁이를 가운데로 접는다. 이음매를 아래
로 가게 하여 반죽을 뒤집는다. 1차 발효가 이
뤄지는 동안 1-2회 정도 접기 작업을 해준다.

접기 작업이 발효에 활력을 주는 이유는 무엇인가?

1차 발효가 진행됨에 따라 이스트의 활동은 서서히 둔화된다. 접기 작업을 해줄 경우 1) 과도한 이
산화탄소를 빼주어 이스트 세포들이 밀착되고, (분열을 통해) 증식하면서 발효에 활력을 준다. 2) 늘
어진 글루텐 조직이 조여진다. 반죽의 신장력이 좋아진 상황에서 접기 작업을 해주면 보다 탄성 있
는 반죽을 만들 수 있고, 따라서 (더욱 견고하며) 형태가 고정된 반죽이 힘을 얻어 1차 발효에 다시
활력을 줄 수 있다.

휴지

FERMENTATION DÉTENTE

반죽의 예비 성형 단계이자,
1차 발효가 끝난 후 성형이 이뤄지기 전에 들어가는 휴지기.

역할

글루텐 조직을 느슨하게 만들어 성형이
용이하고 반죽이 찢어지지 않도록 해준다.

시간

15분에서 40분 정도로 꽤 짧게 진행.

완성

성형 시 반죽이 찢어지지 않으며 충분히
늘어날 때 (반죽이 늘어남에 대한 저항이
적을 때).

작업 시 지켜야 할 점

밀가루를 약간 뿌린 작업대 위에 이음매
를 아래로 가게 하여 올려놓고 면포로 덮
어주거나 스텐볼에 넣고 랩을 씌운다. 상
온에서 휴지시킨다.

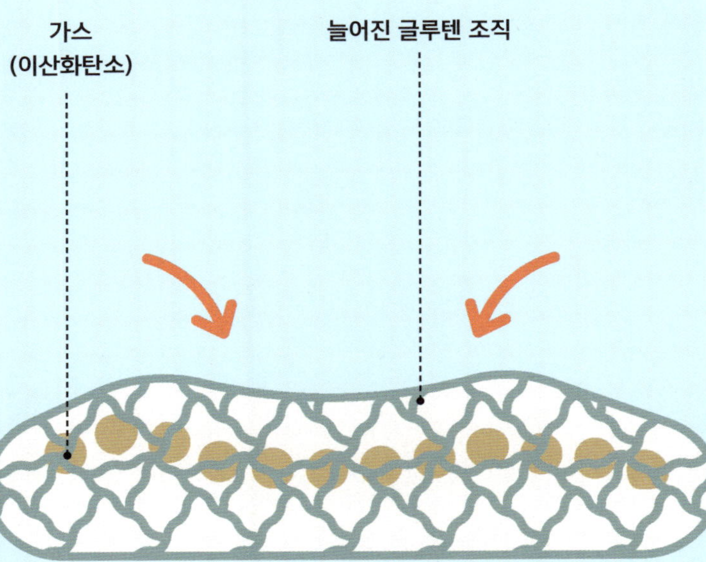

둥글리기

둥근 빵 혹은 약간 타원형의 빵을 만들기 위해서는
1차 발효가 끝난 후 휴지에 들어가기 위해 반죽을
공 모양으로 만들어야 한다. 반죽의 네 귀퉁이를 가
운데로 몰아준 뒤 반죽을 뒤집어준다. 반죽의 아래
쪽에서 손으로 반죽을 당기거나 꼬집어 윗면이 팽
팽해지게 만든다.

길쭉한 모양 만들기

바게트, 피셀, 에피 등은 1차 발효가 끝난 후 휴지에
들어가기 위해 반죽을 길쭉한 모양으로 만들어줘야
한다. 먼저 반죽을 둥글리기한 뒤 손바닥으로 굴려
반죽이 약간 길쭉한 형태를 잡는다.

반죽이 찢어지지 않도록 주의해야 하는 이유는?

반죽이 찢어지면 가스가 빠져나가고 반죽도
덜 부풀어올라 보다 조밀한 내상의 빵이 만들
어진다.

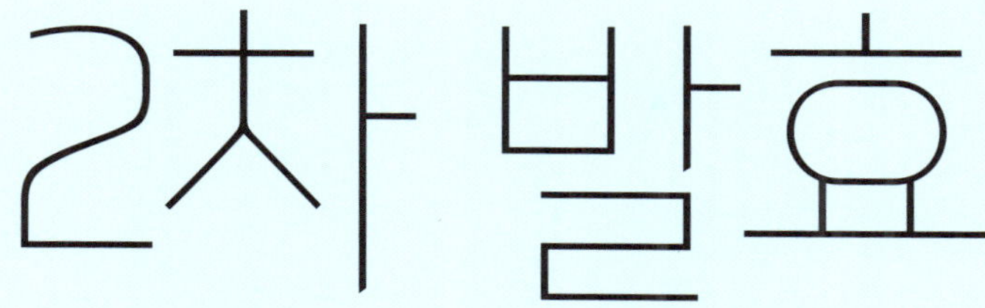

2차 발효

FERMENTATION APPRÊT

발효의 세번째 과정으로, 성형이 끝난 후 굽기 전에 이뤄진다.
효소의 작용으로 이당류가 계속해서 분해되며 이산화탄소를 만들어내는데,
2차 발효 동안 가스의 작용으로 반죽이 부풀어오르는 것을 '푸스pousse' 라고 부른다.

역할

오븐에 넣기 전 반죽이 원하는 정도로 부풀어오를 때까지 가스를 이용하여 반죽을 다시 팽창시킨다.

시간

따뜻한 장소인 경우 30분에서 4시간. 냉장고에서는 24시간까지 가능.

작업 시 지켜야 할 점

냉장고 위나 라디에이터 위처럼 따뜻한 곳 (25~28℃)에서 발효가 이뤄져야 하며, 반죽의 표면이 말라 껍질이 생기는 것을 방지하기 위해 면포로 위를 덮어준다.

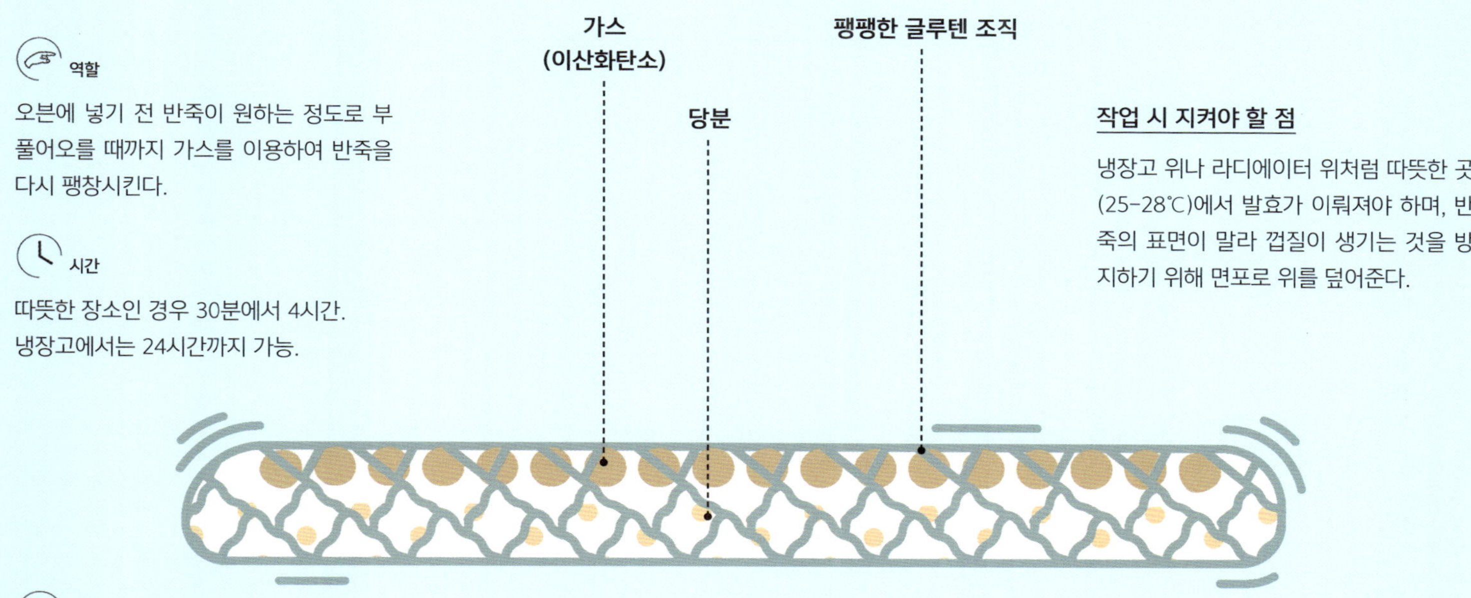

완성

반죽을 손가락으로 가볍게 누르고 나서 자국이 더 이상 남지 않았을 때.

2차 발효는 왜 따뜻한 곳에서 이뤄지나?

2차 발효 중에는 녹말의 일부가 단당류로 전환된다. 이 단당류는 이스트균에서 나오는 효소에 의해 알코올과 이산화탄소로 분해된다. 2차 발효가 성공하려면, 즉 효소의 작용이 바르게 이뤄지려면 25℃에서 28℃ 사이의 따뜻한 곳에서 작업이 이뤄져야 한다.

성형

FAÇONNAGE

굽기 전, 반죽을 매만져 최종 형태로 만들어주는 작업.
순서상으로는 1차 발효 다음, 2차 발효 이전에 성형 작업이 이뤄진다.

시간

작업 난이도에 따라 5분에서 15분 사이.

주의

반죽을 만질 때 반죽이 눌리거나 찢어지지
않도록 한다.

일정한 형태로 성형한다.

반죽 덩어리를 조이되, 반죽의 상태에 따라
조이는 힘을 (다소 차이가 나게) 조절한다.
가령 부드러운 반죽의 경우는 강하게 조이
는 반면 단단한 반죽은 약하게 조인다.

'이음매'란 무엇인가?

가성형하거나 성형할 때 반죽의 가장자리가 한데 모이는 부분으로, 발효 중 일부 예외를 제외하
고는 대개 이음매 부분이 아래로 향하게 한다. 구울 때도 이음매가 아래에 위치하는데, 이음매 부
분이 구울 때 터지길 원하는 경우에는 이음매를 위로 두어 칼집을 대신한다.

1

2

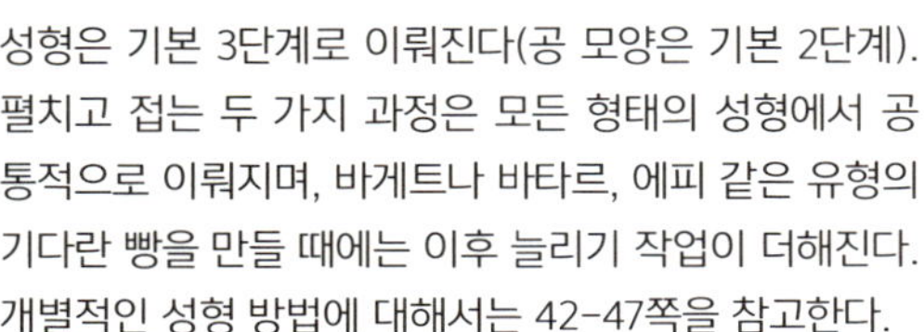

3

성형은 기본 3단계로 이뤄진다(공 모양은 기본 2단계). 펼치고 접는 두 가지 과정은 모든 형태의 성형에서 공통적으로 이뤄지며, 바게트나 바타르, 에피 같은 유형의 기다란 빵을 만들 때에는 이후 늘리기 작업이 더해진다. 개별적인 성형 방법에 대해서는 42-47쪽을 참고한다.

1 평평하게 하기

가성형과 휴지가 끝나면 이음매를 위로 하여 평평하게 하면서 표면을 균일하게 만들고 반죽에 남아 있는 가스를 빼준다.

2 접기

반죽의 가장자리 끝 부분을 가운데로 말아 접어 차곡차곡 포개어주되, 반죽의 형태를 유지하며 겉면이 팽팽하게 당겨지도록 한다. (위로 올라온 반죽의 겉면이 팽팽하게 당겨져야 구울 때 이 부분이 늘어날 수 있다.) 그리고 이 작업을 통해 이음매 부분이 생겨난다.

3 늘리기

공 모양 형태의 성형이 아닌 경우, 가운데에서 바깥쪽으로 나아가며 손바닥으로 반죽을 굴려 원하는 만큼의 길이로 늘려준다.

공 모양으로 성형하기

1 밀가루를 약간 뿌린 작업대 위에 반죽 덩어리를 이음매가 위로 가게 하여 올려놓는다.

2 반죽의 정가운데에 오른손 검지를 올려놓되, 힘 주어 누르지 않는다. 이어 왼손으로는 반죽의 각 귀퉁이를 가운데로 몰아 접는다.

3 가운데로 몰린 각 귀퉁이가 풀어지지 않도록 오른손 검지로 고정시킨다.

4 둥글게 만든 반죽을 뒤집은 뒤 양손을 이용하여 반죽의 아랫부분을 당겨주며 윗면이 팽팽한 상태가 되도록 만든 뒤 반죽을 90° 회전시킨다.

5 같은 작업을 3회 반복한다.

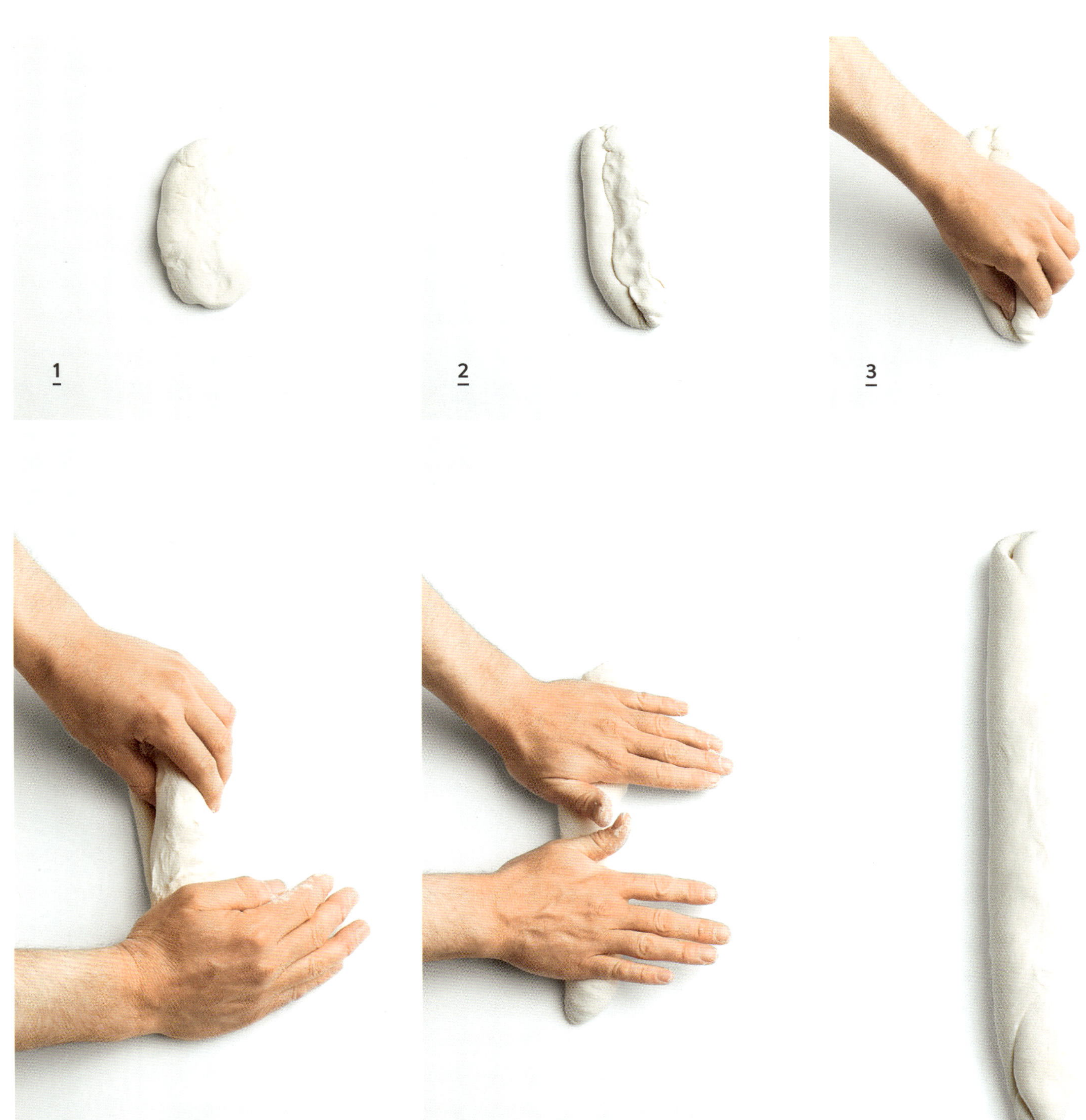

바게트 형태로 성형하기

1 밀가루를 약간 뿌린 작업대 위에 (이음매를 위로 두고) 반죽 덩어리의 매끄러운 쪽을 아래로 가게 하여 올려놓은 뒤, 직사각형으로 형태를 잡아준다.
2 반죽의 아랫부분을 잡고 가운데를 향해 접는다. 반죽의 윗부분을 잡고 중심을 향해 접으면서 처음에 접은 부분 위로 겹쳐지게 만든다.
3 가운데 부분을 살짝 눌러주며 오른쪽 끝부분에 왼손 엄지를 갖다놓은 뒤, 왼손의 다른 세 손가락으로 엄지를 감싼다.

4 반죽의 길이를 따라 이 엄지를 미끄러지듯 지나가게 하면서 반대쪽 손바닥으로는 벌어진 부분을 봉합한다.
5 바게트 반죽의 가운데 부분에 양손을 겹쳐 올려놓은 뒤, 바깥쪽을 향하여 굴리면서 반죽의 길이를 늘린다.
6 계속해서 굴리면서 원하는 길이를 맞춘다.

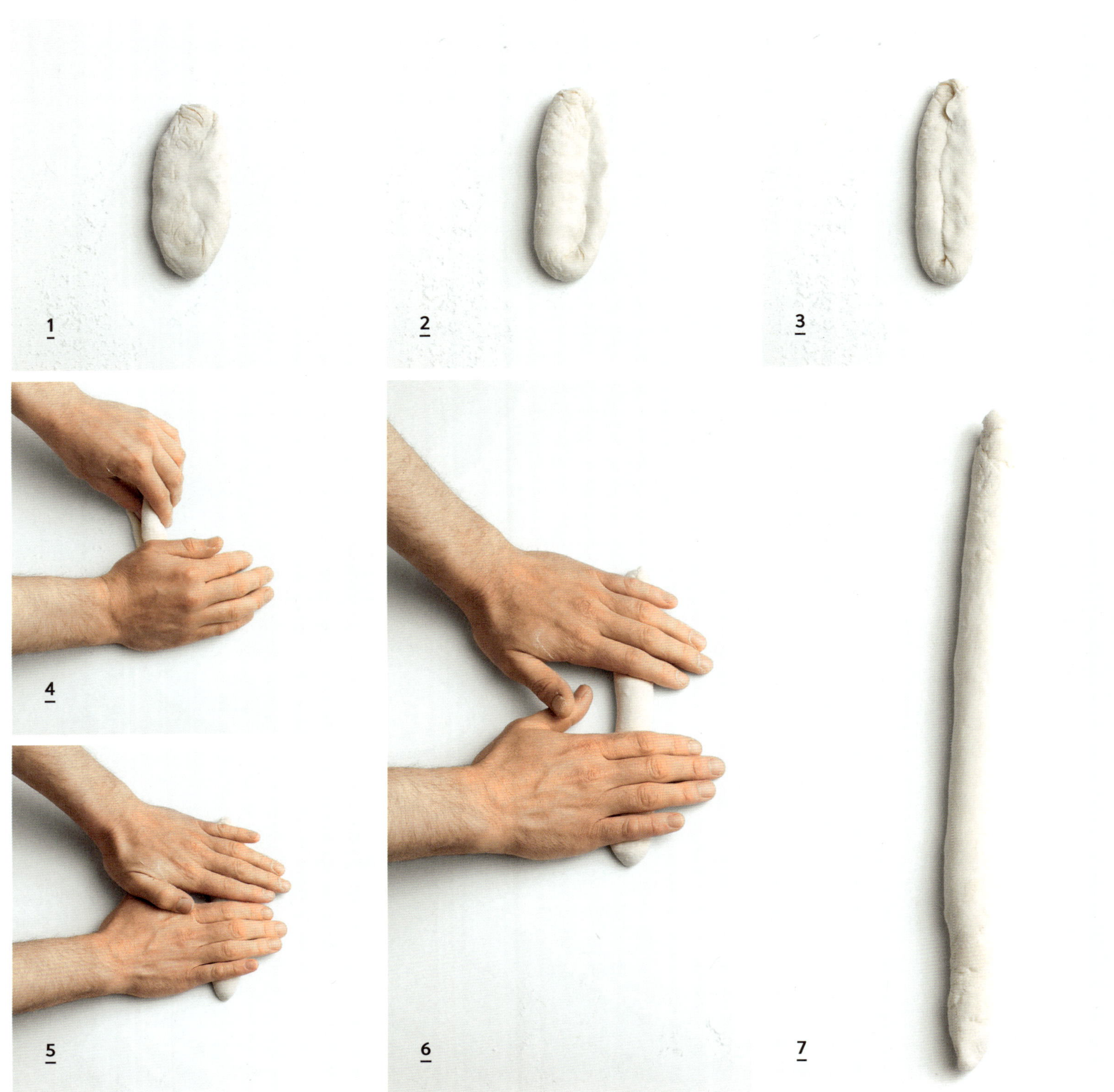

피셀 형태로
성형하기

1 밀가루를 약간 뿌린 작업대 위에 (이음매를 위로 두고) 반죽 덩어리의 매끄러운 쪽을 아래로 가게 하여 올려놓은 뒤, 직사각형으로 형태를 잡아준다.

2 반죽의 아랫부분을 잡고 가운데를 향해 접는다.

3 반죽의 윗부분을 잡고 중심을 향해 접으면서 **2**에서 접은 부분 위로 겹쳐지게 만든다.

4 가운데 부분을 살짝 눌러주며 오른쪽 끝부분에 왼손 엄지를 갖다놓은 뒤, 왼손의 다른 세 손가락으로 엄지를 감싼다. 반죽의 길이를 따라 이 엄지를 미끄러지듯 지나가게 하면서 반대쪽 손바닥으로는 벌어진 부분을 봉합한다.

5 이 작업을 한 번 더 반복하여 반죽을 힘 있게 만든다.

6 반죽의 가운데 부분에 양손을 겹쳐 올려놓는다.

7 바깥쪽을 향하여 굴리면서 반죽의 길이를 늘린다.

8 계속해서 굴리면서 원하는 길이를 맞춘다.

피셀ficelle　바게트 반 개의 무게에 해당하는 가늘고 긴 모양의 빵.

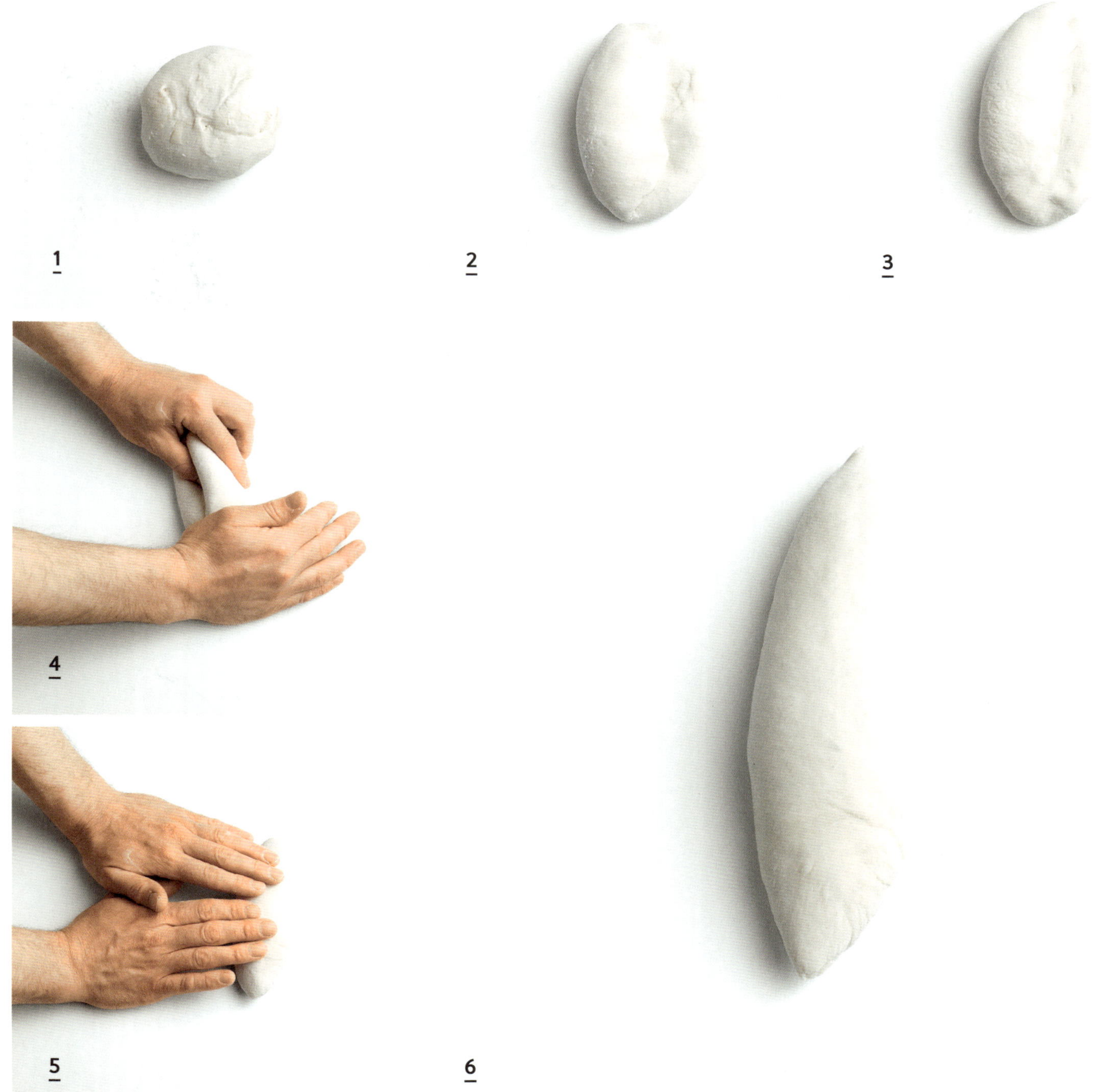

바타르 형태로
성형하기

1 밀가루를 약간 뿌린 작업대 위에 둥글리기한 반죽을 이음매가 위로 가게 하여 올려놓는다.

2 반죽의 아랫부분을 잡고 가운데를 향해 접는다.

3 반죽을 180° 돌리고 같은 작업을 반복한다.

4 왼손의 다른 세 손가락으로 엄지를 감싸준 뒤, 반대쪽 손바닥으로 위아래 벌어진 부분을 봉합한다.

5 반죽의 가운데 부분에 양손을 겹쳐 올려놓은 뒤, 바깥쪽을 향하여 굴리면서 반죽의 길이를 약간 늘린다.

6 계속해서 굴리면서 원하는 길이를 맞춘다.

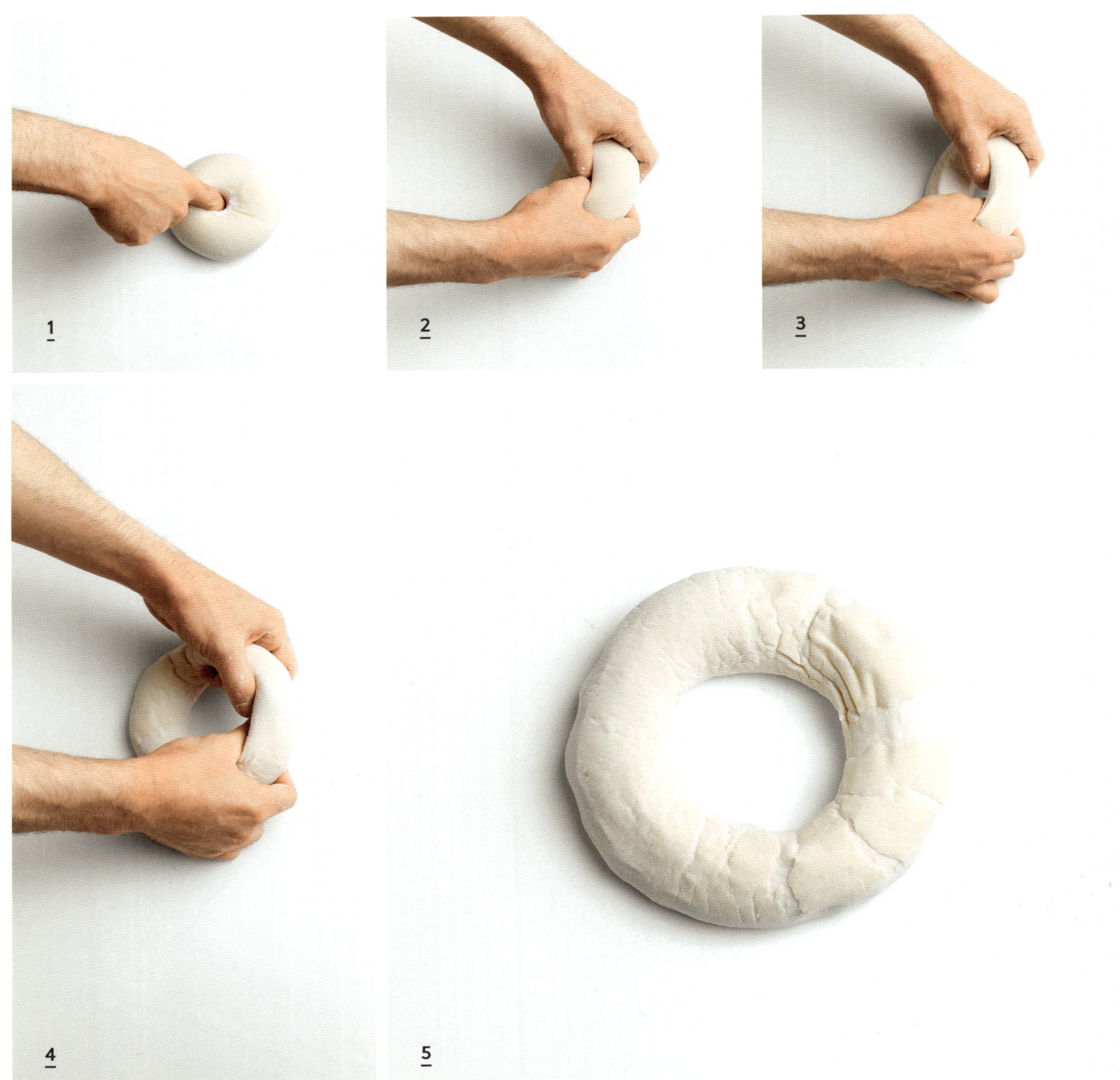

왕관 형태로
성형하기

1 둥글리기한 반죽을 이음매가 아래로 가게 둔다. 반죽의 가운데 부분에 밀가루를 약간 뿌리고, 검지를 이용하여 손가락이 작업대 바닥에 닿을 때까지 반죽을 뚫어 가운데에 구멍을 낸다.

2 손가락에 밀가루를 묻힌 뒤, 엄지와 검지 사이로 반죽을 움켜쥔다.

3 한 손으로 조심스럽게 반죽을 매만지며 지나가되, 중앙의 구멍은 점점 더 커지고 고리의 두께는 점점 더 얇아지게 만든다. 반죽이 더 이상 늘어나지 않으면 5분 동안 휴지시킨다.

4 고리 안쪽의 지름이 10cm에 이를 때까지 이 작업을 반복한다.

5 가운데 구멍이 충분히 넓어야 2차 발효 및 굽기 후 구멍이 사라지지 않는다.

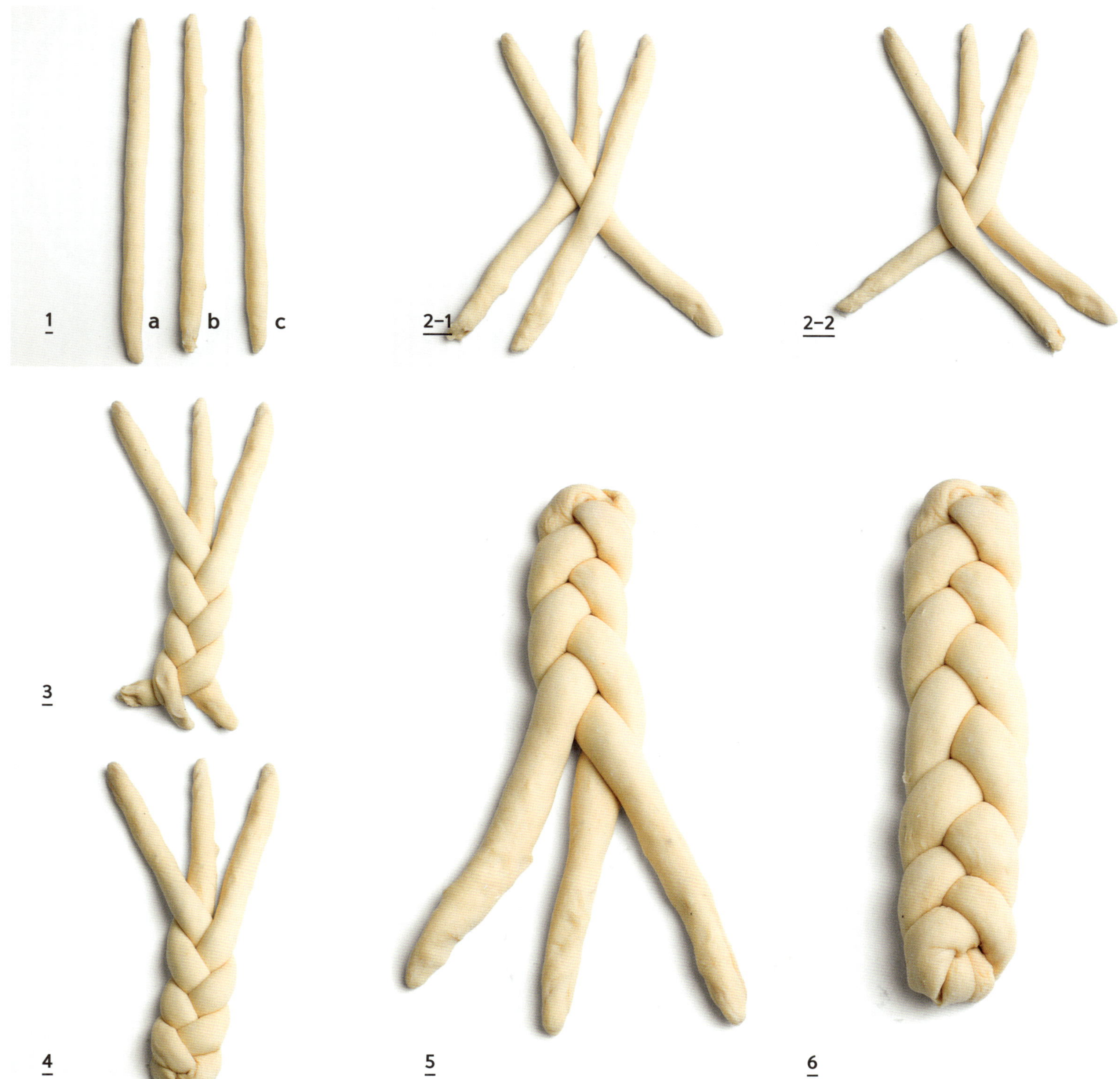

꽈배기 형태로
성형하기

1 같은 길이의 반죽 세 가닥을 만들어 나란히 올려놓
는다. 왼쪽부터 a, b, c 순으로 번호를 매긴다.

2 꼬는 작업은 각 가닥의 중앙에서 시작한다. b 가닥
을 잡아 a 가닥의 자리에 놓고, a 가닥을 잡아 c 가
닥의 자리에 놓은 뒤, c 가닥을 잡아 b 가닥 자리에
놓는다.

3 이 작업을 아랫부분에 닿을 때까지 계속 반복한다.

4 끄트머리 부분에서 세 가닥의 끝을 봉합한다.

5 180˚ 돌려서 꼬는 작업을 마무리하되, 각 가닥을
아래로 넣어서 꼬아준다. 각 가닥을 너무 세게 조
이면서 꼬지 않아야 2차 발효 단계에서 찢어지지
않는다.

6 끄트머리 부분에서 세 가닥의 끝을 봉합한다.

달걀물 바르기

DORURE

파트 르베, 파트 푀이테, 파트 르베 푀이테로 만든 반죽 위에 바르는 달걀, 우유, 소금 혼합물로,
구운 뒤 겉껍질을 노릇하게 만들며 윤기가 나게 한다.

 시간
준비 시간: 5분

도구
시누아
붓

활용
비에누아즈리
브리오슈
갈레트 데 루아

 팁
실리콘 붓은 균일한 도포가 불가능하므로 가급적 사용하지 않는다.

붓으로 여러 차례 덧칠하면 반죽을 더욱 노릇하게 만들 수 있다.

연습
시누아에 내리기(→285쪽)

보관
즉시 사용.

달걀물을 바르는 이유는?

반죽에 윤기를 부여하고 보기 좋은 황갈색을 더해주어 외관을 더 좋게 만들기 때문이다. 또한 약간 바삭거리는 식감을 더해주기도 한다.

달걀에 우유를 추가해야 하는 이유는?

구울 때 달걀 단백질과 우유 당분이 서로 반응(마야르 반응→285쪽)하여 달걀물 토핑 특유의 색감을 만들어내기 때문이다.

2차 발효 이전과 이후에 달걀물을 발라야 하는 이유는?

반죽의 부풀어난 부분에도 달걀물을 바르면 구울 때 보다 균일한 색감을 낼 수 있다.

1

2

3

**브리오슈 1개 혹은
크루아상 6개 분량 달걀물**

달걀 1개(50g)
우유 3g(1/2티스푼)
소금 1꼬집

1 그릇에 달걀, 우유, 소금을 넣은 뒤 균일한 상태가
될 때까지 거품기로 풀어준다.
2 시누아에 내려서 달걀물이 잘 흐르는 상태가 되도
록 한다(→285쪽).
3 붓을 이용하여 달걀물을 발라주되, 반죽이 눌리지
않도록 유의하며 가볍게 칠하여 반죽 표면이 상하
지 않도록 한다.

칼집 넣기

LAMAGE

갈라진 자국을 만들기 위해 굽기 전 반죽 위에 내는 칼집.

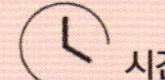 **시간**

5-10분

 **도구**

쿠프 나이프
커터칼
톱칼

 **역할**

가스가 빠져나가게 해서 겉껍질이 터지지 않으면서 빵이 부풀어오를 수 있게 해준다.

완성된 빵에 고유의 외관을 더한다.

 **주의**

반죽에 따라 적절히 칼집을 내야 한다. 많이 부풀어오르지 않은 반죽은 깊숙이 칼집을 내고, 많이 부푼 반죽은 약하게 칼집을 낸다.

 **팁**

빵의 경우, 칼집을 내기 전 반죽 표면에 밀가루를 약간 뿌리면 더욱 보기 좋은 칼집을 만들 수 있다.

트라디시옹 칼집: 칼집이 끝나는 지점에 시선을 두면 곧고 일정한 칼집을 넣을 수 있다.

너무 깊숙이 칼집을 내면 어떻게 되나?

구울 때 반죽이 주저앉고 부피가 줄어든다. 칼집 자국이 너무 두껍게 나오며, 노화가 빨라진다.

칼집을 너무 약하게 내면 어떻게 되나?

가스와 수증기의 압력으로 겉껍질이 터지고 형태가 뒤틀린다. 칼집이 벌어지지 않고 사라질 수도 있으며, 빵의 부피가 줄어들고 외관도 더 안 좋아질 수 있다.

1 바게트 칼집

칼날을 30° 각도로 기울인다.
사선으로 5cm 길이의 칼집을 낸 뒤, 끝에서부터 1/3 지점으로 거슬러 올라간 위치에서 다시 한번 칼집을 낸다.
반죽의 마지막 부분까지 5-7개의 칼집을 넣는다.

2 트라디시옹 칼집

칼날을 30° 각도로 기울인다.
반죽의 가운데에 일자로 선명한 칼집을 넣는다.

3 마름모 칼집

칼날을 비스듬히 놓고, 각 꼭짓점이 빵의 가장자리에서 만나도록 마름모꼴을 그린다.

4 폴카(격자무늬) 칼집

1~2cm 간격을 두어 사선으로 나란히 칼집을 넣되, 칼집이 너무 깊게 들어가지 않도록 주의한다. 반대 방향으로도 같은 사선 칼집을 넣어 마름모 모양이 되도록 만든다.

5 큰 격자무늬 칼집

사선으로 나란히 4개의 칼집을 넣는다. 반대 방향으로도 같은 사선 칼집을 넣는다. 이때, 두번째 줄의 시작 부분에 맞추면서 첫번째 줄을 긋는다(첫번째 줄의 칼집이 끝나는 지점과 두번째 줄의 칼집이 시작하는 지점의 높이가 서로 같다). 두 줄을 더 그어 3개의 마름모꼴을 만든다.

6 소시송(소시지) 칼집

칼날을 가까이 잡고 깊은 칼집을 자잘하게 넣어주되, 그릴 때는 평행이나 전체적인 빵의 모양에서 보면 사선으로 칼집이 들어가도록 한다.

7 십자 칼집

반죽에 밀가루를 뿌린다. 중심을 지나며 위에서 아래로, 이어 왼쪽에서 오른쪽으로 칼집을 넣는다.

8 에피(이삭) 칼집

칼날을 30° 각도로 기울인다. 반죽의 가운데에 일자로 선명한 칼집을 넣는다. 가위를 쓰려면, 45° 각도로 기울인 뒤, 반죽의 2/3 깊이까지 들어가며 10cm 간격으로 나란히 자른다. 가위로 커팅한 각 부분을 서로 교차시키며 벌린다. 끊어지기 쉬우므로 오븐에서 꺼낼 때 주의한다.

굽기

CUISSON

(50℃가 되면 이스트는 죽기 시작하므로) 발효의 마지막 단계.
발효된 반죽이 오븐의 높은 온도로 인해 빵으로 바뀐다.

오븐 온도

크기가 작은 빵: 부드럽고 폭신한 속살을 위해 일정한 고온에서 짧게 굽는다. 크기가 큰 빵(분할량 400g 이상): 오븐을 고온으로 예열한 뒤, 반죽을 오븐에 집어넣을 때 온도를 낮춘다. 굽기가 끝날 때쯤 5-10분간 오븐을 열어두어 겉껍질이 타지 않고 속살이 마를 수 있도록 한다.

스팀 주입

반죽을 오븐에 집어넣을 때 오븐 안에 수증기를 만들어주는 작업. 예열할 때에는 물이 담긴 스텐볼을 오븐 안에 넣어두고, 오븐 안에 반죽을 집어넣을 때에는 분무기로 바닥에 물을 뿌려주어 최대한 수증기를 만들어낸다.

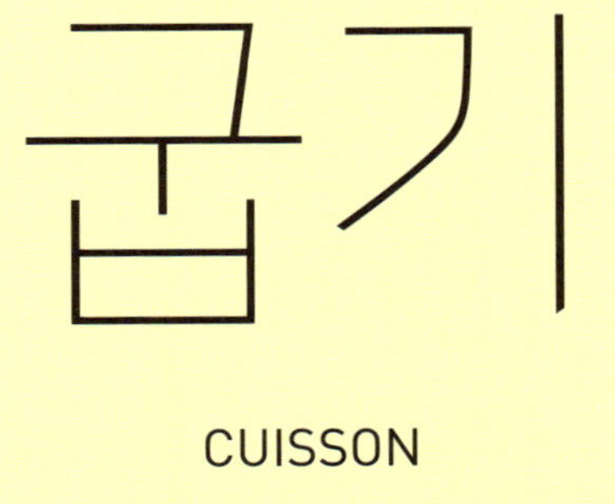

 **팁**

호밀빵 같은 일부 빵의 경우는 하루 정도 지나면 맛이 더 좋아진다.

 **완성**

겉껍질이 바삭하고 살짝 윤기가 돌면서 속살이 폭신해졌을 때.

100℃가 되면 빵은 왜 더 이상 부풀지 않는가?

이 온도에 도달하는 동안 밀가루의 전분이 젤라틴화되며 빵의 구조가 형성되고 글루텐이 응고된다. 이 때문에 빵의 팽창이 중단되는 것이다.

스팀의 역할은?

겉껍질의 형성을 늦춰 반죽이 충분히 부풀어오를 시간이 생기고, 보다 얇고 윤이 나는 겉껍질이 만들어진다. 또한 칼집이 잘 터지게 한다.

스팀이 충분히 주입되지 못하면 어떻게 되나?

겉껍질이 너무 빨리 형성되어 칼집이 제대로 터지지 않고 찢어질 수 있다. 겉껍질 역시 두껍고 광택이 없다.

스팀이 너무 많이 주입되면 어떻게 되나?

칼집이 제대로 터지지 않는다. 빵도 지나치게 반질거리고 매끈매끈하다. 따라서 겉껍질이 덜 바삭거리며 질감도 질기다.

아직 식지 않은 상태의 빵을 먹어도 되나?

따뜻한 빵은 향은 강하지만 맛은 덜하다. 가스가 아직 다 빠져나가지 않은 상태라서 소화도 잘되지 않는다.

1

2

굽는 동안의 단계

반죽의 부피 증가: 오븐의 높은 온도는 반죽 속에 들어 있는 가스를 팽창시켜 빵의 볼륨을 크게 만든다.

겉껍질과 속살의 형성
– 수분과 가스의 증발(칼집이 증발 작용을 도와줌): 빵이 100℃에 도달하면 더 이상 부풀지 않고 겉껍질이 만들어진다.
– 당분이 갈색으로 변하며 캐러멜화함에 따라 빵의 겉껍질 색이 나타나고, 빵에 맛과 향이 부여된다(마야르 반응→285쪽).

구운 후의 단계

르쉬아주Ressuage(식히기)

오븐에서 꺼낸 뒤 빵의 냉각 단계.
역할: 속살에 남아 있던 수증기, 이산화탄소, 알코올 성분이 배출된다. 속살은 공기 중의 습도를 다시 흡수하면서 건조되며, 빵 고유의 향을 갖게 된다.
작업 방식 및 소요 시간: 철판 위에 놓고 빵을 완전히 식힌다. 소요 시간은 빵 크기에 따라 최소 30분에서 수 시간에 이른다.

라시스망Rassissement(빵의 노화)

빵이 서서히 건조되며 노화하는 단계. 르쉬아주가 끝난 직후부터 빵의 노화가 시작된다.

시간: 바게트와 작은 크기의 제품들은 빠르게 진행되고, 크기가 큰 제품들은 시간이 갈수록 진행 속도가 점점 빨라진다.

성공적인 굽기

1 잘못 구운 경우

속살이 끈적끈적한 반죽 상태이고 겉껍질이 광택이 없고 바삭바삭한 식감이 덜하다.

2 잘 구운 경우

캐러멜화로 겉껍질색이 진해지고(마야르 반응→285쪽) 빵 밑면이 단단하며 속살에 수분이 과도하게 남아 있지 않다.

파트 블랑슈

PÂTE BLANCHE

T65 밀가루와 물, 생이스트, 소금 등을 넣은 기본적인 빵 반죽으로,
발효 시간이 짧은 편이다.

시간

준비 시간: 20분
발효 시간: 30분

도구

훅을 장착한 믹서(선택), 온도계

활용

바게트

주의

적정 온도(23-24℃)에서 반죽을 보관.

T65 밀가루 · 제빵용 이스트 · 물

응용

파트 페르망테pâte fermentée(묵은 반죽):
24시간 동안 휴지시킨 파트 블랑슈로, 르뱅을 쓰지 않고도 빵의 향을 더 좋게 할 수 있다. 특히 식전용으로 제공되는 피셀ficelle의 레시피에서 사용된다.

연습

(기계) 반죽하기(→32쪽)

완성

공 모양의 반죽이 균일하고 매끄러우며, 반죽 온도가 23-24℃일 때.

보관

랩을 씌워 냉장고에서 24시간.

제빵용 이스트를 이용한 파트 블랑슈의 장점은 무엇인가?

치즈나 베이컨, 건조 과일 등으로 맛을 낼 수 있도록 단조로운 풍미의 반죽을 만들 수 있다. 또한 발효가 빨리 이뤄질 수 있으며, 그에 따라 매우 가볍고 폭신한 속살이 만들어진다.

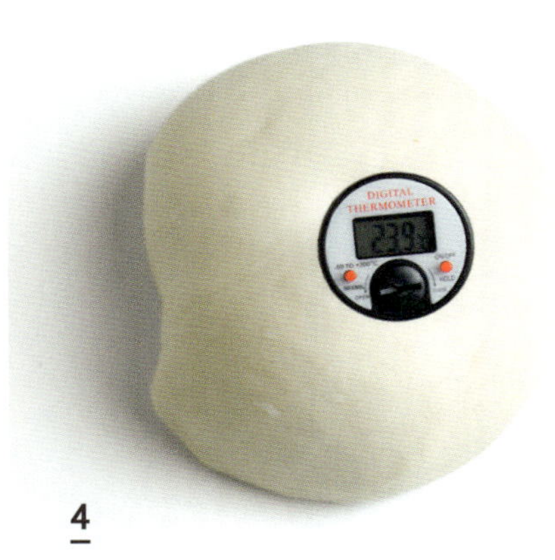

반죽 800g

T65 밀가루 500g
물 300g
소금 9g
제빵용 생이스트 10g

1 믹서에 밀가루와 물, 소금, 그리고 잘게 부순 이스트를 함께 넣는다.

2 저속으로 4분간 믹싱한다(→32쪽).

3 중속으로 6분간 믹싱한다. 반죽은 믹싱볼 안쪽 벽에 달라붙지 않는 상태가 되어야 한다(손 반죽→30쪽).

4 온도계를 이용하여 반죽 온도가 23-24℃ 사이인지 확인한다.

5 밀가루를 뿌린 작업대 위에 올려놓고 면포로 덮은 뒤 30분간 발효시킨다(1차 발효→36쪽).

파트 트라디시옹

PÂTE TRADITION

르뱅 리키드와 무첨가제 밀가루인 T65 트라디시옹 밀가루를 넣은 반죽.

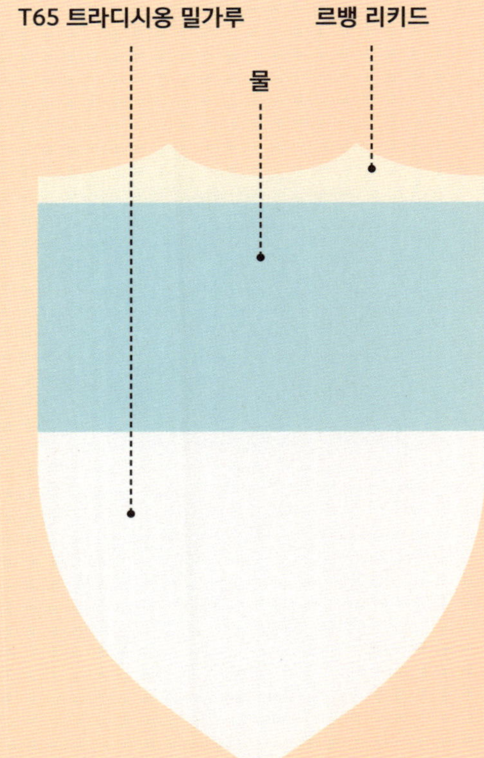

 시간

준비 시간: 30분
발효 시간: 1시간

 도구

훅을 장착한 믹서(선택), 온도계

 활용

바게트 트라디시옹

주의

적절한 반죽 온도를 유지하고, 과하게 믹싱
하지 않는다.

 연습

(기계) 반죽하기(→32쪽)
접기(→37쪽)

 완성

공 모양의 반죽이 균일하고 매끄러우며 탄성
이 적고, 반죽 온도가 23-24℃일 때.

 보관

랩을 씌워 냉장고에서 24시간.

'T65 트라디시옹 밀가루'란?

T65 트라디시옹 밀가루는 반죽을 더욱 부드럽게 만드는 첨가제가 들어
있지 않아 좀 더 '거칠고' 기공이 불규칙한 내상에, 풍미가 더 좋은 속살을
만들어낸다.

르뱅의 역할은?

이스트와 마찬가지로 르뱅도 발효를 일으키는 미생물이므로 반죽을 부풀
린다. 뿐만 아니라 르뱅은 특유의 향과 산미를 더해주는데, 파트 트라디시
옹의 고유의 맛이 나며 더 투박하고 거친 겉껍질이 만들어진다.

파트 블랑슈와의 차이점은?

파트 트라디시옹은 T65 트라디시옹 밀가루를 쓰며, 수분율이 높아서 더
많은 양의 물을 사용한다. 믹싱을 짧게 하고 1차 발효를 길게 한다.

접기 작업을 하는 이유는?

1차 발효가 이뤄지는 동안 이스트와 같이 발효를 일으키는 미생물의 작
용으로 밀가루 내 당이 분해되고 가스가 배출된다. 이때 생긴 가스는 믹
싱 과정에서 형성된 글루텐 조직 안에 갇혀 있게 되는데, 이 가스의 작용
으로 반죽이 부풀어오르는 것이다. 그러다 어느 한 시점이 되면 발효를
일으키는 미생물이 고갈되고 글루텐 조직이 느슨해지는데, 그에 따라 가
스가 줄어들고 반죽에도 보다 적은 양의 가스가 남아 반죽에 힘이 없어진

1-1

1-2

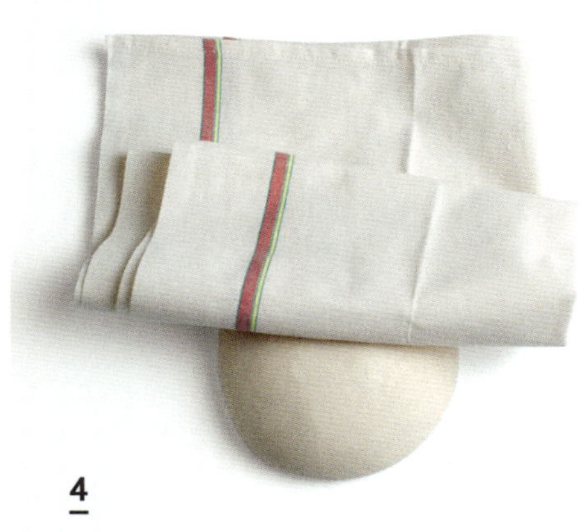

4

5

다. 이때 접기 작업을 해주면 효모균을 다시 활성화시키고 글루텐 조직을 조일 수 있다. 파트 트라디시옹에 이 작업이 필요한 것은 T65 트라디시옹 밀가루의 경우 일반 T65 밀가루보다 다당류의 함량이 더 높기 때문이다. 그런데 발효를 일으키는 미생물은 (다당류가 아닌) 단당류를 우선적으로 변화시키므로, 다당류가 분해될 시간이 생길 수 있다. 발효 과정을 다시 재활성화시켜주어야 한다.

반죽 900g

T65 트라디시옹 밀가루 500g
물 345g
르뱅 리키드 50g
소금 10g
제빵용 생이스트 5g

1 믹서에 밀가루, 물, 소금, 르뱅 리키드, 그리고 잘게 부순 이스트를 넣고 저속으로 4분간 믹싱한다(→32쪽).

2 이어 중속으로 6분간 믹싱한다. 반죽은 믹싱볼 안쪽 벽에 달라붙지 않는 상태가 되어야 한다(손 반죽 →30쪽).

3 온도계를 이용하여 반죽의 온도가 23-24℃ 사이인지 확인한다.

4 밀가루를 약간 뿌린 작업대 위에 올려놓고 면포로 덮은 뒤 30분간 1차 발효시킨다(1차 발효→36쪽).

5 접기 작업을 하는 방식으로(→37쪽) 반죽을 반으로 접은 뒤, 밀가루를 뿌린 작업대 위에 올려놓고 면포로 덮은 뒤 다시 한번 30분간 1차 발효시킨다.

파트 아 피자

PÂTE À PIZZA

올리브 오일이 풍부하게 들어간 파트 블랑슈.

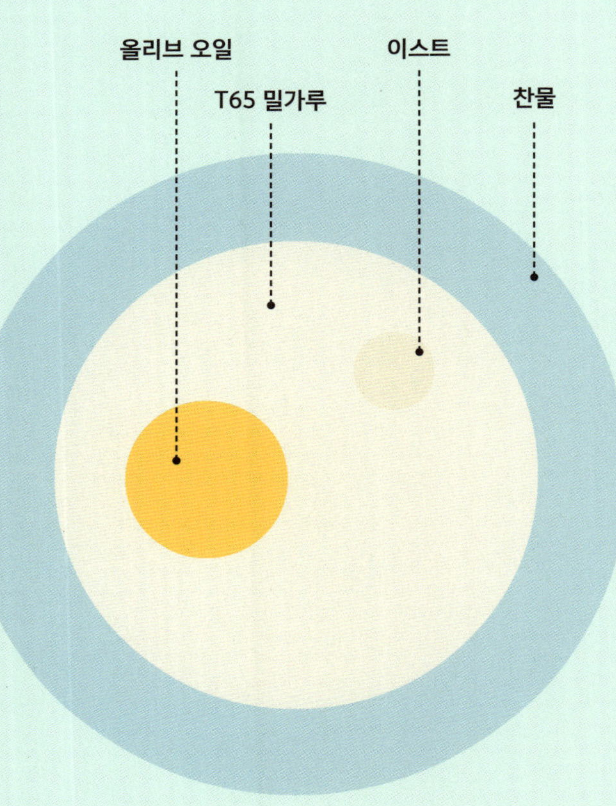

시간

준비 시간: 21분
발효 시간: 2시간 30분–3시간 (1차
발효 30분, 중간 발효 30분, 2차 발효
1시간 30분–2시간)

도구

훅을 장착한 믹서, 스크레이퍼, 밀대

활용

피자

응용

포카차
푸가스

주의

반죽을 얇게 펴려면 반죽의 탄성이 충분히
있어야 한다.

연습

(기계) 반죽하기(→32쪽)
둥글리기(→38쪽)

팁

반죽이 느슨해져서 찢어지지 않고 얇게 펴
질 수 있도록 여러 번 나눠 펼쳐준다.

완성

공 모양의 반죽이 균일하고 매끄러우며 반
죽 온도가 23–24℃일 때.

보관

랩을 씌워 24시간.

파트 블랑슈와의 차이점은?

파트 아 피자의 경우, 믹싱의 마지막에 올리브 오일을 섞는다. 지방을 첨가함으로써 글루텐 조직
을 변화시키고 (지방이 글루텐 망을 코팅한다) 구우면서 벌집 기공이 생기는 것을 막아서 빵이
더 부드러워진다.

40×30cm 크기 반죽 두 판 분량

반죽

T65 밀가루 500g
찬물 300g
제빵용 생이스트 15g
올리브 오일 100g
소금 10g

1 믹서에 밀가루, 물, 소금, 그리고 잘게 부순 이스트를 넣고 저속으로 5분간 믹싱한다(→32쪽). 중속으로 올려 6분간 믹싱한다. 반죽은 믹싱볼 안쪽 벽에 달라붙지 않는 상태가 되어야 한다(손 반죽→30쪽).

2 저속으로 믹싱하며 올리브 오일을 조금씩 섞는다.

3 반죽이 든 믹싱볼을 랩으로 씌워 상온에서 30분간 발효시킨다(1차 발효).

4 반죽을 두 덩어리로 분할한 뒤 둥글리기하고(→38쪽), 면포로 덮어 실온에서 30분간 휴지시킨다(중간 발효).

5 둥글리기한 반죽의 윗면과 아랫면에 밀가루를 뿌린 뒤 밀대를 이용하여 위에서 아래로, 오른쪽에서 왼쪽으로 고른 두께로 밀어 편다.

6 면포를 덮어 따뜻한 곳에서 1시간 30분-2시간 휴지시킨다(2차 발효).

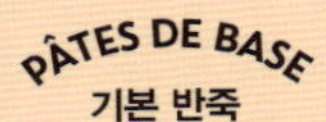

파트 비에누아즈

PÂTE VIENNOISE

우유를 넣은, 살짝 단맛이 나는 파트 르베 블랑슈.

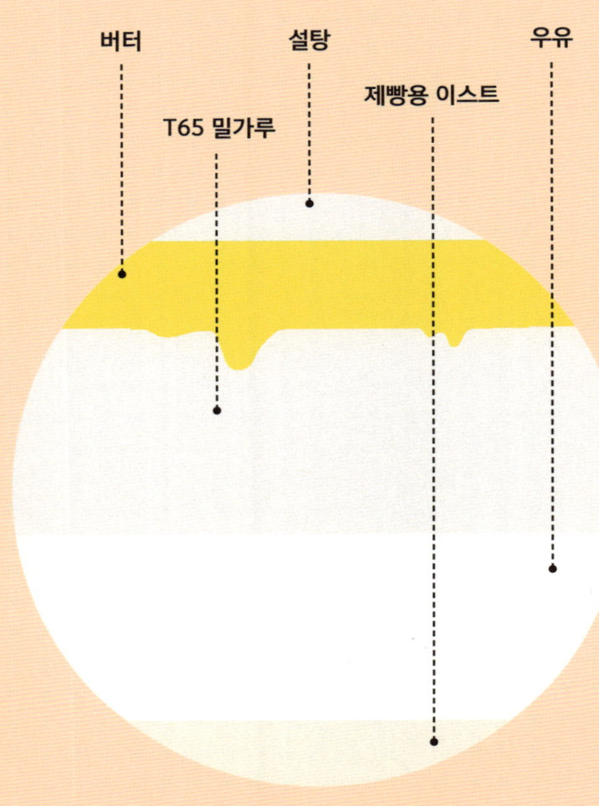

시간
준비 시간: 25분
휴지 시간: 5시간

도구
훅을 장착한 믹서, 온도계

활용
비에누아즈 나튀르
비에누아즈 쇼콜라
미니 뮤즐리빵(→144쪽)

주의
버터가 녹지 않게 섞여야 반죽의 적절한 되기가 유지된다.

연습
(기계) 반죽하기(→32쪽).

완성
공 모양의 반죽이 균일하고 매끄러울 때.

보관
랩을 씌워 냉장고에서 24시간.

파트 비에누아즈의 특징은?

브리오슈나 밀크 브레드에 비해, 파트 비에누아즈에는 버터와 설탕이 적게 들어가고 달걀이 들어가지 않는다. 이러한 재료 차이로 퍽퍽하고 덜 가벼운 질감이 나타난다.

4

1

2

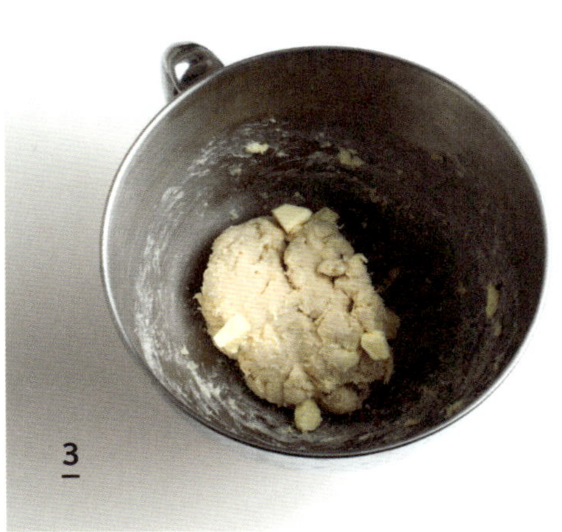

3

반죽 450g

T65 밀가루 250g
우유 150g
소금 5g
제빵용 생이스트 5g
설탕 20g
버터 40g

1 믹서에 밀가루와 우유, 소금, 잘게 부순 이스트 및 설탕을 넣는다.

2 저속으로 4분간 믹싱한다(→32쪽). 이어 중속으로 6분간 더 믹싱해준다. 반죽은 믹싱볼 안쪽 벽에 달라붙지 않는 상태가 되어야 한다(손 반죽→30쪽).

3 깍둑썰기 한 버터를 모두 넣고 버터가 완전히 섞일 때까지 저속으로 믹싱한다.

4 반죽을 랩으로 감싼 뒤, 냉장고에서 5시간 동안 휴지시킨다.

파트 르베 푀이테

PÂTE LEVÉE FEUILLETÉE

충전용 버터를 넣은 파트 르베로, 굽는 동안 결을 얻기 위해 '지갑' 형태로 여러 번 접는다.

🕐 시간
준비 시간: 45분
발효 시간: 3시간

🔪 도구
훅을 장착한 믹서, 밀대

◢ 활용
크루아상
팽 오 쇼콜라(→184쪽), 팽
오 레쟁(→186쪽), 팽 스위스
(→190쪽), 아몬드 크루아상
(→192쪽).

❗ 주의
버터 층과 반죽 층이 균일하도록 반죽을
'지갑' 형태로 접은 후 정확하게 밀어 편
다. 버터가 녹아 반죽에 스며들면 일정한
결이 나오지 않는다.

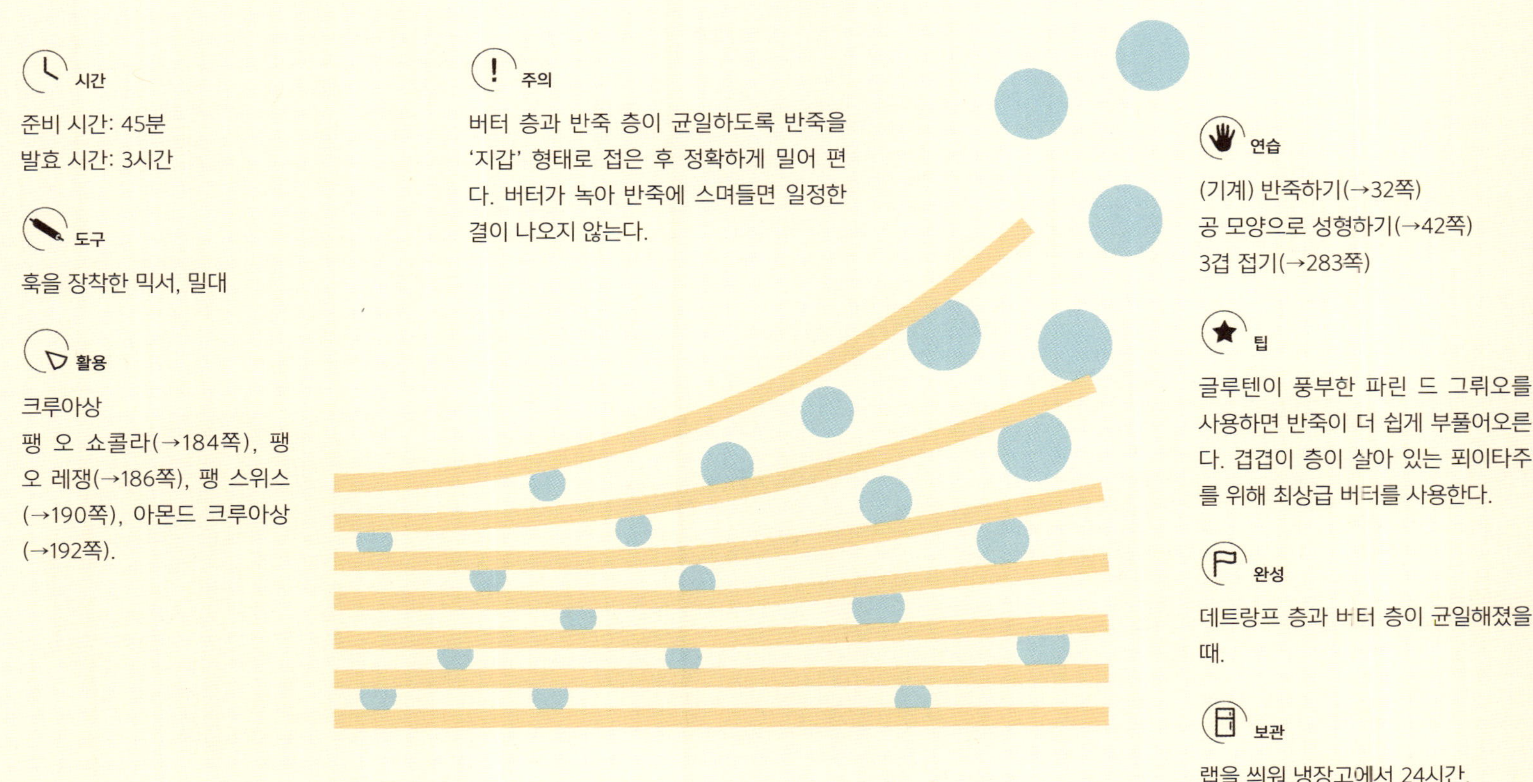

✋ 연습
(기계) 반죽하기(→32쪽)
공 모양으로 성형하기(→42쪽)
3겹 접기(→283쪽)

★ 팁
글루텐이 풍부한 파린 드 그뤼오를
사용하면 반죽이 더 쉽게 부풀어오른
다. 겹겹이 층이 살아 있는 푀이타주
를 위해 최상급 버터를 사용한다.

🏳 완성
데트랑프 층과 버터 층이 균일해졌을
때.

🗄 보관
랩을 씌워 냉장고에서 24시간.

결이 있는 구조가 만들어지는 원리는?

파트 르베 푀이테는 충전용 버터를 넣고 접은 빵 반죽으로 겹겹이 층이 있는 구조가 만들어진다.
버터 층은 다른 층과 섞이지 않으면서 층을 형성하는데, 굽는 동안 버터가 녹으면서 발생한 수증
기와 공기가 각각의 층을 밀어올려 분리하기 때문에 일정한 결이 있는 푀이타주가 만들어진다.

파트 푀이테 클라시크와의 차이점은?

파트 르베 푀이테에는 이스트가 들어가기 때문에 비에누아즈리의 2차 발효 시 반죽이 부풀어오
른다. 파트 푀이테 클라시크보다 접는 횟수가 적어 겹수도 적다. 또한 기본적으로 빵 반죽이기 때
문에 파트 푀이테 앵베르세보다 수분이 더 많이 들어가서 부드러운 편이다.

반죽 370g

1 데트랑프

T65 밀가루 110g
T45 파린 드 그뤼오 밀가루 110g
우유 105g
설탕 30g
소금 4g
제빵용 생이스트 7g

2 푀이타주

무염 버터 120g

1 데트랑프를 준비한다. 믹서에 밀가루, 우유, 설탕, 소금 및 잘게 부순 이스트를 넣고 저속으로 5분간 믹싱한 뒤(→32쪽), 이어 중속으로 5분간 더 믹싱한다(손 반죽→30쪽).

2 반죽을 매우 단단하게 둥글려서 공 모양으로 성형한다(→42쪽).

3 반죽을 랩으로 싼 뒤, 냉장고에서 1시간 동안 휴지시킨다.

4 밀대로 버터를 두드려서 부드럽게 하고 두께 1cm, 길이가 8cm의 정사각형으로 밀어 편다.

5 반죽을 버터와 같은 폭으로 밀어 펴고 길이는 2배 길게 16cm로 만든 다음 버터를 반죽의 가운데에 펼쳐놓는다.

6 반죽의 양쪽을 접고 이음매가 가운데 부분에 오게 한 뒤, 반죽을 90° 돌린다.

7 3겹 접기를 한다. 이음매를 세로로 두고 밀대로 24cm 길이로 밀어 편다.

8 이어 반죽을 3겹으로 접어주어 직사각형 형태가 되도록 한다. 랩으로 씌워 냉동실에 10분간 넣어둔 뒤, 냉장실에 30분간 넣어둔다. 7과 8 과정을 두 번 더 반복한다(3겹 접기를 총 3회).

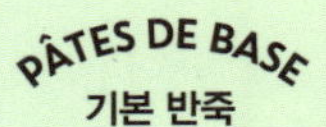

파트 아 브리오슈

PÂTE À BRIOCHE

달걀과 버터를 넣어 만들어서 진한 풍미와 가벼운 속살을 지닌 파트 르베.

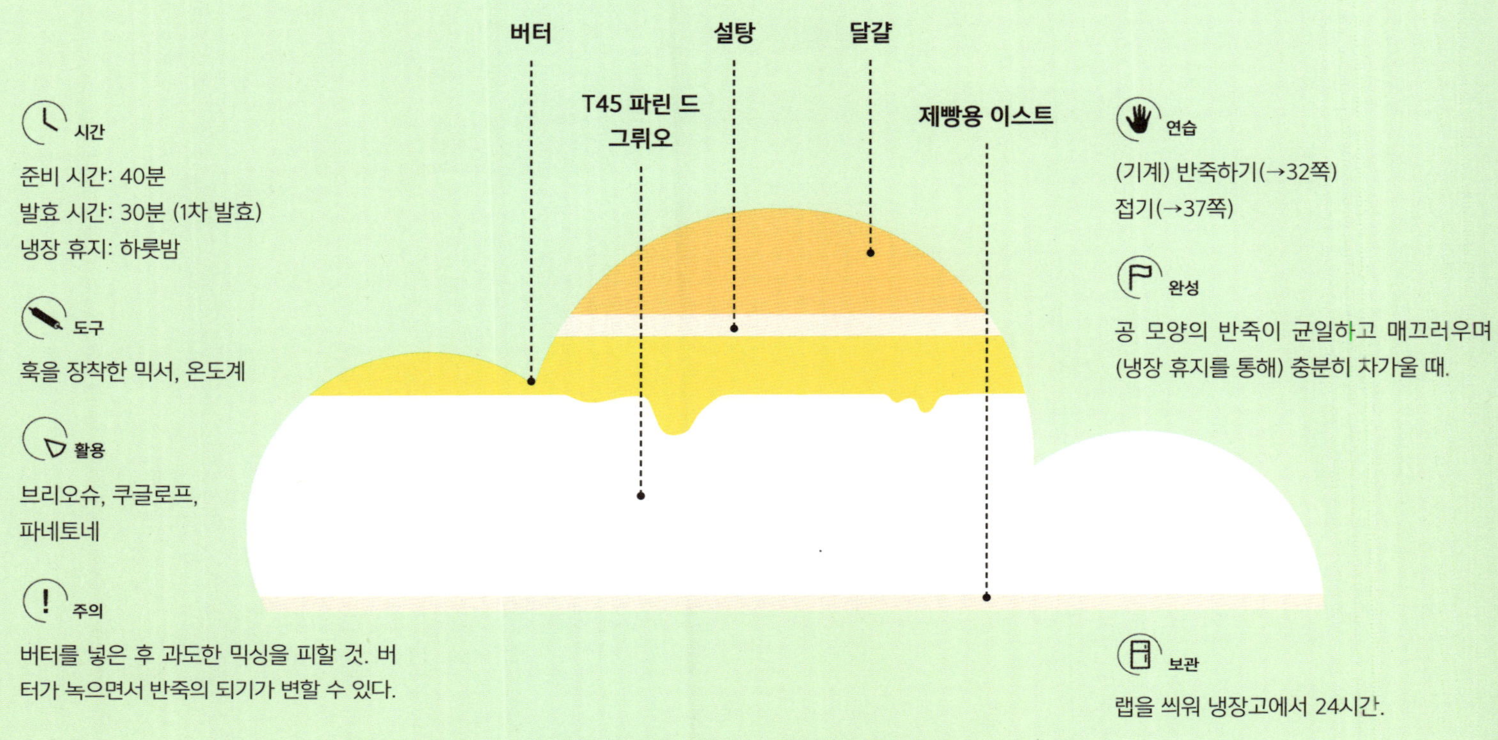

믹싱 마지막에 버터를 넣는 이유는?

가볍고 부드러운 질감을 얻으려면 글루텐 조직이 잘 발달해야 하는데, 버터가 들어가면 글루텐 단백질을 감싸 글루텐 조직이 잘 발달하지 않기 때문이다. 따라서 버터를 넣지 않은 반죽의 처음 2단계(프라자주와 말락사주) 동안 글루텐을 충분히 형성한다. 이후 버터를 넣음으로써 (버터가 글루텐을 감싸서) 반죽이 부드러워진다.

실온 상태의 버터를 넣는 이유는?

그래야 버터가 반죽에 쉽게 섞인다. 온도에 따라 달라지는 버터의 상태는 브리오슈 속살의 질감에 영향을 미치는데, 실온 상태의 버터를 쓰면 부드러운 브리오슈 속살을 얻을 수 있다(버터의 온도가 너무 낮거나 높으면 브리오슈 속살은 푸석푸석해진다).

파린 드 그뤼오를 사용하는 이유는?

글루텐이 풍부하여 글루텐 조직을 발달시키는 데에 도움이 되기 때문이다. 글루텐 조직은 발효하면서 생긴 가스를 가둘 수 있고, 이에 따라 기공이 많은 내상이 만들어진다.

냉장고에서 1차 발효하는 이유는?

반죽이 지나치게 부풀어오르면 글루텐 조직이 제대로 발달하지 못하게 되는데, 저온에서는 반죽이 부풀어오르는 속도가 느려져서 이를 방지할 수 있다.

반죽 580g

T45 파린 드 그뤼오 250g
달걀 3개(150g)
소금 5g
제빵용 생이스트 8g
설탕 35g
무염 버터 125g

1 전날 냉장고 안에 모든 재료를 넣어둔다. 믹서에 밀
가루와 달걀, 소금, 잘게 부순 이스트를 넣고 저속
으로 4분간 돌려 믹싱한다(→32쪽).

2 중속으로 6분간 믹싱한다. 반죽은 믹싱볼 안쪽 벽에
달라붙지 않는 상태가 되어야 한다(손 반죽→30쪽).

3 저속으로 믹싱하며 깍둑썰기 한 버터를 모두 추가
한 뒤, 버터가 반죽에 완전히 섞일 때까지 계속해서
믹싱한다.

4 반죽을 스텐볼에 옮겨 담는다.

5 면포로 덮어 30분간 그대로 둔다.

6 접기를 한다(→37쪽).

7 반죽을 다시 스텐볼에 넣고 반죽에 밀착하여 랩을
씌운 뒤(→285쪽) 다음 날까지 냉장고에 넣어둔다.

푀이타주 앵베르세

FEUILLETAGE INVERSÉ

유지가 많이 들어간 얇고 바삭한 반죽으로, 뵈르 마니에(버터와 밀가루의 혼합물)로
데트랑프(버터를 싸기 전의 밀가루 반죽)를 감싼 뒤 연달아 접어 굽는 동안 분리되는 결을 만든다.

 **시간**

준비 시간: 45분
냉장 휴지: 12시간

 **도구**

비터 및 훅을 장착한 믹서, 밀대

 **활용**

밀푀유, 갈레트 데 루아,
타르트 핀tarte fine,
쇼송 오 폼, 팔미에

! **주의**

반죽을 조심스럽게 밀어 펴야 버터 층
과 반죽 층이 서로 뒤섞이지 않는다.

 **연습**

(기계) 반죽하기(→32쪽)
3겹 접기(→283쪽)
4겹 접기(→283쪽)
포마드 버터 만들기(→284쪽)

 **팁**

반죽을 몸 앞에 두고 몸쪽에서 바깥
쪽으로 밀어 펴야 작업도 수월하고
보다 균일한 층을 만들어낼 수 있다.

 **완성**

데트랑프 층과 버터 층이 층층이 구
분되었을 때.

보관

즉시 사용.

파트 푀이테 클라시크와의 차이점은 무엇인가?

풍미: 뵈르 마니에에 밀가루가 많이 들어가기 때문에 구울 때 루roux(밀가루를 동일한 양의 버터
에 볶은 것)처럼 맛을 더해준다.
과정: 푀이타주 앵베르세의 경우, 첫번째 접기를 할 때 뵈르 마니에로 데트랑프를 감싸는 반면 파
트 푀이테 클라시크의 경우 접기 전에 버터를 데트랑프 안에 놓는다.
버터의 양: 파트 푀이테 클라시크보다 버터의 양이 1.5배 더 많이 들어간다.

일반적인 파트 푀이테는 데트랑프 반죽 안에 버터를 넣
고 접어 층층이 버터를 섞지만 푀이타주 앵베르세는 버
터(뵈르 마니에) 안에 데트랑프를 넣고 접어 버터 층을
만든다. 프랑스어에서 '앵베르세inversé'는 '거꾸로 하다'
'순서를 바꾸다'는 뜻의 동사 inverser의 수동형으로, '거
꾸로 된' '순서가 바뀐' '반대의'라는 뜻을 갖고 있다.

타르트 핀tarte fine   푀이타주를 바닥으로 사용하는, 타
르트 틀 없이 구운 전형적인 프랑스식 타르트.

반죽 600g

1 뵈르 마니에

깍둑썰기 한 무른 버터 200g
T65 밀가루 80g

2 데트랑프

T65 밀가루 180g
포마드 버터(→284쪽) 60g
소금 8g
찬물 80g
화이트 식초 2g

1 뵈르 마니에를 준비한다. 먼저 비터를 장착한 믹서에 버터와 밀가루를 넣고 5분간 섞는다. 이어 밀가루를 뿌린 작업대 위나 2장의 유산지 사이에 뵈르 마니에를 놓고, 밀대로 밀어 20×30cm 크기의 직사각형을 만든다. 랩으로 싸서 2시간 동안 냉장고에 넣어둔다.

2 데트랑프를 준비한다. 먼저 비터를 장착한 믹서에 밀가루, 소금, 물, 포마드 버터, 화이트와인 식초를 넣고 저속으로 7분간 섞어준다. 이어 밀가루를 뿌린 작업대 위에 데트랑프를 놓고, 밀대로 밀어 15×20cm 크기의 직사각형을 만든다. 랩으로 싸서 2시간 동안 차가운 곳에 둔다.

3 뵈르 마니에의 가운데에 데트랑프를 올려놓은 뒤, 그 위로 뵈르 마니에의 양끝을 접어올려 데트랑프를 감싼다.

4 이음매를 세로로 두고 3겹 접기를 하는데(→283쪽), 먼저 반죽을 가로 대비 세로 길이가 3배 더 길어지도록 밀어 편다(20×60cm).

5 이어 반죽을 3겹으로 접는다. 랩으로 덮은 뒤 냉장고에서 2시간 동안 휴지시킨다.

6 이음매를 세로로 두고 4겹 접기를 하는데(→283쪽), 먼저 반죽을 가로 대비 세로 길이가 3배 더 길어지도록 밀어 편다(20×60cm). 이어 양끝에서 반죽을 1/4씩 가운데로 접어올린다.

7 가운데에서 다시 반죽을 반으로 접는다. 랩으로 덮은 뒤 냉장고에 다시 2시간 동안 넣어둔다.

8 이음매를 세로로 두고 다시 4겹 접기를 하는데, 반죽을 가로 대비 세로 길이가 3배 더 길어지도록 밀어 편 다음 양끝에서 반죽을 1/4씩 가운데로 접어올리고, 가운데에서 다시 반죽을 반으로 접는다. 랩으로 덮은 뒤 냉장고에 다시 2시간 동안 넣어둔다.

9 이음매를 세로로 두고 3겹 접기를 하는데, 반죽을 가로 대비 세로 길이가 3배 더 길어지도록 밀어 편 다음 3겹으로 접고, 랩으로 덮은 뒤 냉장고에서 2시간 동안 휴지시킨다.

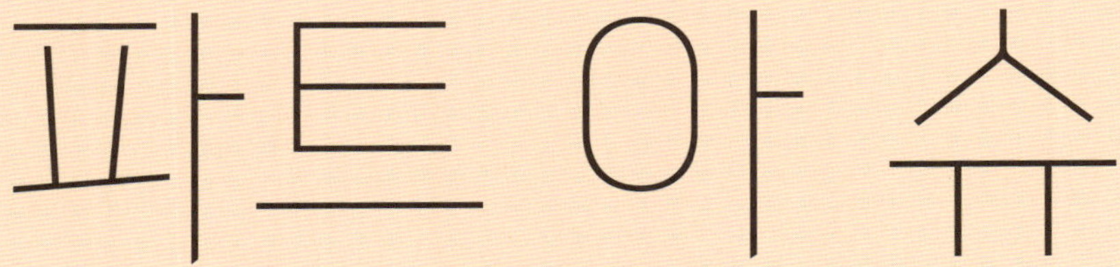

파트 아 슈

PÂTE À CHOUX

달걀, 버터, 밀가루, 우유를 넣은 반죽으로,
가열하면서 수분을 날린 뒤 짤주머니에 넣고 짜서 구우면 부풀어오른다.

시간
준비 시간: 10분

도구
비터를 장착한 믹서, (손잡이가 단단한) 스패튤러, 둥근 스크레이퍼

활용
슈 아 라 크렘

기타 활용
슈케트(→276쪽), 에클레르, 를리지외즈, 파리브레스트, 생토노레

응용
구제르, 폼 도핀, 뇨키

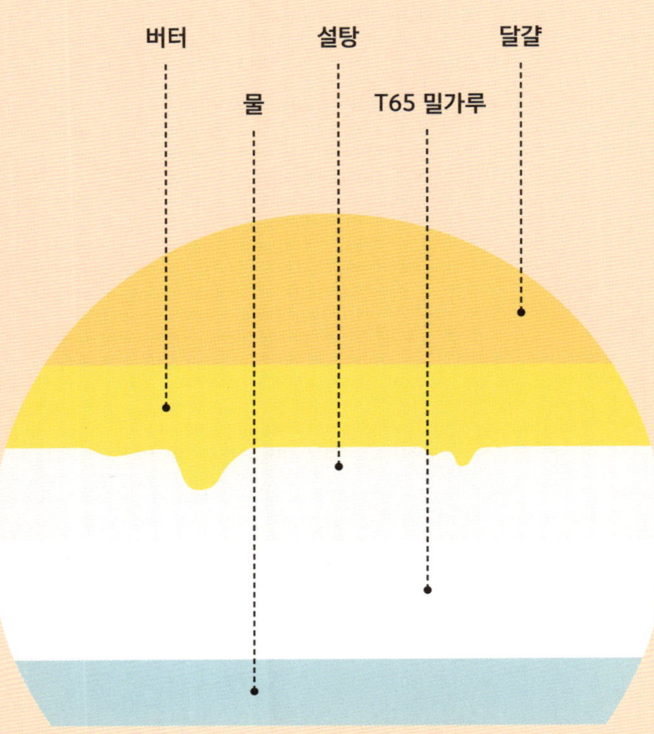

주의
반죽을 태우지 않으면서 수분 날리기.

연습
(용기 안의) 재료 긁어내기(→282쪽)

팁
반죽의 수분을 충분히 날리면 구울 때 슈가 잘 부풀어오른다.

완성
반죽의 상태가 균일해지고, 비터를 뺐을 때 딸려 나오는 반죽이 두리 모양의 뾰족한 상태가 되었을 때.

보관
보관하지 않고 즉시 사용.

파트 아 슈는 어떻게 부풀어오르나?

파트 아 슈를 180℃에서 구우면 반죽 안의 수분이 수증기 형태로 증발한다. 냄비에서 1차로 익히면서 끈적거리는 점성이 생긴 반죽은 이 수증기를 가두어 반죽이 부풀어오른다.

오븐을 너무 일찍 열었을 때 반죽이 꺼지는 이유는?

오븐의 온도가 떨어져서 수증기가 다시 수분의 형태로 되돌아가기 때문이다. 물은 수증기보다 부피가 더 작기 때문에 슈가 수축되면서 꺼진다.

반죽 700g

T65 밀가루 150g
우유 165g
물 90g
버터 110g
달걀 4개(200g)
설탕 2g
소금 2g

1 냄비에 우유와 물, 버터, 설탕, 소금을 넣고 버터가 잘 녹을 때까지 끓인다.

2 끓어오르기 시작하면 냄비를 불에서 내리고 밀가루를 한꺼번에 넣고 스패튤러로 섞는다. 냄비를 다시 불에 올리고 냄비 벽에서 반죽이 떨어져나올 때까지 반죽을 1분간 계속 저어주면서 수분을 날린다. 이 혼합물을 '파나드panade'라고 부른다.

3 믹서에 파나드를 옮기고 비터를 사용해서 저속으로 1~2분간 돌린다(또는 스패튤러를 이용해서 젓는다).

4 달걀을 하나씩 넣으면서 계속 섞는다.

5 둥근 스크레이퍼를 사용하여 믹싱볼의 옆면과 비터에 묻은 반죽을 긁어내고(→282쪽), 반죽이 덩어리진 것 없이 균일한 상태가 될 때까지 스패튤러로 마지막으로 1분간 더 섞어준다.

파트 쉬크레 사블레

PÂTE SUCRÉE SABLÉE

설탕이 들어간 부서지기 쉬운 파트 아 퐁세.

 **시간**

준비 시간: 15분

 **도구**

비터 및 훅을 장착한 믹서

 **활용**

타르트 바닥, 앙트르메 베이스
프티 사블레

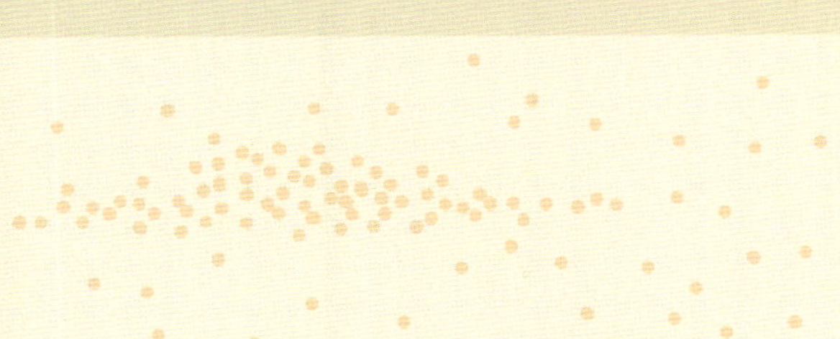

(!) **주의**

버터가 녹고 너무 탄성 있는 반죽이 만들
어질 수 있으므로 반죽을 지나치게 치대
지 말 것.

 **연습**

(기계) 반죽하기(→32쪽)

(★) **팁**

믹서를 사용하지 않을 경우, 스텐볼 안
에 밀가루, 슈거파우더, 소금, 아몬드 파
우더를 넣고 섞는다. 가운데 부분을 우
묵하게 만든 다음 깍둑썰기한 버터와 달
걀을 추가한다. 모든 재료를 재빨리 섞
고 손바닥을 이용해 한두 번 정도 프라
제한다(→ 282쪽).

 **완성**

반죽 덩어리가 균일하게 섞이고 매끄러
운 상태가 되었을 때.

(日) **보관**

믹싱 후 랩으로 씌워 냉장고에서 최대
24시간.

어떻게 하면 잘 부서지고 바삭바삭한 반죽을 만들 수 있나?

이 반죽법을 사용하면 글루텐 조직이 형성되지 않고 반죽에 탄성이 생기지 않는다. 또한 설탕은
유지에 녹지 않고 일정량이 결정 상태로 남기 때문에 반죽의 모래처럼 부슬부슬한 질감에 영향을
미친다.

파트 아 퐁세pâte à foncer   틀에 넣어 바닥에 까는 반죽.
앙트르메entremets   단맛이 나는 디저트 요리.

1

5

2

3

4

24-26cm의 바닥 만들기

T65 밀가루 260g
달걀 1개(50g)
깍둑썰기 한 버터 155g
슈거파우더 100g
아몬드 파우더 30g
소금 1g

1 믹서에 버터를 넣고 비터를 이용하여 저속으로 2분 간 돌려 부드러운 상태의 버터를 만든다.

2 체에 친 슈거파우더와 아몬드 파우더를 추가하고 저속으로 2분간 섞는다.

3 소금과 체에 친 밀가루를 추가하고 비터를 훅으로 교 체한 후 저속으로 균일한 상태가 될 때까지 섞는다.

4 달걀을 추가하고 저속으로 5분간 섞는다.

5 완성된 반죽을 직사각형으로 만들고, 사용할 때까 지 랩을 씌워 냉장 보관한다.

크렘 파티시에르

CRÈME PÂTISSIÈRE

우유와 달걀노른자를 넣어 끓인 되직한 질감의 크림.

시간

준비 시간: 20분
저온 휴지: 1시간

 **활용**

팽 스위스, 팽 오 레쟁, 에클레르, 밀푀유

 **응용**

1. 크렘 시부스트crème chiboust: 크렘 파티시에르 + 므랭그 이탈리엔(이탈리안 머랭)
2. 크렘 디플로마트crème diplomate: 크렘 파티시에르 + 거품을 낸 생크림 + 젤라틴
3. 프랑지판frangipane: 크렘 파티시에르 + 크렘 다망드(아몬드 크림)
4. 크렘 무슬린crème mousseline: 크렘 파티시에르 + 버터

주의

크림을 태우지 않도록 주의한다.

 **연습**

달걀노른자 블랑시르(→2&4쪽)

완성

크림이 되직해지고, 저을 때 거품기 자국이 남거나 표면에 커다란 기포가 올라올 때.

보관

당일 사용.

어떻게 액체 상태의 혼합물이 크림 상태가 되는가?

옥수수 전분은 다른 재료들과 섞으면 녹말 성분이 (달걀과 우유에 포함된) 수분을 흡수한다. 가열하면 달걀은 응고되고 녹말은 아밀로스 및 아밀로펙틴으로 풀어지면서 젤라틴화하고, 이에 따라 되직한 상태의 아파레유appareil(혼합물로 구성된 재료)가 된다. 이러한 질감은 냉장고에서 휴지시킬 때 다시 한번 변화가 생기는 데, 녹말 분자 사이의 연결이 계속해서 진행되기 때문이다.

식힐 때 표면에 막이 생기는 이유는?

(우유를 끓일 때 막이 생기는 것처럼) 가열 시 단백질이 응고되고 표면의 수분이 증발하여 막이 생성된다.

밀가루로 만든 크렘 파티시에르와 옥수수 전분으로 만든 크렘 파티시에르의 차이는?

크림에 점성을 주는 재료를 달리하면, 녹말 성분의 원료가 달라지고, 크림의 질감이 달라진다. 모든 녹말 성분은 제각기 다양한 속성을 갖고 있는데, 같은 양이라도 마이제나Maïzena®(옥수수 전분) 기반의 크렘 파티시에르가 밀가루(밀 전분) 기반의 크렘 파티시에르브다 더 가볍다.

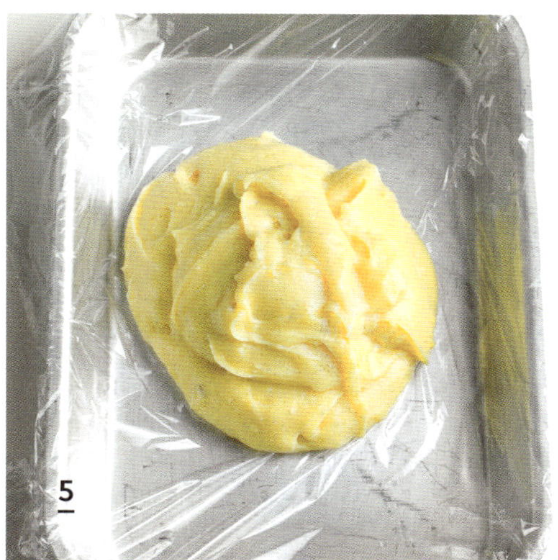

크림 600g

우유 500g
설탕 100g
달걀 2개(100g)
옥수수 전분 45g
바닐라빈 1/2개

1 냄비에 우유와 설탕의 절반(50g)을 넣는다.
2 작은 칼의 칼등으로 바닐라빈을 납작하게 누른 뒤 길게 반으로 가르고 칼로 씨를 긁어낸다. 냄비에 긁어낸 바닐라빈의 씨를 넣고 뭉근히 끓인 뒤 불을 끈다.
3 옥수수 전분과 나머지 설탕(50g)을 섞고 달걀을 추가한 뒤 색이 연해질 때까지 거품기로 휘젓는다.
4 블랑시르한 달걀에 끓인 우유의 일부를 붓고 균일하게 섞이도록 휘젓는다. 냄비의 남은 우유에 달걀과 우유의 혼합물을 붓고 잘 섞은 후 가열한다. 크림이 끓어오르면 1분 정도 더 끓이면서 계속 저어준다.
5 랩을 깐 철판 위에 크림을 붓고 크림 표면에 밀착하여 랩을 씌워 표면에 막이 생기지 않도록 한다. 냉장고에 최소 1시간 동안 넣어둔다.
6 사용 전 크림을 휘저어 되직한 질감의 원래 상태로 만든다.

크렘 다망드

CRÈME D'AMANDES

아몬드 파우더, 버터, 설탕, 달걀을 동일한 양으로 섞은 크림.

 **시간**

준비 시간: 15분

도구

거품기

활용

아몬드 팽 오 쇼콜라, 아몬드 크루아상, 갈레트 데 루아, 타르트.

응용

피스타치오가 들어간 아몬드 크림, 헤이즐넛 크림.
프랑지판: 아몬드 크림 1/3과 크렘 파티시에르 2/3을 섞은 것.

 **연습**

블랑시르(→284쪽)

완성

모든 재료가 균일하게 섞이고 매끄러운 상태가 되었을 때.

보관

냉장고에서 최대 5일.

버터와 설탕을 블랑시르하는 이유는?

버터에 함유된 수분으로 설탕을 녹여서 아몬드 크림 안에서 설탕이 결정화되는 것을 막는다.

구우면 부풀어오르는 이유는?

재료를 섞는 과정에서 들어간 공기가 구울 때 팽창하며 크림을 부풀려서 무스처럼 부드럽고 가볍게 만들어진다.

크림 400g

포마드 버터 100g(→284쪽)
아몬드 파우더 100g
설탕 100g
달걀 2개(100g)
옥수수 전분 (혹은 밀가루) 10g

1 스텐볼에 버터와 설탕을 넣고 거품기로 블랑시르
한다(→284쪽).

2 아몬드 파우더와 옥수수 전분을 추가하고 섞는다.

3 달걀을 넣고 휘저어 모든 재료가 균일하게 섞인 크
림 상태로 만든다. 크림의 표면에 닿도록 랩을 씌워
표면에 막이 생기지 않도록 하고, 냉장 보관한다.

콩포트 드 폼

COMPOTE DE POMMES 사과 콩포트

설탕과 함께 익힌 뒤 으깨어 졸여 퓌레 상태로 만든 사과 앙트르메.

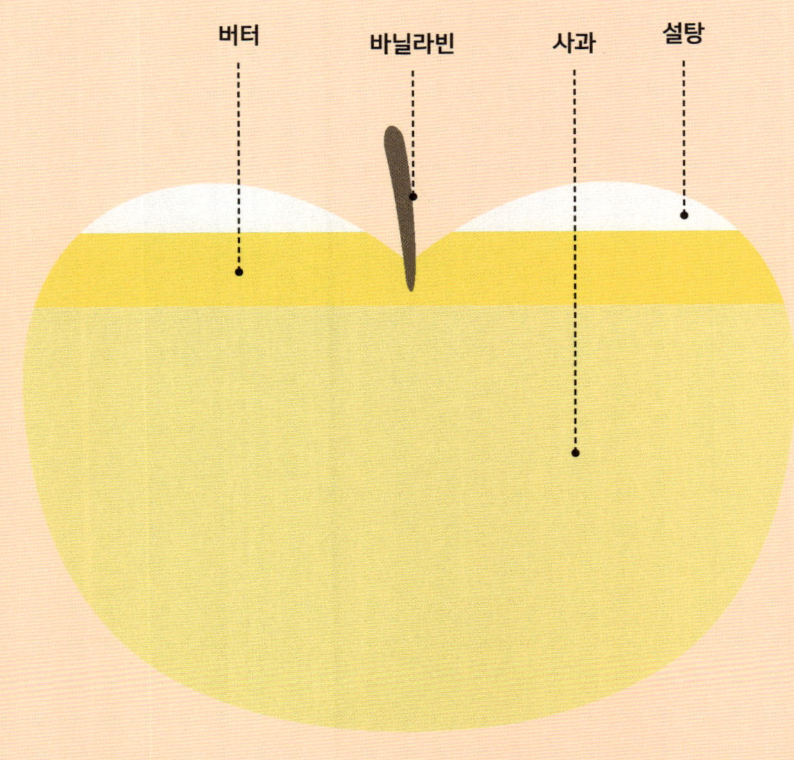

시간
준비 시간: 20분
조리 시간: 1시간

도구
바닥이 두꺼운 냄비

활용
쇼송 오 폼, 그리예 오 폼,
타르트 핀 오 폼

팁
부드러운 상태로 만들려면 익힌
사과를 채소 그라인더로 곱게 갈
고, (마지막에) 깍둑썰기한 생사
과를 넣지 않는다.

완성
사과가 퓌레 상태토 되었을 때.

보관
냉장고에서 3일.

버터의 역할은?

향미를 더하고 부드러운 식감을 만들어준다. 버터가 녹으면 유지를 추가하지 않은 사과 콩포트에
비해 입안에서 진한 향미가 더 오래간다.

콩포트compote   과일 설탕 조림.

콩포트 1kg

사과 880g
설탕 50g
버터 70g
바닐라빈 1/2개

1 사과를 깎아 (한 개만 빼고) 자른 뒤, 씨 부분을 제거한다.
2 커다란 냄비에 사과와 설탕을 넣은 뒤, 반으로 갈라 속을 긁어낸 바닐라빈의 껍질 1/2개와 씨 부분, 버터를 함께 넣고 끓인다. 뚜껑을 덮어 중간불에 1시간 정도 졸이면서 수시로 젓는다.
3 끓인 재료를 식힌 뒤, 이어 깍둑썰기 한 생사과를 추가하고 잘 섞는다.

제2부

레시피

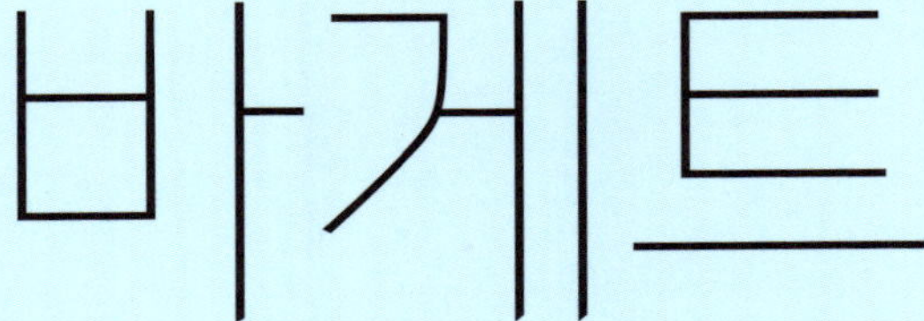

바게트

BAGUETTE

긴 막대기 형태로 성형한 파트 블랑슈.

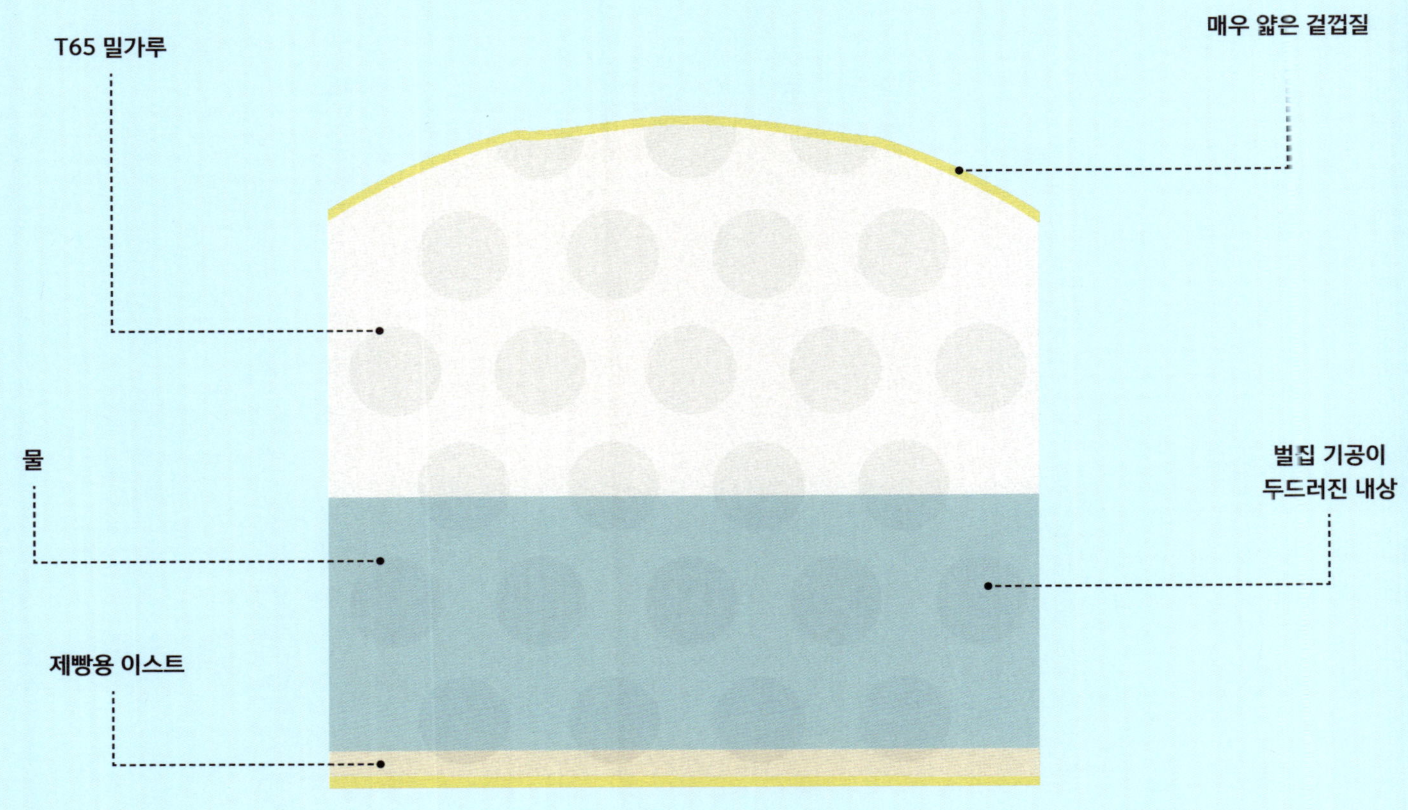

 **특성**

중량: 250g
길이: 60cm
속살: 내상이 균일하고 벌집 기공이 두드러진다.
겉껍질: 매우 얇다.
풍미: 단조롭다.

 **시간**

준비 시간: 35분
발효 시간: 2시간 30분 (휴지 30분, 2차 발효 2시간)
굽는 시간: 20-25분

 **도구**

훅을 장착한 믹서, 스크레이퍼, 쿠프 나이프

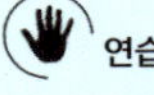 **연습**

반죽하기(→32쪽)
바게트 성형하기(→43쪽)
바게트 칼집 넣기(→50쪽)

 **완성**

겉껍질의 색이 약간 노릇해졌을 때.

T65 밀가루 390g
20-25℃ 온도의 물 240g
소금 7g
제빵용 생이스트 6g

속살이 부드러운 이유는 무엇인가?

이스트가 많이 들어가서 반죽이 매우 빠르게 부풀기 때문에 비교적 짧은 발효 시간(2차 발효 2시간) 안에 굉장히 부드러운 속살을 얻을 수 있다.

겉껍질이 얇은 이유는?

반죽에 수분이 많기 때문에 오븐 속에서 반죽의 건조가 매우 더디게 진행된다. 이에 따라 겉껍질이 만들어질 시간이 충분하지 않아 얇게 형성된다.

  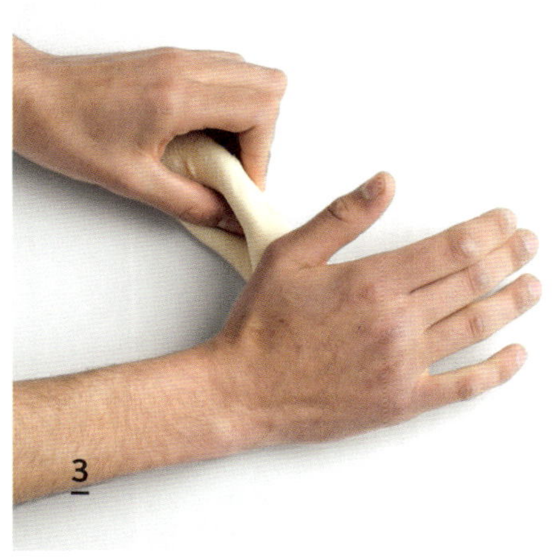

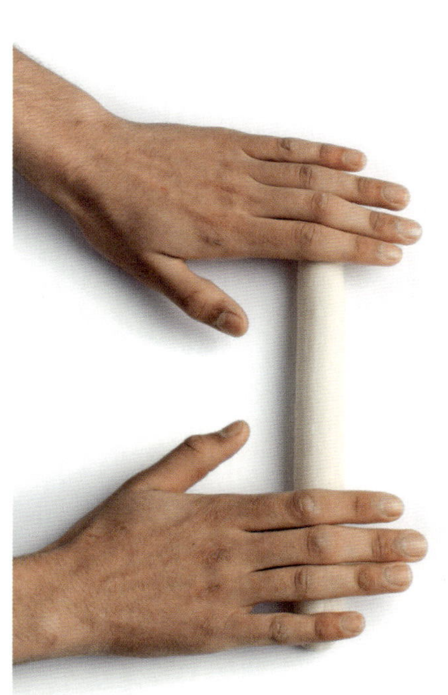  

1 믹서에 밀가루와 물, 소금, 잘게 부순 이스트를 넣고 저속으로 4분간 믹싱한 뒤(→32쪽), 이어 중속으로 6분간 믹싱한다. 반죽은 믹싱볼 안쪽 벽에 달라붙지 않는 상태가 되어야 한다(손 반죽→30쪽).

2 스크레이퍼를 이용하여 반죽을 320g씩 두 덩어리로 분할한다. 작업대에 밀가루를 약간 뿌린 뒤, 반죽을 집어 매끈한 면이 작업대 바닥에 닿도록 뒤집는다. 반죽을 평평하게 펴서 직사각형으로 만든다. 면포로 덮은 뒤 상온에서 30분간 휴지시킨다.

3 반죽을 바게트 모양으로 성형한다(→43쪽). 먼저 위아래 가장자리 부분을 서로 포개어 접는다. 이어 이음매 부분을 살짝 눌러주며 오른쪽 끝부분에 왼손 엄지를 갖다놓은 뒤, 반죽의 길이를 따라 이 엄지를 미끄러지듯 지나가게 하면서 반대쪽 손바닥으로는 벌어진 부분을 매만지며 봉합한다. 그리고 다시 한번 반죽을 평평하게 만든 뒤 같은 작업을 반복하여 반죽을 봉합한다. 분할해두었던 두번째 반죽 덩어리도 똑같이 작업한다.

4 바게트의 가운데 부분에 양손을 겹쳐 올려놓은 뒤, 각 손의 바깥쪽을 향하여 굴리면서 바게트의 길이를 늘린다. 이어 두번째 반죽 덩어리도 똑같이 작업한다.

5 준비된 반죽은 이음매를 아래로 하여 면포 위에 올리고, 또 다른 면포 하나로 반죽을 덮어 반죽의 표면이 말라 껍질이 생기는 것을 방지한다. 따뜻한 곳(25-28℃)에서 2시간 동안 반죽을 발효시킨다(2차 발효). 반죽이 다 부풀어올랐다면 반죽을 손가락으로 가볍게 눌렀을 때 누른 자국이 더 이상 남지 않아야 한다.

6 물을 채운 내열 용기와 철판을 넣고, 오븐을 (데크 오븐 기준) 260℃로 예열한다. 오븐에서 꺼낸 가열된 철판 위에 유산지를 깔고, 이음매를 아래로 하여 바게트를 올린 후 3개의 바게트 칼집을 넣는다(→50쪽). 오븐 바닥에 물을 뿌린 뒤 20-25분간 굽는다(굽는 동안 물을 채운 내열 용기를 오븐 안에 계속 넣어둔다).

바게트 트라디시옹

BAGUETTE TRADITION 전통 바게트

T65 트라디시옹 밀가루에 르뱅을 넣은 반죽으로, 발효 시간이 길고 바게트 모양으로 성형한다.
'라 바게트 드 트라디시옹 프랑세즈La baguette de tradition française(프랑스 전통 바게트)'라는 명칭은
1993년 9월 13일 법령에 의거하여 정의된다.

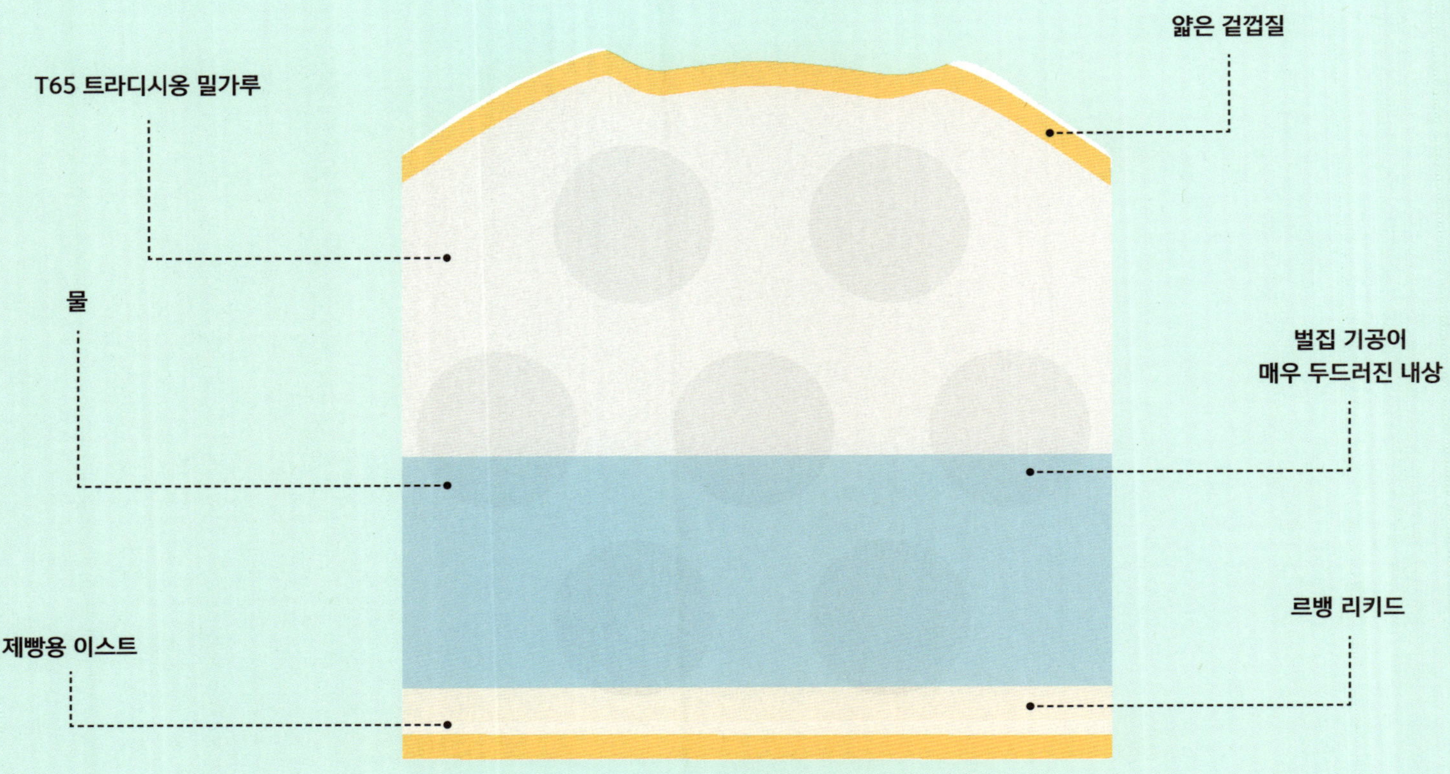

특성

중량: 270g
길이: 45cm
속살: 내상이 불규칙하고 벌집 기공이 매우 두드러진다.
겉껍질: 얇다.
풍미: 약한 산미.

시간

준비 시간: 15분
발효 시간: 3시간 30분(1차 발효 1시간, 휴지 30분, 2차 발효 2시간)

굽는 시간: 20-25분

도구

훅을 장착한 믹서, 스크레이퍼, 쿠프 나이프

연습

반죽하기(→32쪽)
길쭉한 모양 만들기(→38쪽)
바게트 형태로 성형하기(→43쪽)
트라디시옹 칼집 넣기(→50쪽)
접기(→37쪽)

완성

겉껍질 색이 충분히 노릇하고 바삭거리며, 표면을 살짝 두드려보면 속이 빈 상태의 소리가 들릴 때.

4개

T65 트라디시옹 밀가루 720g(700g+20g)
상온의 물 490g
소금 14g
르뱅 리키드 70g (→19쪽)
제빵용 생이스트 5g

벌집 기공이 매우 두드러지는 이유는?

두 차례에 걸친 발효 과정(1차 발효 및 2차 발효) 덕분에 반죽이 충분히 부풀어오르기 때문이다. 르뱅 리키드 또한 일반 이스트보다 벌집 기공이 더욱 두드러지게 만든다.

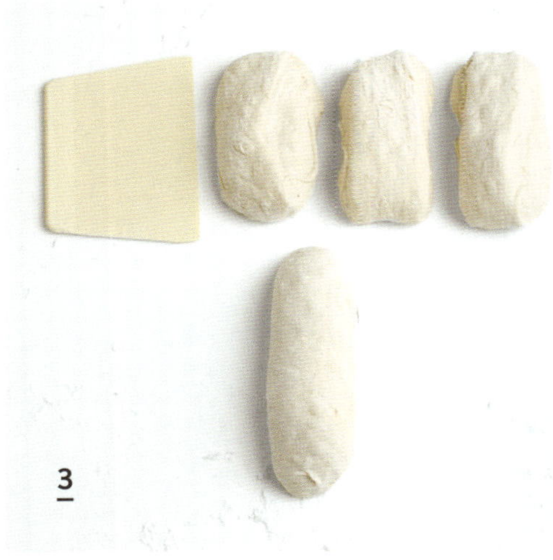

1 믹서에 밀가루 700g과 물, 소금, 르뱅 리키드 및 잘게 부순 이스트를 넣고 저속으로 4분간 믹싱한 뒤(→32쪽), 이어 중속으로 6분간 믹싱한다. 반죽 은 믹싱볼 안쪽 벽에 달라붙지 않는 상태가 되어야 한다(손 반죽→30쪽).

2 밀가루를 뿌린 작업대 위에 반죽을 올려놓고 면포 를 덮은 상태에서 30분간 발효시킨다(1차 발효). 이어 접기 작업을 해준 뒤(→37쪽), 밀가루를 뿌린 작업대 위에 반죽을 올려놓고 면포로 덮어 또 한 번 30분간 발효시킨다(1차 발효).

3 스크레이퍼를 이용하여 반죽을 330g씩 네 덩어리 로 분할한다. 반죽 덩어리를 약간 길쭉한 모양을 만든 뒤(→38쪽), 밀가루를 뿌린 작업대 위에 올려 놓고 면포로 덮어 다시 한번 30분간 휴지시킨다.

4 반죽을 바게트 형태로 성형한 뒤(→43쪽), 이음매 를 아래로 하여 면포 위에 올리고, 또 다른 면포 하 나로 반죽을 덮어 반죽의 표면이 말라 겉껍질이 생 기는 것을 방지한다. 이어 따뜻한 곳(25~28℃)에 서 2시간 동안 반죽을 발효시킨다(2차 발효). 반죽 이 다 부풀어올랐다면 반죽을 손가락으로 가볍게 눌렀을 때 누른 자국이 더 이상 남지 않아야 한다.

5 물을 채운 내열 용기와 철판을 넣고, 오븐을 (데크 오븐 기준) 260℃로 예열한다. 오븐에서 꺼낸 가열 된 철판 위에 유산지를 깔고, 이음매를 아래로 하 여 바게트를 올리고, 바게트 위에 밀가루 2Cg을 체 에 쳐서 뿌린다.(→285쪽) 쿠프 나이프를 45° 가량 기울여 칼집을 넣되(→50쪽), 바게트의 세로 길이 를 따라 길게 단 하나의 칼집만 넣는다. 오븐 바닥 에 물을 뿌린 뒤 20~25분간 굽는다(굽는 동안 물 을 채운 내열 용기를 오븐 안에 계속 넣어둔다).

바게트
트라디시옹 세레알

BAGUETTE TRADITION CÉRÉALES 곡물이 들어간 전통 바게트

구운 곡물을 많이 넣고 에피(이삭) 모양의 바게트로 성형한 파트 트라디시옹.

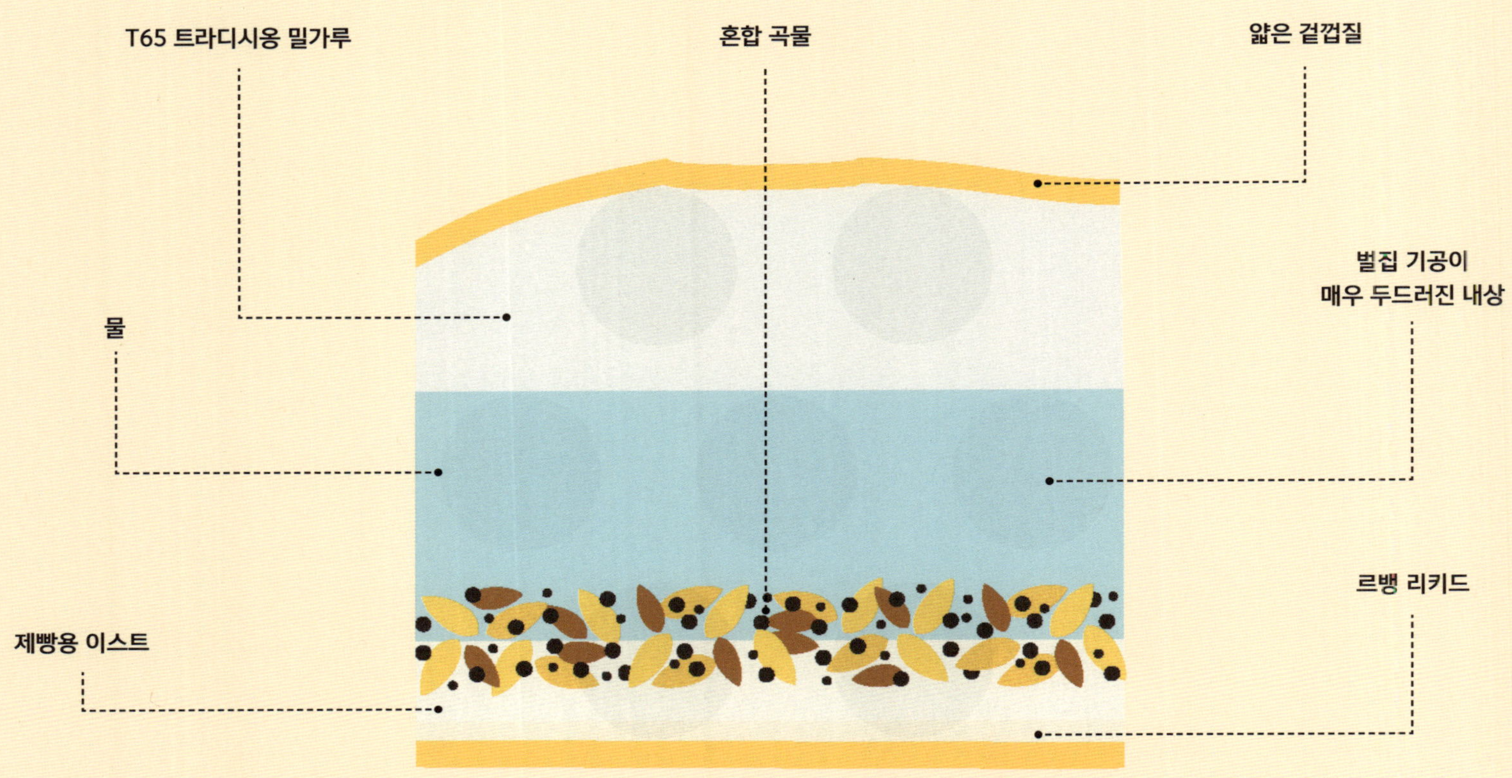

 **특성**

중량: 270g
길이: 45cm
속살: 내상이 불규칙하고 벌집 기공이 매우 두드러진다.
겉껍질: 얇다.
풍미: 약한 산미.

 **시간**

준비 시간: 25분
발효 시간: 3시간 30분 (1차 발효 1시간, 휴지 30분, 2차 발효 2시간)

굽는 시간: 20-25분

 **도구**

훅을 장착한 믹서, 스크레이퍼, 쿠프 나이프

 **연습**

반죽하기(→32 쪽)
길쭉한 모양 만들기(→38쪽)
바게트 형태로 성형하기(→43쪽)
에피(이삭) 형태로 자르기(→51쪽)
접기(→37쪽)

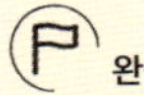 **팁**

반죽이 다 부풀어올랐다면 반죽을 손가락으로 가볍게 눌렀을 때 누른 자국이 더 이상 남지 않아야 한다.

완성

바게트 색이 충분히 노릇해졌을 때.

2개

1 반죽

T65 트라디시옹 밀가루 350g
20-25℃의 물 245g
소금 5g
르뱅 리키드 35g
제빵용 생이스트 2g

2 곡물

유기농 혼합 곡물(아마씨, 양귀비씨, 참깨 등) 60g
물 60g

1

2-1

2-2

4

7

6

전날 작업

1 180℃ 정도의 오븐에서 10-15분간 곡물을 굽는다. 이를 물과 함께 스텐볼에 넣고, 다음날까지 상온에서 보관한다. 곡물에 다 흡수되지 않고 남은 물기는 제거한다.

당일 작업

2 믹서에 밀가루, 물, 소금, 르뱅 리키드, 잘게 부순 이스트 및 **1**의 곡물을 넣고 저속으로 4분간 믹싱한 뒤 (→32쪽), 이어 중속으로 6분간 믹싱한다. 반죽은 믹싱볼 안쪽 벽에 달라붙지 않는 상태가 되어야 한다(손 반죽→30쪽).

3 밀가루를 뿌린 작업대 위에서 면포로 덮어 30분간 발효시킨다(1차 발효).

4 접기 작업을 해준 뒤(→37쪽), 밀가루를 뿌린 작업대 위에 반죽을 올려놓고 면포로 덮어 또 한 번 30분간 발효시킨다(1차 발효).

5 반죽을 두 덩어리로 분할하고 약간 길쭉한 모양을 만든 뒤(→38쪽), 상온에서 30분 휴지시킨다. 이어 바게트 형태로 성형한다(→43쪽).

6 이음매를 아래로 하여 유산지 위게 올리고, 면포로 반죽을 덮어 반죽의 표면이 말라 껍질이 생기는 것을 방지한다. 이어 따뜻한 곳(25-28℃)에서 1시간 30분-2시간 동안 반죽을 발효시 킨 뒤(2차 발효), 에피 형태로 잘라준다(→51쪽).

7 물을 채운 내열 용기와 철판을 넣고, 오븐을 (데크 오븐 기준) 260℃로 예열한다. 오븐에서 꺼낸 가열된 철판 위에 유산지를 깔고, 이음매를 아래로 하여 바게트를 올린다. 오븐 바닥에 물을 뿌린 뒤 20-25분간 굽는다(굽는 동안 물을 채운 내열 용기를 오븐 안에 계속 넣어둔다).

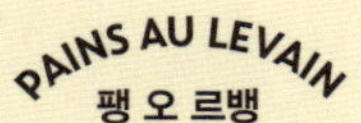

팽 메종

PAIN MAISON

풀리시 반죽을 기반으로 하여 작은 바타르 형태로 성형한 파트 트라디시옹.

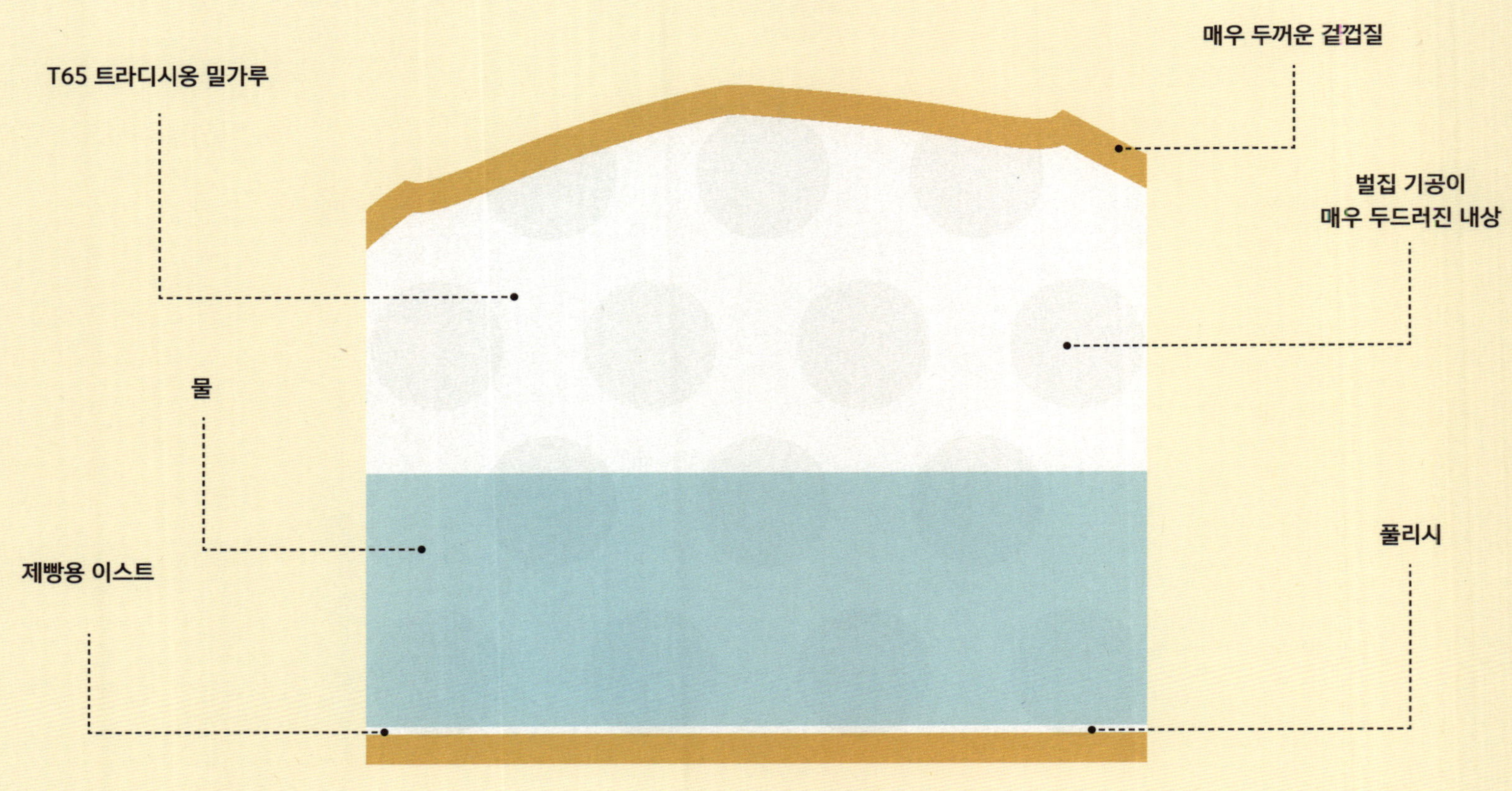

 **특성**

중량: 250g
길이: 20cm
속살: 내상이 불규칙하고 벌집 기공이 매우 두드러진다.
겉껍질: 두껍다.
풍미: 순하고 약한 산미.

 **시간**

준비 시간: 40분
발효 시간: 풀리시 16시간, 1차 발효 1시간, 2차 발효 45분

굽는 시간: 20-25분

 **도구**

훅을 장착한 믹서, 스크레이퍼

 **주의**

풀리시 제작.

 **연습**

반죽하기(→32쪽)
접기(→37쪽)

팁

나중에 풀리시의 부피가 2배로 늘어나기 때문에 풀리시 작업 시 용기를 충분히 큰 것으로 준비한다.

완성

빵이 꽤 노릇해졌을 때.

보관

4-5일.

4개

1 풀리시

T65 트라디시옹 밀가루 175g
20℃의 물 175g
제빵용 생이스트 1g

2 반죽

T65 트라디시옹 밀가루 500g
20-25℃의 물 325g
소금 11g
제빵용 생이스트 1g

풀리시의 용도는?

풀리시는 만들기 쉬운 발효제로, 개성 있는 풍미를 더하면서도 르뱅을 대체할 수 있다(일반적인 제빵용 이스트보다는 더 독특한 풍미를 만들어낸다).

전날 작업

1 풀리시를 만든다(→24쪽). 먼저 잘게 부순 이스트를 물에 녹이고, 이어 밀가루를 넣은 뒤 균일하게 섞일 때까지 휘젓는다.

2 랩을 씌워 상온에서 약 16시간 휴지시킨다.

당일 작업

3 믹서에 밀가루와 물, 소금, 잘게 부순 이스트 및 풀리시를 넣고 저속으로 10–15분간 믹싱한다(→32쪽). 반죽은 스텐볼 안쪽 벽에 달라붙지 않는 상태가 되어야 한다(손 반죽→30쪽).

4 반죽을 스텐볼에 넣고 랩을 씌워 1시간 동안 발효시킨다(1차 발효).

5 1차 발효 중간에 20분, 이어 40분이 지난 시점에서 한 번씩 접기 작업을 하고 뒤집는다(→37쪽).

6 스크레이퍼를 이용하여 반죽을 250g씩 네 덩어리로 나눈 뒤, 긴 면을 아래쪽으로 살짝 접어주면서 각 덩어리를 대략 직사각형 꼴로 만든다.

7 밀가루를 충분히 뿌린 면포 위에 이음매를 아래로 하여 반죽을 올려놓는다.

8 따뜻한 곳(25–28℃)에서 45분 동안 반죽을 발효시킨다(2차 발효).

9 물을 채운 내열 용기와 철판을 넣고, 오븐을 (데크 오븐 기준) 260℃로 예열한다. 오븐에서 꺼낸 가열된 철판 위에 유산지를 깔고, 이음매를 위로 하여 반죽을 올린다. 오븐 바닥에 물을 뿌린 뒤 20–25분간 굽는다(굽는 동안 물을 채운 나열 용기를 오븐 안에 계속 넣어둔다).

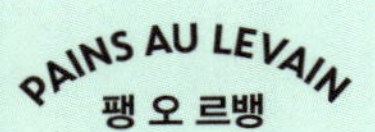

팽 드 캉파뉴

PAIN DE CAMPAGNE

밀가루, 호밀가루, 르뱅 뒤르를 기반으로 한 빵 반죽으로, 바타르 형태로 성형.

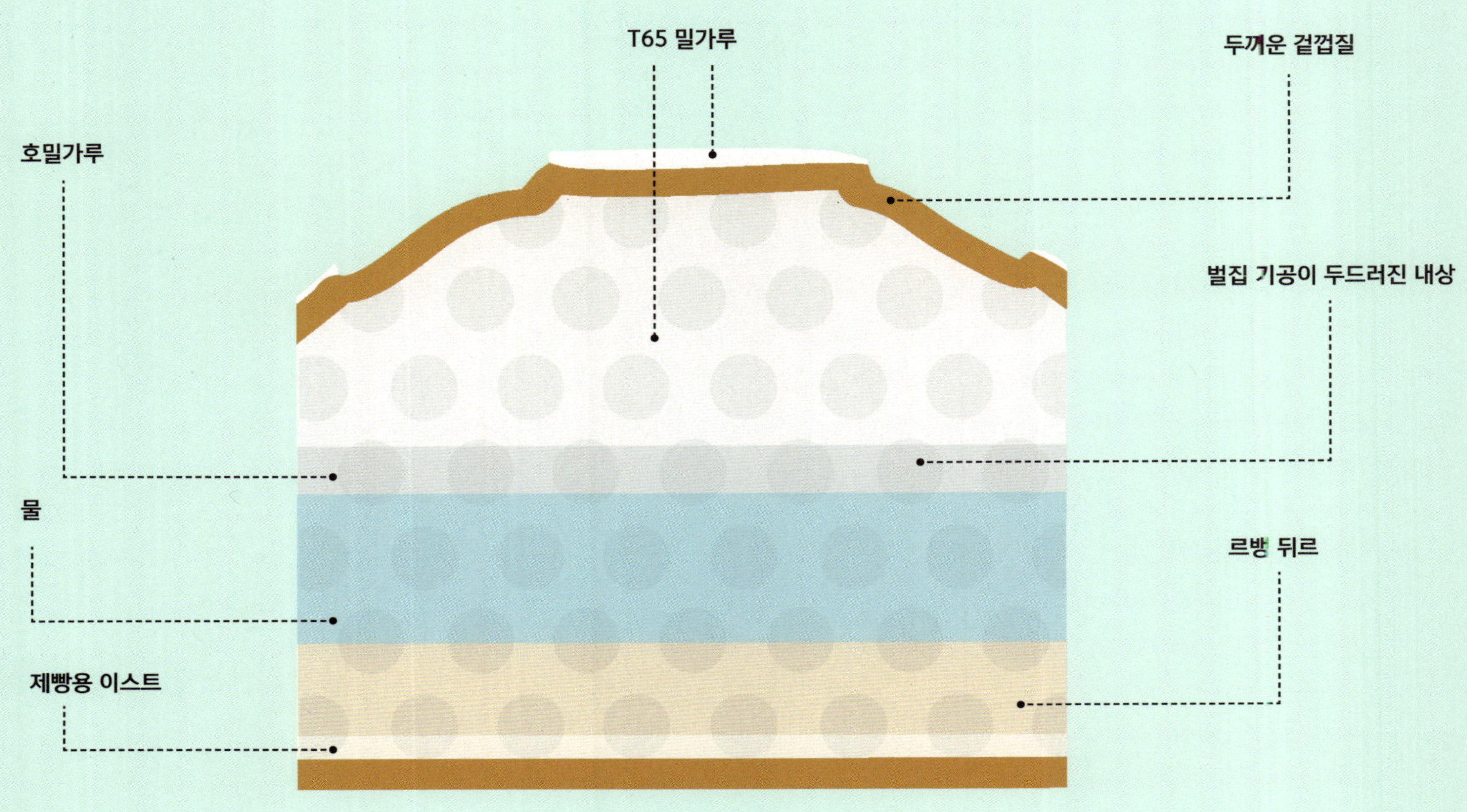

 **특성**

중량: 200g
길이: 20cm
속살: 내상에 벌집 기공이 두드러진다.
겉껍질: 두껍다.
풍미: 복합적이며 약한 산미.

 **시간**

준비 시간: 30분
발효 시간: 3시간-3시간 30분(1차 발효 1시간, 휴지 30분, 2차 발효 1시간 30분-2시간)
굽는 시간: 25-30분

 **도구**

훅을 장착한 믹서, 스크레이퍼, 쿠프 나이프

 **주의**

바시나주(→282쪽): 믹싱 마지막에 반죽이 부드러워질 정도로 물을 추가하고, 너무 많이 넣어 끈적거리지 않도록 한다.

 **연습**

반죽하기(→32쪽)
접기(→37쪽)
바타르 형태로 성형하기(→45쪽)
폴카 형태로 칼집 넣기(→51쪽)

 **완성**

겉껍질의 칼집이 벌어지고 빵이 노릇해지며 두드리면 속이 빈 소리가 날 때.

 **보관**

썰지 않은 상태에서 밀봉하여 5일, 개봉 후엔 2-3일.

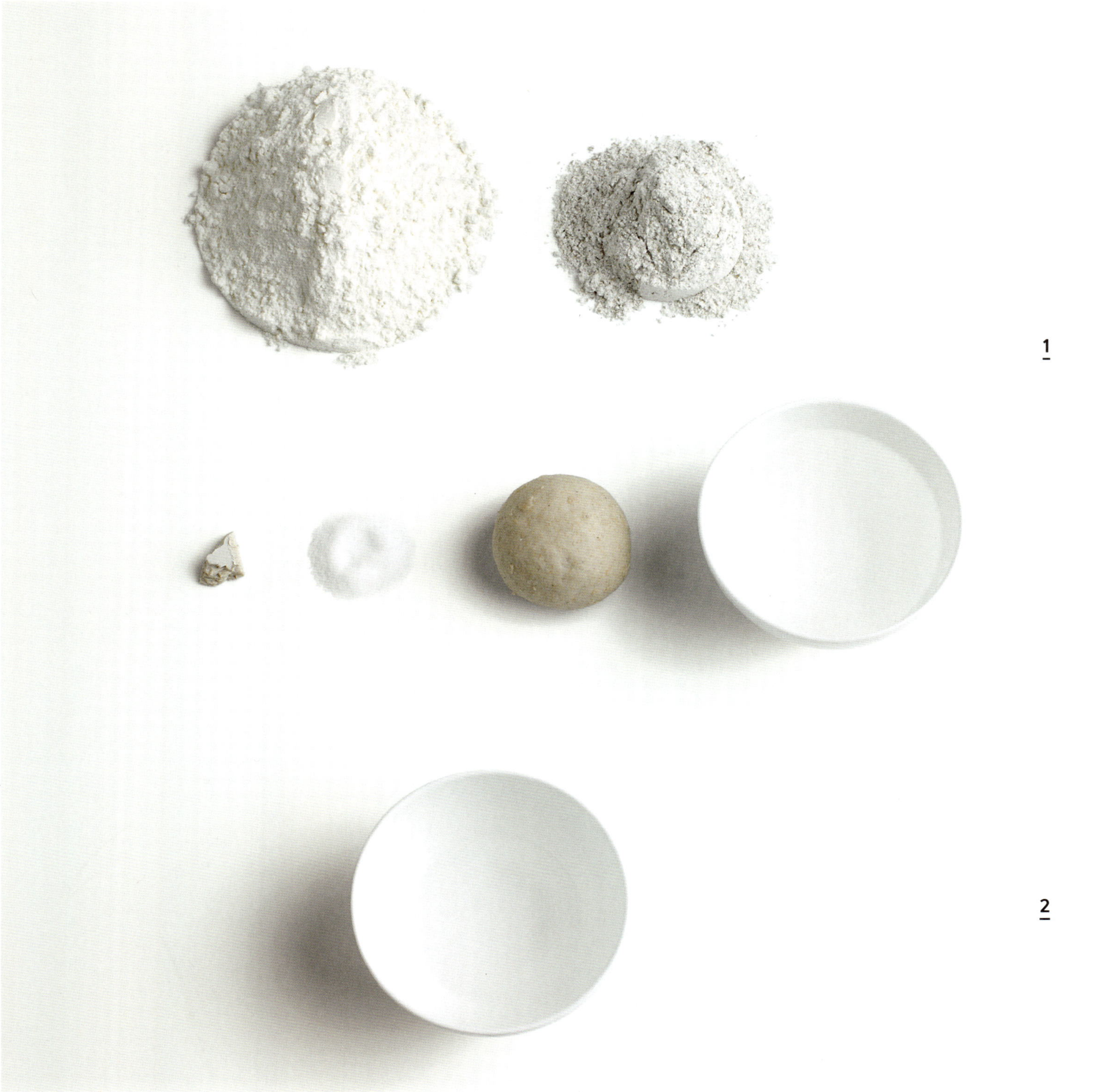

2개

1 반죽

T65 밀가루 155g
T170 호밀가루 60g
물 150g
르뱅 뒤르 100g(→22쪽)
제빵용 생이스트 2g
소금 6g

2 바시나주

물 30g

밀가루 양이 충분하여 글루텐 조직의 형성
에 필요한 다량의 글루텐이 공급되기 때문
이다. 발효 가스가 포집된 상태에서 빵이
부풀어오르므로 느슨한 내상의 호밀맛 빵
이 만들어진다.

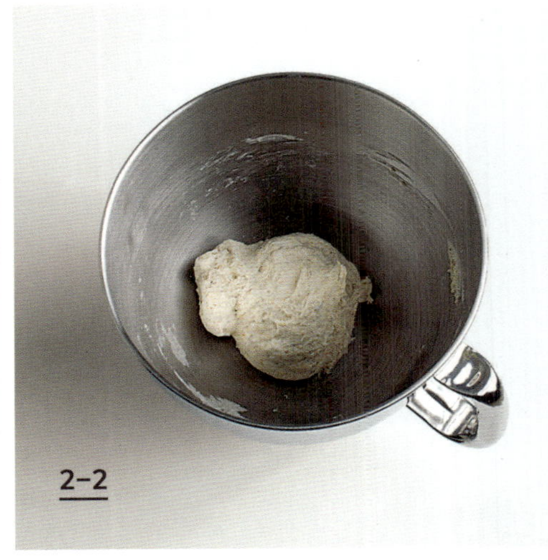

1 믹서에 밀가루와 물, 몇 덩어리로 나눈 르뱅 뒤르 및 잘게 부순 이스트, 소금을 넣고 저속으로 4분간 믹싱한 뒤(→32쪽), 이어 중속으로 6분간 믹싱한다. 반죽은 믹싱볼 안쪽 벽에 달라붙지 않는 상태가 되어야 한다(손 반죽→30쪽).

2 믹싱 마지막에 물을 추가하여 반죽의 되기를 조절한다. 물이 완전히 반죽에 섞여 들어갈 때까지 잘 섞은 뒤, 밀가루를 뿌린 작업대 위에 반죽을 올려놓고 면포를 덮은 상태에서 1시간 발효시킨다(1차 발효). 30분이 지난 시점에서 접기 작업을 한 번 한다(→37쪽).

3 스크레이퍼를 이용하여 반죽을 약 250g씩 두 덩어리로 분할한다. 길쭉한 모양으로 만든 뒤(→38쪽) 면포로 덮어 상온에서 30분간 휴지시킨다. 이어 바타르 형태로 성형한다(→45쪽).

4 유산지를 덮은 철판 위에 이음매를 위로 하여 빵을 올려놓은 뒤, 면포로 반죽을 덮어 반죽의 표면이 말라 껍질이 생기는 것을 방지한다.

5 이어 따뜻한 곳(25-28℃)에서 1시간 30분-2시간 동안 발효시킨다(2차 발효). 반죽이 다 부풀어올랐다면 반죽을 손가락으로 가볍게 눌렀을 때 누른 자국이 더 이상 남지 않아야 한다.

6 물을 채운 내열 용기와 철판을 넣고, 오븐을 (데크 오븐 기준) 260℃로 예열한다. 반죽을 뒤집어서 손으로 윗부분을 매끄럽게 만져 여분의 밀가루를 제거한다. 오븐에서 꺼낸 가열된 철판 위에 유산지를 깔고, 이음매를 위로 하여 반죽을 올린다. 쿠프 나이프를 45° 기울여서 폴카 칼집을 넣고(→51쪽) 오븐 바닥에 물을 뿌린 뒤 25-30분간 굽는다(굽는 동안 물을 채운 내열 용기를 오븐 안에 계속 넣어둔다).

팽 당탕

PAIN D'ANTAN

트라디시옹 밀가루와 맷돌 제분 밀가루를 섞은 가루에 르뱅 뒤르를 넣은 빵 반죽. 크고 긴 형태로 성형.

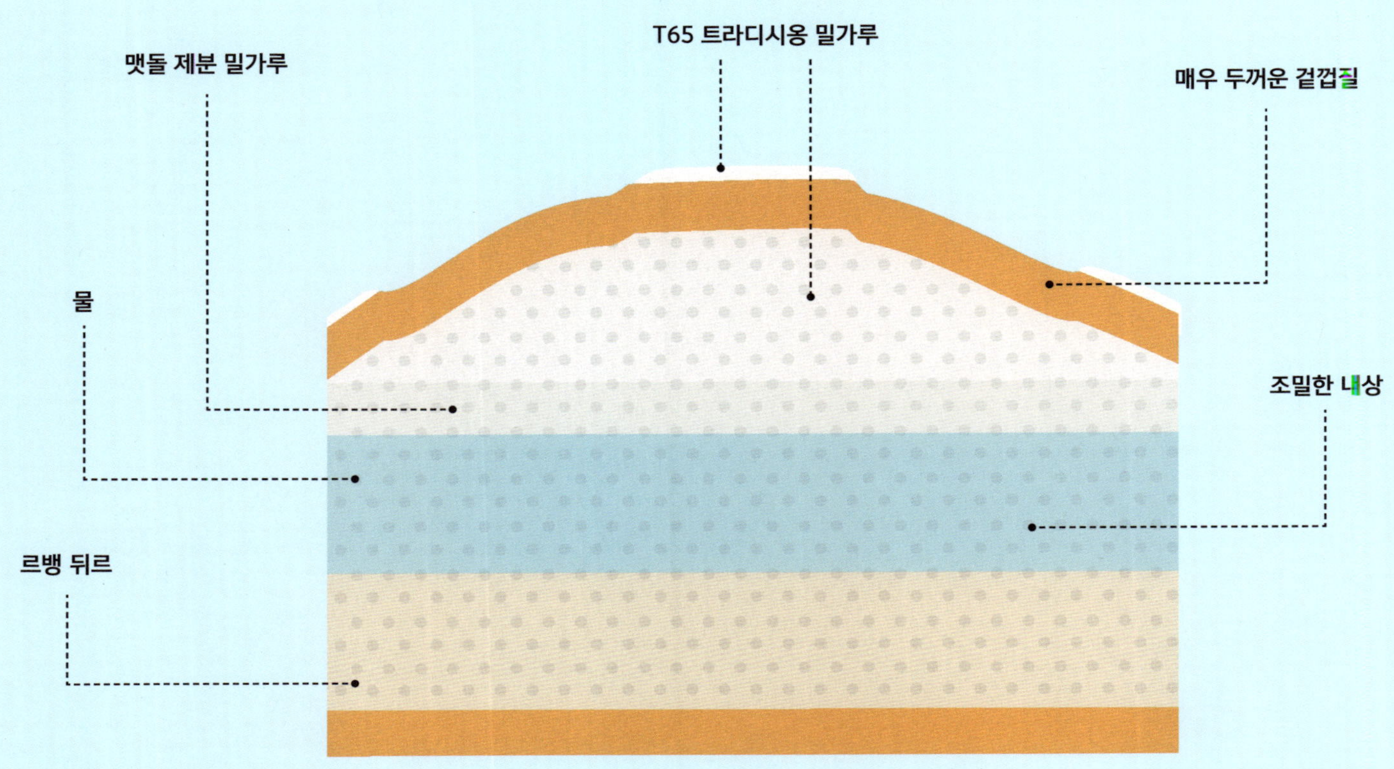

 특성

중량: 500g
길이: 50-55cm의 바타르
속살: 내상이 조밀하다.
겉껍질: 매우 두껍다.
풍미: 산미가 있고 개성이 두드러진 맛.

 시간

준비 시간: 40분
발효 시간: 4시간 30분(1차 발효 2시간, 휴지 30분,
2차 발효 2시간)
굽는 시간: 40분

 도구

훅을 장착한 믹서, 쿠프 나이프

 연습

반죽하기(→32쪽)
접기(→37쪽)
길쭉한 모양 만들기(→38쪽)
바타르 형태로 성형하기(→45쪽)
폴카 칼집 넣기(→51쪽)

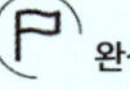 완성

빵이 충분히 노릇해지고 아래를 두드리면 속이 빈
소리가 날 때.

 보관

공기가 통하지 않는 곳에서 4-5일.

1개

T80 혹은 T110 맷돌 제분 밀가루 130g
T65 트라디시옹 밀가루 60g
물 160g
르뱅 뒤르 150g(→22쪽)
소금 6g

1 믹서에 밀가루, 물, 잘게 부순 이스트 및 소금을 넣고 저속으로 4분간 믹싱한 뒤(→32쪽), 이어 중속으로 6분간 믹싱한다. 반죽은 믹싱볼 안쪽 벽에 달라붙지 않는 상태가 되어야 한다(손 반죽→30쪽).

2 반죽을 스텐볼에 넣은 뒤 랩을 씌워 상온에서 1시간 동안 발효시킨다(1차 발효).

3 접기 작업을 해주고(→37쪽), 이어 반죽을 다시 스텐볼에 넣은 뒤 랩을 씌워 상온에서 1시간 더 발효시킨다(1차 발효).

4 길쭉한 모양으로 만든 뒤(→38쪽), 상온에서 30분간 휴지시킨다.

5 긴 바타르 형태로 성형한다(→45쪽).

6 이음매를 아래로 하여 유산지 위에 반죽을 올려놓고 위를 덮어 따뜻한 곳(25-28℃)에서 2시간 동안 휴지시킨다(2차 발효).

7 물을 채운 내열 용기와 철판을 넣고, 오븐을 (컨벡션 오븐 기준) 260℃로 예열한다. 오븐에서 꺼낸 가열된 철판 위에 유산지를 깔고, 이음매를 아래로 하여 반죽을 올린다. 반죽 위에 밀가루를 체에 쳐서 뿌린다(→282쪽). 쿠프 나이프를 45˚ 기울여서 폴카 칼집을 넣어준다(→51쪽).

8 오븐 바닥에 물을 뿌린 뒤 25-30분간 굽는다(굽는 동안 물을 채운 내열 용기를 오븐 안에 계속 넣어둔다).

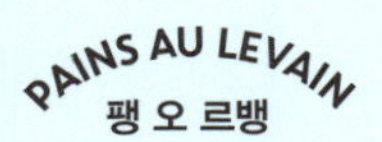

투르트 드 뫼

TOURTE DE MEULE

맷돌 제분 밀가루와 르뱅 뒤르를 기반으로 한 빵 반죽으로, 크고 둥근 형태로 성형.

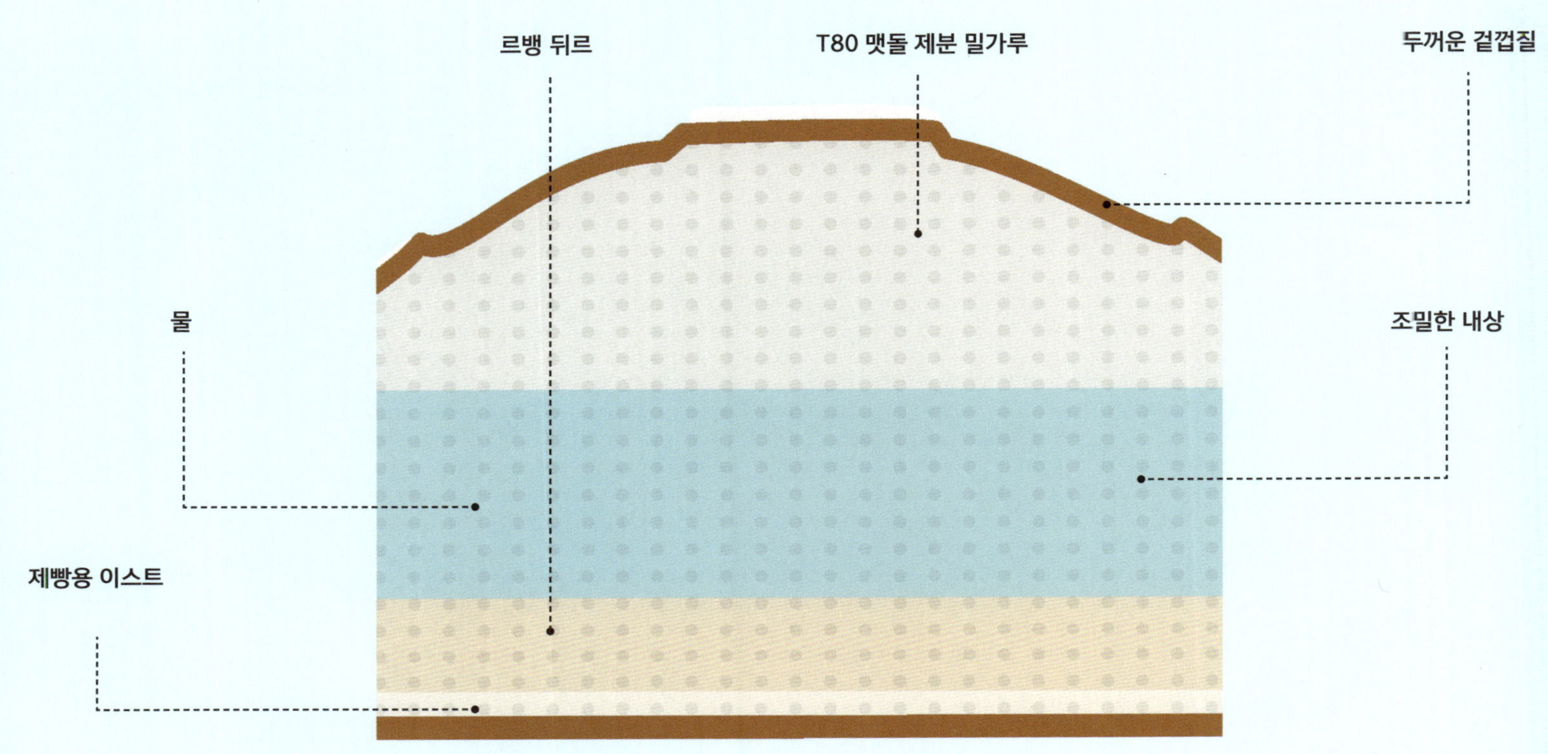

 **특성**

중량: 550g
크기: 지름 20cm
속살: 내상이 조밀하다.
겉껍질: 두껍다.
풍미: 약한 산미.

 **시간**

준비 시간: 30분
발효 시간: 5시간-5시간30분 (1차 발효 3시간, 2차
발효 2시간-2시간30분)
굽는 시간: 35-40분

 **도구**

훅을 장착한 믹서, 쿠프 나이프

 **연습**

반죽하기(→32쪽)
접기(→37쪽)
공 모양으로 성형하기(→42쪽)
칼집 넣기(→51쪽)

 **팁**

굽기가 끝날 무렵 10여 분간 오븐의 문을 살짝 열어
빵 속살의 수분을 날려준다.

 **완성**

겉껍질이 보기 좋은 짙은 색이 되었을 때.

 **보관**

공기가 통하지 않는 곳에서 4-5일.

1개

T80 맷돌 제분 밀가루 220g
르뱅 뒤르 110g(→22쪽)
25℃의 물 200g
제빵용 생이스트 4g
소금 6g

1 믹서에 맷돌 제분 밀가루와 잘게 부순 이스트, 물, 소금을 넣고 저속으로 4분간 믹싱한 뒤(→32쪽), 이어 중속으로 6분간 믹싱한다. 반죽은 믹싱볼 안쪽 벽에 달라붙지 않는 상태가 되어야 한다(손 반죽→30쪽). 스텐볼에 반죽을 넣고, 랩을 씌워 따뜻한 곳(25~28℃)에서 1시간 동안 발효시킨다(1차 발효).

2 첫번째 접기 작업을 한 후(→37쪽) 이어 1시간 더 발효시킨다(1차 발효).

3 두번째 접기 작업을 한 후(→37쪽) 이어 1시간 더 발효시킨다(1차 발효).

4 반죽을 공 모양으로 성형한 뒤(→42쪽) 스텐볼 안에 밀가루를 뿌린 면포를 깔고 이음매를 위로 두어 공 모양 반죽을 올려놓은 다음 다른 면포로 덮는다. 따뜻한 곳(25~28℃)에서 2시간~2시간 30분 동안 휴지시킨다(2차 발효).

5 물을 채운 내열 용기와 철판을 넣고, 오븐을 (데크 오븐 기준) 260℃로 예열한다. 오븐에서 꺼낸 가열된 철판 위에 유산지를 깔고, 이음매를 아래로 하여 반죽을 올리고 중앙에 마름모 칼집을 넣는다(→51쪽). 오븐 바닥에 물을 뿌린 뒤 35~40분간 굽는다(굽는 동안 물을 채운 내열 용기를 오븐 안에 계속 넣어둔다). 굽기가 끝나기 5~10분 전 오븐의 문을 살짝 열어둔다.

팽 오 세레알

PAIN AUX CÉRÉALES 곡물빵

트라디시옹 밀가루와 통밀가루, 호밀가루를 섞은 가루로 만든 빵 반죽으로
해바라기씨를 반죽에 넣고 토핑하여 만든다.

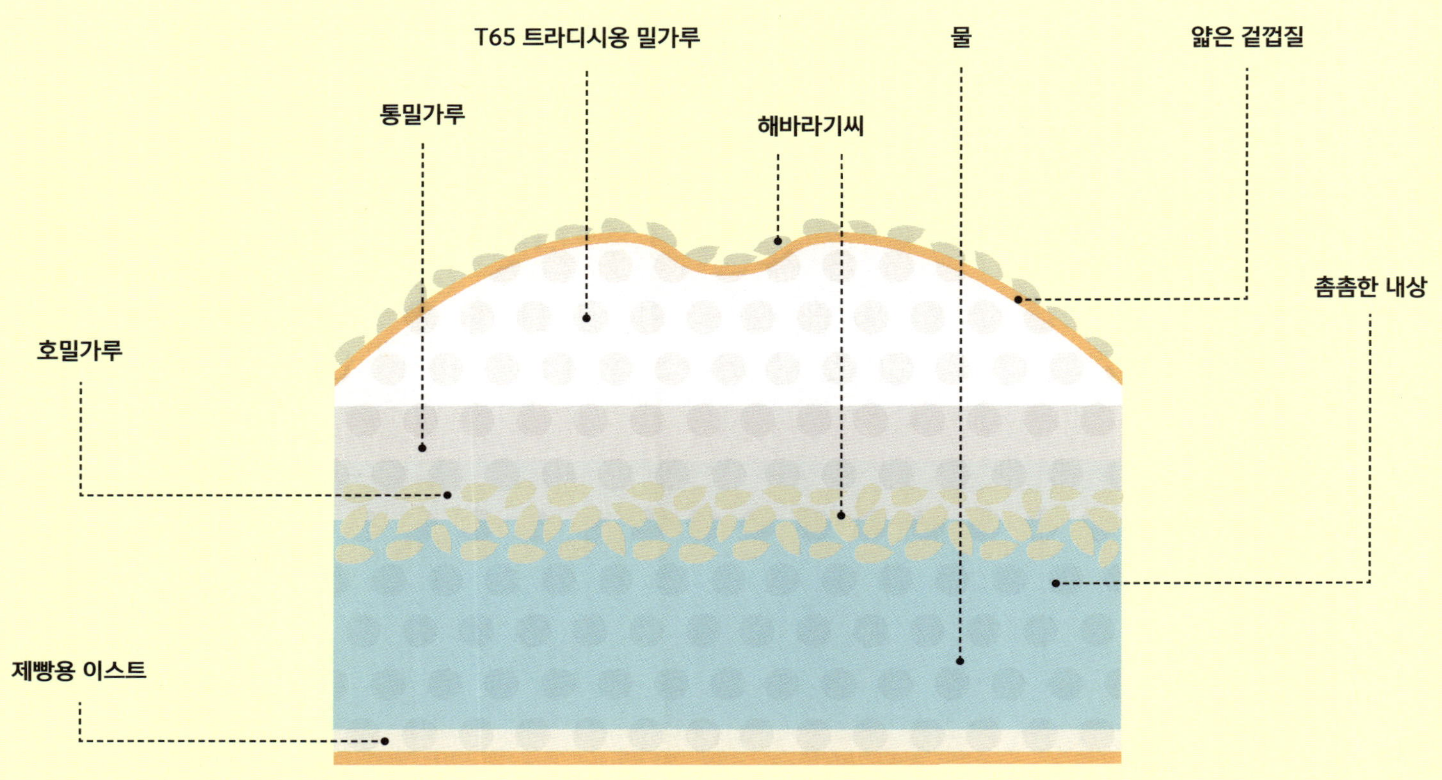

 특성

중량: 400g
크기: 지름 15cm
속살: 내상이 촘촘하다.
겉껍질: 얇다.
풍미: 곡물 풍미.

 시간

준비 시간: 30분
발효 시간: 3시간(1차 발효 1시간, 휴지 30분, 2차 발효 1시간 30분)
굽는 시간: 25-30분

 도구

훅을 장착한 믹서, 쿠프 나이프, 붓

 연습

반죽하기(→32쪽)
접기(→37쪽)
둥글리기(→38쪽)
공 모양으로 성형하기(→42쪽)
십자 칼집 넣기(→51쪽)

 완성

겉껍질이 갈색 빛을 띠고 아래를 두드리면 속이 빈 소리가 날 때.

 보관

면포에 싸서 공기가 통하지 않는 곳에서 3-4일.

1개

1 반죽

T65 트라디시옹 밀가루 100g
T150 통밀가루 50g
T170 호밀가루 50g
물 150g
제빵용 생이스트 4g
소금 4g
해바라기씨 25g

2 마무리

해바라기씨 10g

겉껍질이 얇은 이유는?

통밀빵처럼 크기가 큰 다른 빵과는 달리 곡물빵은 (겉껍질을 두껍게 만들기 쉬운) 르뱅을 사용하지 않고 (겉껍질을 두껍게 만들지 않는) 제빵용 이스트를 쓰기 때문이다.

1 믹서에 밀가루와 물, 소금, 잘게 부순 이스트를 넣고
  저속으로 4분간 믹싱한 뒤(→32쪽), 이어 중속으로
  6분간 믹싱한다. 반죽은 믹싱볼 안쪽 벽에 달라붙
  지 않는 상태가 되어야 한다(손 반죽→30쪽).
2 해바라기씨를 추가하고 저속으로 믹싱하여 재료가
  잘 섞이도록 한다.
3 반죽을 스텐볼에 넣는다.
4 랩을 씌워 상온에서 30분간 발효시킨다(1차 발효).
5 접기 작업을 한다(→37쪽).
6 반죽을 스텐볼에 넣고 랩을 씌워 상온에서 30분간
  더 발효시킨다(1차 발효).

7 반죽을 둥글리기한 뒤(→38쪽) 상온에서 면포를
  덮어 30분간 휴지시킨다. 다시 공 모양으로 성형한
  뒤(→42쪽), 이어 이음매를 아래로 하여 유산지 위
  에 올려놓는다. 붓을 이용하여 반죽 윗면에 찬물을
  바르고, 이어 해바라기씨를 골고루 뿌린다.
8 면포로 덮어 따뜻한 곳(25~28℃)에서 1시간 30분
  동안 발효시킨다(2차 발효).

9 물을 채운 내열 용기와 철판을 넣고, 오븐을 (데크
  오븐 기준) 260℃로 예열한다. 십자 칼집을 넣어
  준다(→51쪽). 오븐에서 꺼낸 가열된 철판 위에 유
  산지를 깔고 반죽을 올린다. 오븐 바닥에 물을 뿌
  린 뒤 25~30분간 굽는다(굽는 동안 물을 채운 내
  열 용기를 오븐 안에 계속 넣어둔다). 굽기가 끝나
  기 5~10분 전 오븐의 문을 살짝 열어둔다.

팽 콩플레

PAIN COMPLET 통밀빵

통밀가루에 르뱅 리키드를 넣은 빵 반죽으로, 바타르 형태로 성형.

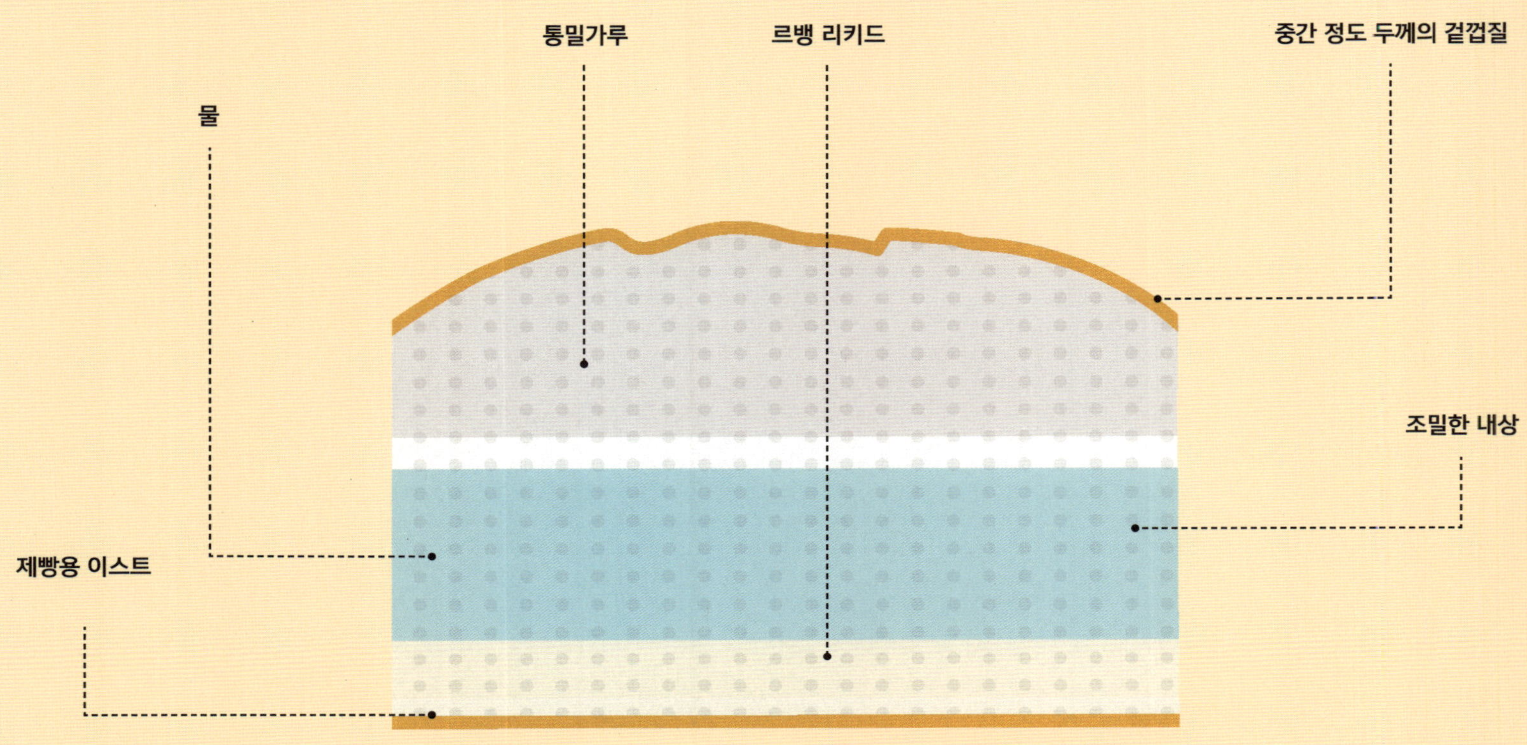

 **특성**

중량: 360g
길이: 25cm
속살: 내상이 조밀하다.
겉껍질: 중간 정도의 두께.
풍미: 투박하고 거친 풍미.

 **시간**

준비 시간: 15분
발효 시간: 3시간-3시간 30분(1차 발효 1시간,
휴지 30분, 2차 발효 1시간 30분-2시간)
굽는 시간: 25-30분

 **도구**

훅을 장착한 믹서, 쿠프 나이프

 **연습**

반죽하기(→32쪽)
둥글리기(→38쪽)
바타르 형태로 성형하기(→45쪽)
소시송 칼집 넣기(→51쪽)

 **팁**

2차 발효가 끝날 때쯤 반죽이 다 부풀어올랐다면 반
죽을 손가락으로 가볍게 눌렀을 때 누른 자국이 더
이상 남지 않아야 한다.

 **완성**

빵이 충분히 노릇해지고 위를 두드리면 속이 빈 소
리가 날 때.

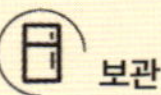 **보관**

2일.

1개

반죽

T150 통밀가루 180g
물 130g
르뱅 리키드 45g(→20쪽)
소금 4g
제빵용 생이스트 3g

체에 치기

T65 밀가루 15g

1 믹서에 통밀가루와 물, 소금, 르뱅 리키드, 잘게 부순 이스트를 넣고 저속으로 4분간 믹싱한 뒤(→32쪽), 이어 중속으로 6분간 믹싱한다. 반죽은 믹싱볼 안쪽 벽에 달라붙지 않는 상태가 되어야 한다(손 반죽→30쪽).

2 반죽을 스텐볼에 넣은 뒤, 면포로 덮어 따뜻한 곳(25-28℃)에서 1시간 동안 발효시킨다(1차 발효).

3 반죽을 둥글리기한 뒤(→38쪽), 밀가루를 뿌린 작업대 위에 반죽을 올려놓고 위를 덮어 30분간 휴지시킨다.

4 바타르 형태로 성형하고(→45쪽), 이음매를 아래로 두어 유산지 위에 빵을 올린다. 빵 위로 밀가루를 체를 쳐서 뿌린다(→285쪽).

5 소시송 칼집을 넣는다(→51쪽).

6 면포로 덮어 따뜻한 곳(25-28℃)에서 1시간 30분-2시간 동안 발효시킨다(2차 발효).

7 물을 채운 내열 용기와 철판을 넣고, 오븐을 (데크 오븐 기준) 260℃로 예열한다. 오븐에서 꺼낸 가열된 철판 위에 유산지를 깔고, 반죽을 올린다. 오븐 바닥에 물을 뿌린 뒤 25-30분간 굽는다(굽는 동안 물을 채운 내열 용기를 오븐 안에 계속 넣어둔다). 굽기가 끝나기 5분 전 오븐의 문을 살짝 열어둔다.

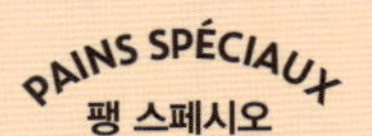

투르트 드 세글

TOURTE DE SEIGLE 호밀가루로 만든 둥근 빵

가루 재료를 호밀가루만 사용하고 르뱅 뒤르를 넣은 빵 반죽으로, 꿀을 넣어 향을 더하고 크고 둥근 형태로 성형.

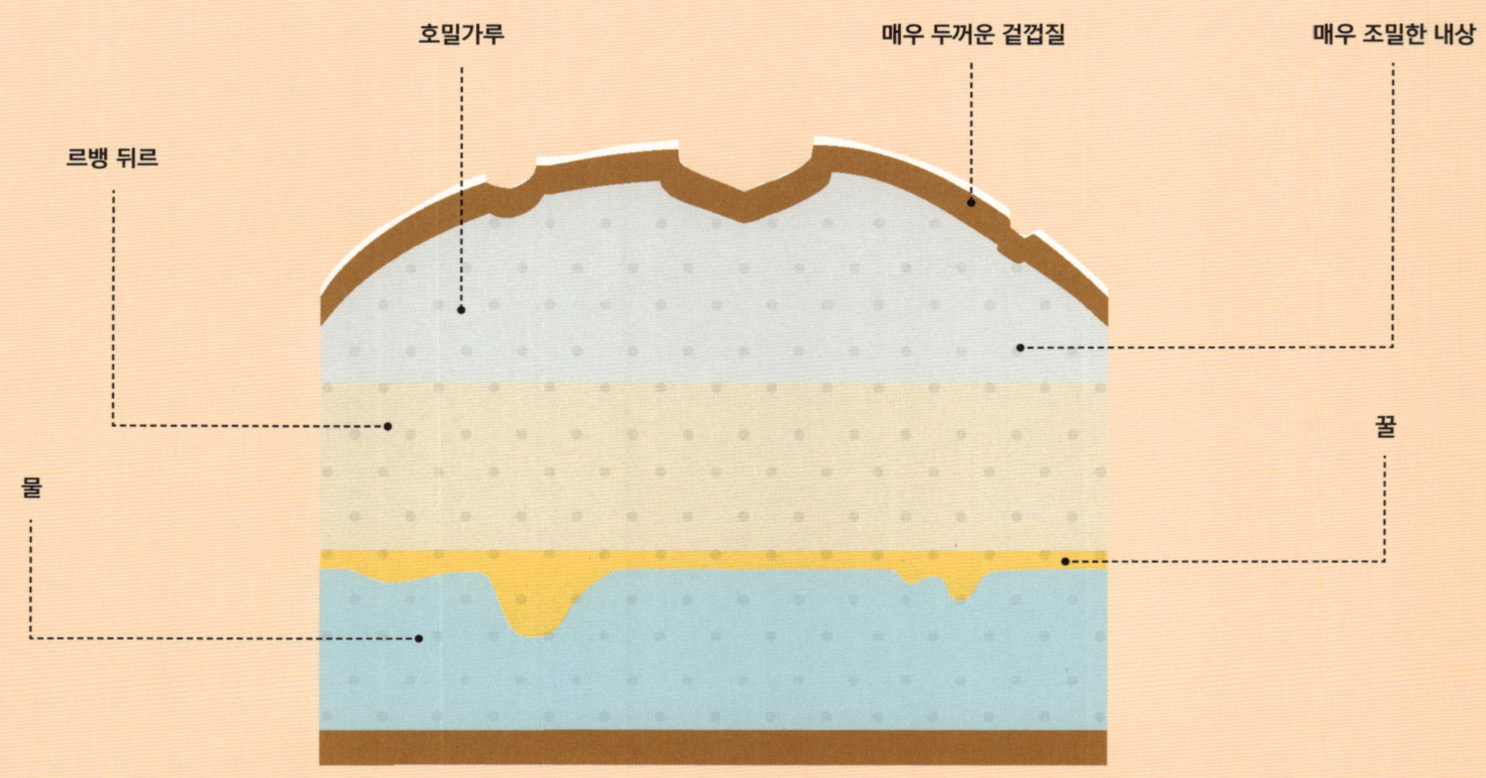

 **특성**

중량: 500g
크기: 지름 20cm
속살: 내상이 매우 조밀하다.
겉껍질: 굉장히 두껍고 표면에 크랙이 많이 나 있으며, 밀가루가 남아 있다.
풍미: 강한 풍미와 산도, 약한 캐러멜 풍미.

 **시간**

준비 시간: 30분
발효 시간: 3시간 30분(1차 발효 2시간, 2차 발효 1시간 30분)
굽는 시간: 40-45분

 **도구**

훅을 장착한 믹서

 **연습**

반죽하기(→32쪽)
공 모양으로 성형하기(→42쪽)

 **완성**

빵의 색이 짙고 충분히 노릇하며, 위를 두드리면 속이 빈 소리가 날 때.

 **보관**

면포에 싸서 4-5일.

1개

T170 호밀가루 170g
60℃ 물 165g
르뱅 뒤르 170g(→22쪽)
소금 5g
꿀 7g

조밀한 내상이 나타나는 이유는?

(르뱅 뒤르로 인해) 반죽의 산도가 높아지
고 (호밀가루에 들어 있는) 글루텐의 비율
이 낮아 글루텐 조직의 형성이 어렵기 때
문이다. 이에 따라 글루텐 조직의 형성이
줄어들며 발효 가스가 빠져나가 벌집 기공
이 줄어들며, 더욱 조밀한 내상을 띤다.

1

2

3

4

5

6

1 믹서에 밀가루와 물, 몇 덩어리로 나눈 르뱅 뒤르, 소금 및 꿀을 넣고 저속으로 4분간 믹싱한 뒤(→32쪽), 이어 중속으로 6분간 믹싱한다(손 반죽 →30쪽).

2 스텐볼 바닥에 밀가루를 깐 뒤 그 위에 반죽을 올려놓는다.

3 스텐볼을 랩으로 덮어 2시간 동안 발효시킨다(1차 발효).

4 공 모양으로 성형하고(→42쪽), 손과 작업대에 밀가루를 충분히 묻힌다.

5 밀가루를 뿌린 면포를 스텐볼 바닥에 깐 다음, 그 위로 이음매를 아래로 두어 공 모양의 반죽을 올려놓는다.

6 또 다른 면포 하나로 위를 덮어 따뜻한 곳(25-28℃)에서 1시간 30분 동안 휴지시킨다(2차 발효).

7 물을 채운 내열 용기와 철판을 넣고, 오븐을 (데크 오븐 기준) 260℃로 예열한다. 반죽을 뒤집어 이음매가 위로 가게 한 뒤, 손으로 밀가루 잔여분을 떨어낸다. 오븐에서 꺼낸 가열된 철판 위에 유산지를 깔고 반죽을 올린다. 오븐 바닥에 물을 뿌린 뒤 40-45분간 굽는다(굽는 동안 물을 채운 내열 용기를 오븐 안에 계속 넣어둔다). 굽기가 끝나기 5-10분 전 오븐의 문을 살짝 열어둔다.

팽 드 세글 오 시트롱

PAIN DE SEIGLE AU CITRON 레몬 호밀빵

호밀가루에 르뱅 뒤르를 넣은 빵 반죽으로, (레몬즙 및 레몬 제스트를 넣어) 레몬 향을 더한다.

 **특성**

중량: 250g
크기: 지름 15cm
속살: 내상이 매우 조밀하다.
겉껍질: 두껍다.
풍미: 산미와 레몬 풍미.

 **시간**

준비 시간: 30분
발효 시간: 1시간 45분(1차 발효 45분, 2차 발효 1시간)
굽는 시간: 35분

 **도구**

훅을 장착한 믹서, 스크레이퍼

 **연습**

반죽하기(→32쪽)
공 모양으로 성형하기(→42쪽)

 **팁**

레몬 에센셜 오일을 몇 방울 추가하면 더욱 강한 레몬 맛을 낼 수 있다.

완성

겉껍질이 상당히 갈색 빛을 띠고, 위를 두드리면 속이 빈 소리가 날 때.

보관

2일.

2개

T170 호밀가루 160g　　물 140g
르뱅 뒤르 160g(→22쪽)　　제빵용 생이스트 2g
소금 5g　　유기농 레몬즙 15g
유기농 레몬 제스트 10g

마무리

T65 밀가루 15g, 물, 둥글게 썬 유기농 레몬 2조각

1 믹서에 밀가루와 물, 잘게 부순 이스트와 르뱅 뒤르, 소금, 레몬즙, 레몬 제스트를 넣고 저속으로 4분간 믹싱한 뒤(→32쪽), 이어 중속으로 6분간 믹싱한다. 반죽은 믹싱볼 안쪽 벽에 달라붙지 않는 상태가 되어야 한다(손 반죽→30쪽).

2 스텐볼 바닥에 밀가루를 깐 뒤 반죽을 올려놓는다.

3 면포로 덮어 45분간 발효시킨다(1차 발효).

4 스크레이퍼를 이용하여 반죽을 250g씩 두 덩어리로 분할하고 공 모양으로 성형한다(→42쪽).

5 이음매를 아래로 두고 유산지 위에 빵을 올린다. 면포로 덮어 따뜻한 곳(25-28℃)에서 1시간 동안 휴지시킨다(2차 발효).

6 철판을 넣고 오븐을 (데크 오븐 기준) 240℃로 예열한다. 밀가루를 체에 쳐서 반죽 위에 뿌리고 붓을 이용하여 반죽 가운데 부분에 약간 물을 바른 뒤 둥글게 썬 레몬 1조각을 올리고 살짝 눌러준다. 오븐에서 꺼낸 가열된 철판 위에 유산지를 깔고 반죽을 올린다. 오븐 바닥에 물을 뿌린 뒤 35분간 굽는다. 굽기가 끝나기 5-10분 전 오븐의 문을 살짝 열어둔다.

매우 조밀한 내상이 나타나는 이유는?

호밀가루에는 글루텐이 많이 함유되어 있지 않아 글루텐 조직이 약할 수밖에 없다. 이에 발효 가스가 빠져나가 벌집 기공이 생기지 않기 때문에 매우 조밀한 내상이 나타난다.

팽 누아르

PAIN NOIR

당밀과 혼합 곡물을 첨가하여, 호밀가루와 맷돌 제분 밀가루로 만든 빵 반죽.

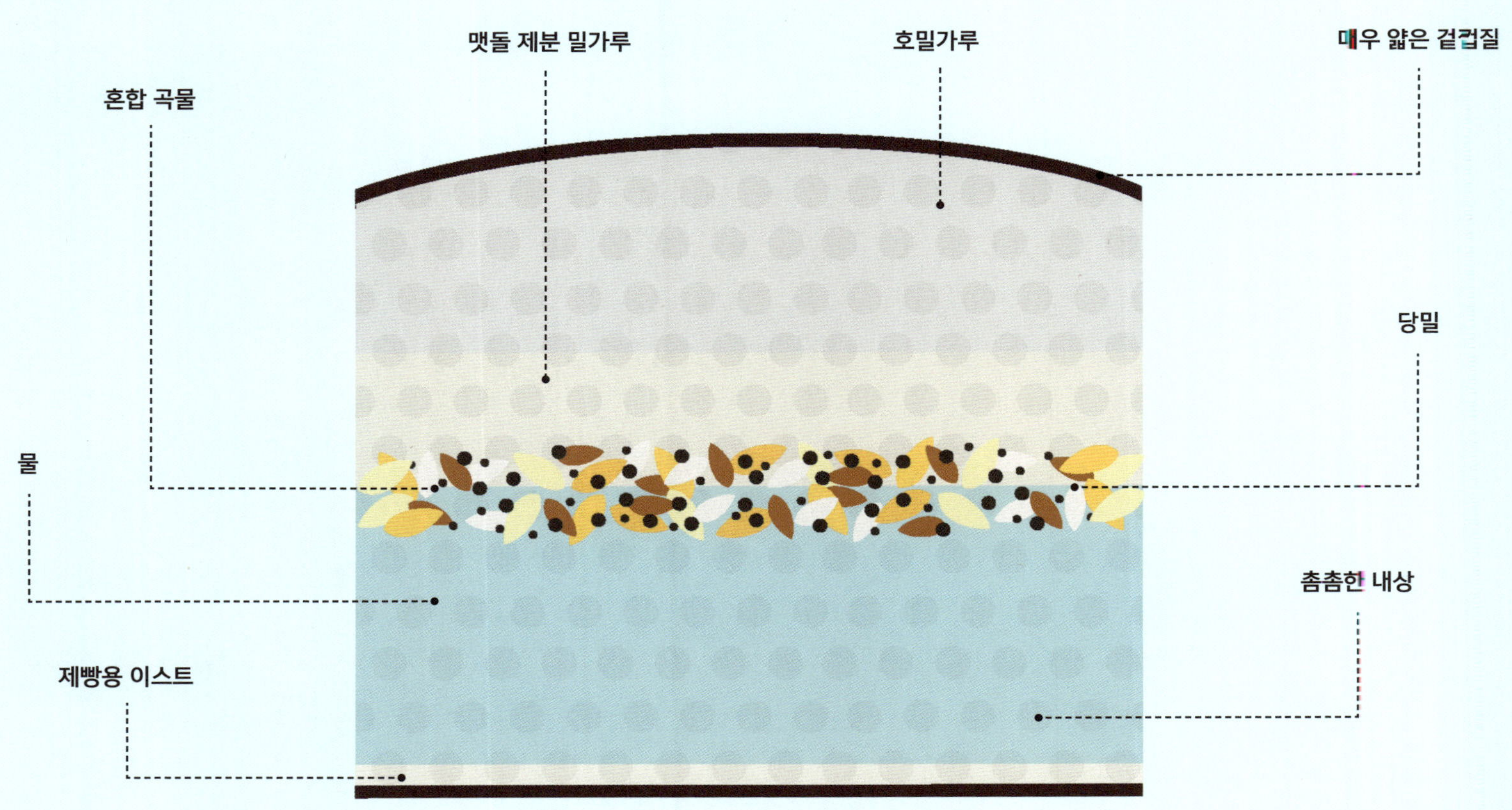

 **특성**

중량: 750g
길이: 20cm
속살: 내상이 촘촘하다.
겉껍질: 매우 얇고 연하다.
풍미: 투박하고 두드러진 풍미.

 **시간**

준비 시간: 30분
발효 시간: 1시간
굽는 시간: 45분

 **도구**

훅을 장착한 믹서, 20cm 파운드 케이크 틀, 붓, 쿠프 나이프

 **연습**

반죽하기(→32쪽)

 **완성**

칼날로 반죽을 바닥까지 찔러보았을 때, 칼날 끝에 반죽이 묻어나오지 않아야 한다. 그렇지 않을 경우 오븐에 몇 분간 더 넣어둔다.

 **보관**

바람이 통하지 않는 곳에서 4–5일.

겉껍질이 바삭거리지 않는 이유는?

틀 안에 넣고 구울 경우에는 겉껍질이 잘 생기지 않는데, 이는 습한 환경에서 반죽이 구워지고 잘 마르지 못하기 때문이다.

1개

반죽

T170 호밀가루 250g
20-25℃의 물 320g
소금 10g

T110 맷돌 제분 밀가루 150g
제빵용 생이스트 10g
당밀 20g

가르니튀르

혼합 곡물 50g (양귀비씨, 갈색 아마씨, 참깨, 해바라기씨), 물 40g

틀

올리브 오일

전날 작업

1 혼합 곡물을 물에 담가둔다.

당일 작업

2 믹서에 밀가루와 물, 소금, 당밀, 잘게 부순 이스트를 넣고 저속으로 4분간 믹싱한 뒤(→32쪽), 이어 중속으로 6분간 믹싱한다. 반죽은 믹싱볼 안쪽 벽에 달라붙지 않는 상태가 되어야 한다(손 반죽 →30쪽).

3 혼합 곡물을 추가하고 저속으로 잠시 동안 믹싱하여 충전물이 반죽에 잘 섞이도록 한다.

4 붓으로 미리 기름칠을 해둔 케이크 틀에 반죽을 붓는다.

5 면포로 덮어 따뜻한 곳(25-28℃)에서 1시간 동안 휴지시킨다.

6 물을 채운 내열 용기와 철판을 넣고, 오븐을 (데크 오븐 기준) 230℃로 예열한다. 오븐에서 꺼낸 가열된 철판 위에 유산지를 깔고 반죽이 든 틀을 올린다. 오븐 바닥에 물을 뿌린 뒤 45분간 굽는다(굽는 동안 물을 채운 내열 용기를 오븐 안에 계속 넣어둔다). 굽기가 끝나기 5-10분 전 오븐의 문을 살짝 열어둔다.

가르니튀르garniture '채우다' '보강하다'라는 뜻의 동사 'garnir'에서 파생된 명사로, '장식(품)', '부족재료', '보강재'라는 뜻을 갖고 있다. 제빵과 관련해서는 충전물이나 토핑 재료를 가리키며, 영어의 가니시garnish에 해당한다.

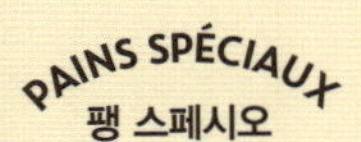

팽 아 라 파린 드 샤테뉴

PAIN À LA FARINE DE CHÂTAIGNE 밤가루빵

버터에 익힌 밤을 넣고, 첨가제가 들어가지 않은 T65 트라디시옹 밀가루와 밤가루로 만든 빵.

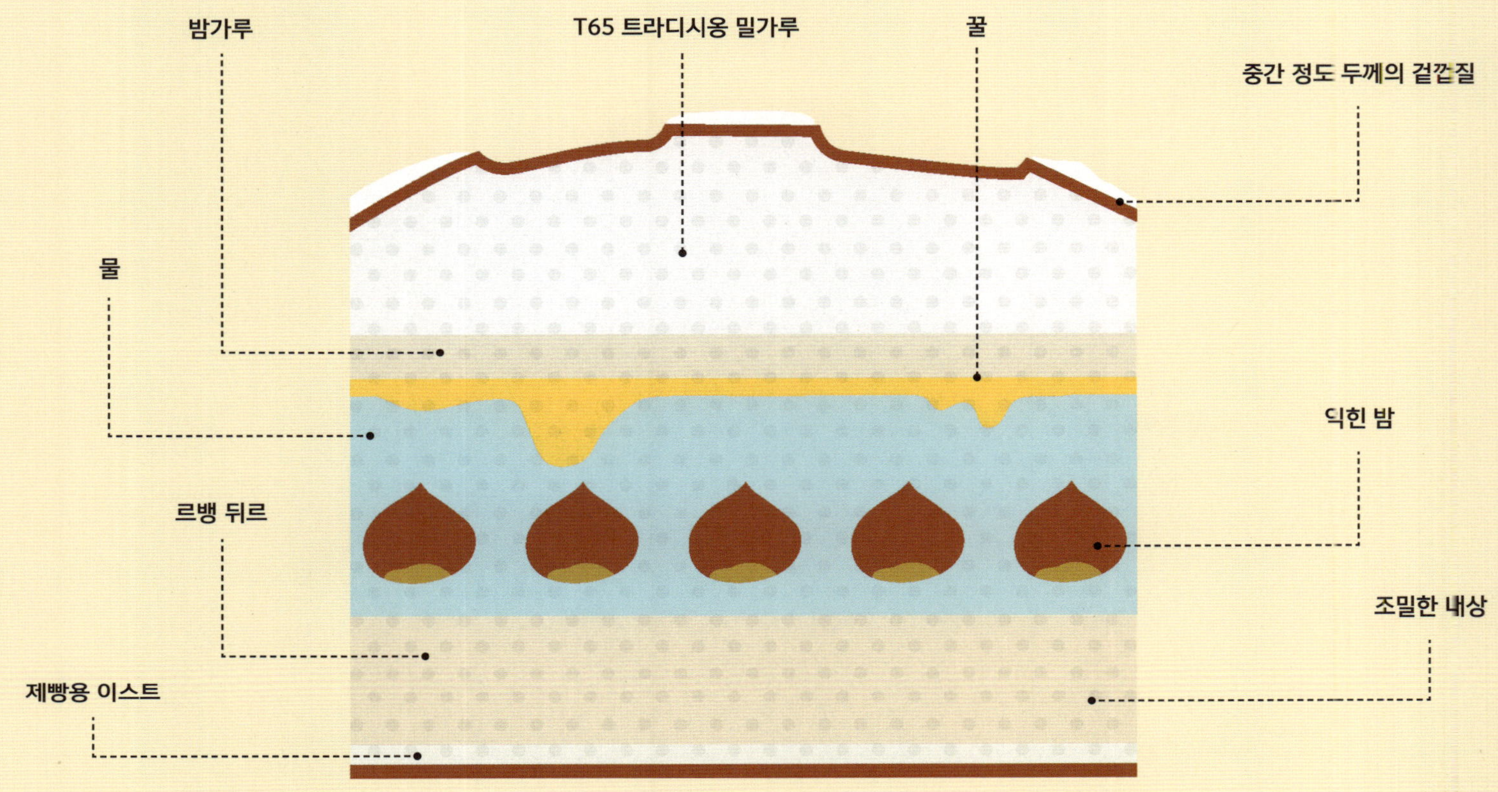

 **특성**

중량: 300g
크기: 지름 16–18cm
속살: 내상이 조밀하다.
겉껍질: 중간 정도의 두께.
풍미: 두드러진 밤 풍미.

시간

준비 시간: 40분
발효 시간: 2시간 35분 (1차 발효 45분, 휴지 20분,
2차 발효 1시간 30분)
굽는 시간: 30분

 **도구**

훅을 장착한 믹서, 스크레이퍼, 쿠프 나이프

 **연습**

반죽하기(→32쪽)
둥글리기(→38쪽)
공 모양으로 성형하기(→42쪽)
폴카 칼집 넣기(→51쪽)

 **완성**

빵이 충분히 노릇해지고 폴카 칼집이 살짝 벌여졌
을 때.

 **보관**

공기가 통하지 않는 곳에서 썰지 않은 상태로 보관
할 경우 최대 1주일, 개봉 후에는 2–3일.

2개

반죽

T65 트라디시옹 밀가루 200g

밤가루 25g	물 160g
르뱅 뒤르 90g(→22쪽)	제빵용 생이스트 3g
소금 6g	꿀 10g

밤 충전물

익힌 밤 100g(병조림 혹은 진공 포장상태의 밤)
버터 10g

체에 치기

T65 밀가루 15g

1 버터를 두른 냄비에 밤을 넣고 약한 불에 10분간 둔다. 5분간 밤을 식힌 후, 밤의 크기가 너무 크면 2-4등분한다.

2 믹서에 밀가루, 물, 잘게 부순 르뱅 뒤르 및 이스트, 소금을 넣고 저속으로 4분간 믹싱한 뒤(→32쪽), 이어 중속으로 6분간 믹싱한다. 반죽은 믹싱볼 안쪽 벽에 달라붙지 않는 상태가 되어야 한다(손 반죽→30쪽).

3 반죽에 밤과 꿀을 추가한 뒤, 믹싱하여 재료가 고루 섞이도록 한다.

4 스텐볼에 반죽을 넣고, 랩을 씌워 상온에서 45분 동안 발효시킨다(1차 발효).

5 스크레이퍼를 이용하여 반죽을 300g씩 두 덩어리로 분할한다. 둥글리기한 뒤(→38쪽) 20분간 휴지시킨다. 공 모양으로 성형한 다음(→42쪽) 이음매를 아래로 두고 유산지 위에 반죽을 올린다. 면포로 덮어 따뜻한 곳(25-28℃)에서 1시간 30분 동안 발효시킨다(2차 발효).

6 물을 채운 내열 용기와 철판을 넣고, 오븐을 (데크 오븐 기준) 260℃로 예열한다. 오븐에서 꺼낸 가열된 철판 위에 유산지를 깔고 반죽을 뒤집어 이음매를 아래로 하여 올린다. 빵 위로 밀가루를 체에 쳐서 뿌리고 폴카 칼집을 넣는다(→51쪽). 오븐 바닥에 물을 뿌린 뒤 30분간 굽는다.

팽 오 마이스

PAIN AU MAÏS 옥수수빵

T65 트라디시옹 밀가루와 옥수숫가루로 만든 빵 반죽으로, 바타르 형태로 성형.

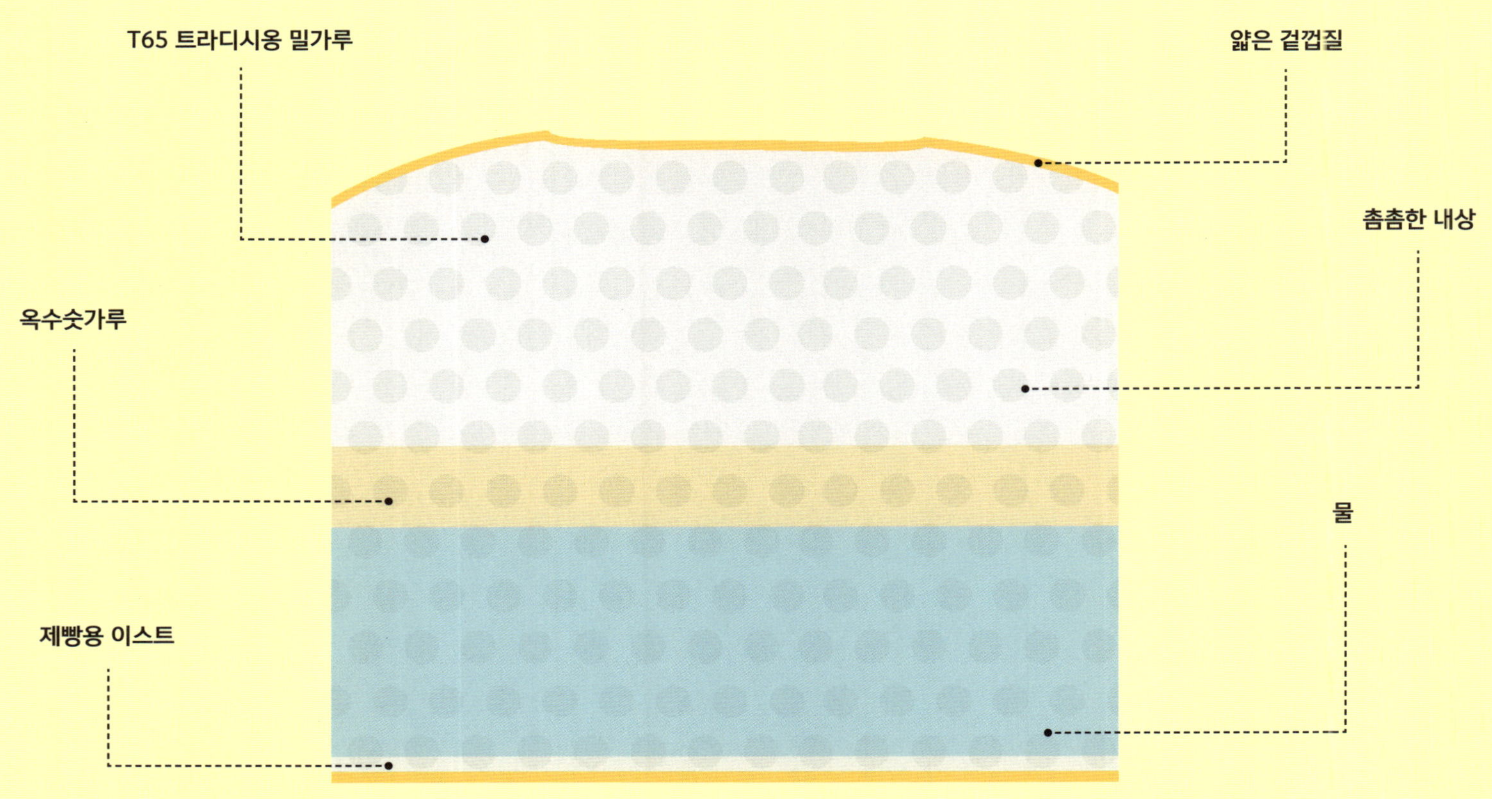

 **특성**

중량: 250g
크기: 20cm
속살: 내상이 촘촘하다.
겉껍질: 얇다.
풍미: 약간 단맛.

 **시간**

준비 시간: 30분
발효 시간: 2시간 5분 (1차 발효 30분, 휴지 20분,
2차 발효 1시간 15분)
굽는 시간: 25분

 **도구**

훅을 장착한 믹서, 스크레이퍼, 쿠프 나이프

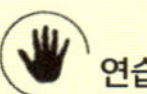 **연습**

반죽하기(→32쪽)
둥글리기(→38쪽)
바타르 형태로 성형하기(→45쪽)
트라디시옹 칼집 넣기(→50쪽)

 **팁**

2차 발효가 끝날 때쯤 반죽이 다 부풀어올랐다면 반
죽을 손가락으로 가볍게 눌렀을 때 누른 자국이 더
이상 남지 않아야 한다.

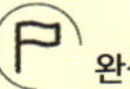 **완성**

빵이 충분히 노릇해지고 위를 두드르면 속이 빈 소
리가 날 때.

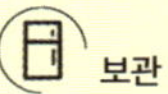 **보관**

2–3일.

2-1

2-2

4

5

6

2개

T65 트라디시옹 밀가루 285g
옥수숫가루 70g
20-25℃ 물 225g
제빵용 생이스트 11g
소금 8g

마무리

옥수숫가루 15g

1   믹서에 옥수숫가루와 트라디시옹 밀가루, 물, 소금, 잘게 부순 이스트를 넣고 저속으로 4분간 믹싱한 뒤(→32쪽), 이어 중속으로 6분간 믹싱한다. 반죽은 믹싱볼 안쪽 벽에 달라붙지 않는 상태가 되어야 한다(손 반죽→30쪽).

2   반죽을 스텐볼에 넣은 뒤, 랩을 씌워 상온에서 30분 동안 발효시킨다(1차 발효).

3   스크레이퍼를 이용하여 반죽을 300g씩 두 덩어리로 분할한 뒤 둥글리기한다(→38쪽). 이어 밀가루를 뿌린 작업대 위에서 20분간 휴지시킨다.

4   바타르 형태로 성형한 뒤(→45쪽), 옥수숫가루를 뿌린 면포 위에 이음매를 위로 가게 하여 반죽을 올린다.

5   또 다른 면포로 덮어 따뜻한 곳(25-28℃)에서 1시간 15분 동안 발효시킨다(2차 발효).

6   물을 채운 내열 용기와 철판을 넣고, 오븐을 (데크 오븐 기준) 260℃로 예열한다. 오븐에서 꺼낸 가열된 철판 위에 유산지를 깔고 반죽을 뒤집어 이음매를 아래로 하여 올린다. 반죽에 세로로 길게 트라디시옹 칼집을 넣는다(→50쪽). 오븐 바닥에 물을 뿌린 뒤 25분간 굽는다(굽는 동안 물을 채운 내열 용기를 오븐 안에 계속 넣어둔다).

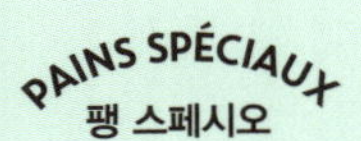

글루텐 프리 빵

PAIN SANS GLUTEN

쌀가루와 메밀가루로 만든 글루텐이 없는 빵으로, 많은 양의 물이 필요하고 발효는 한 번만 한다.

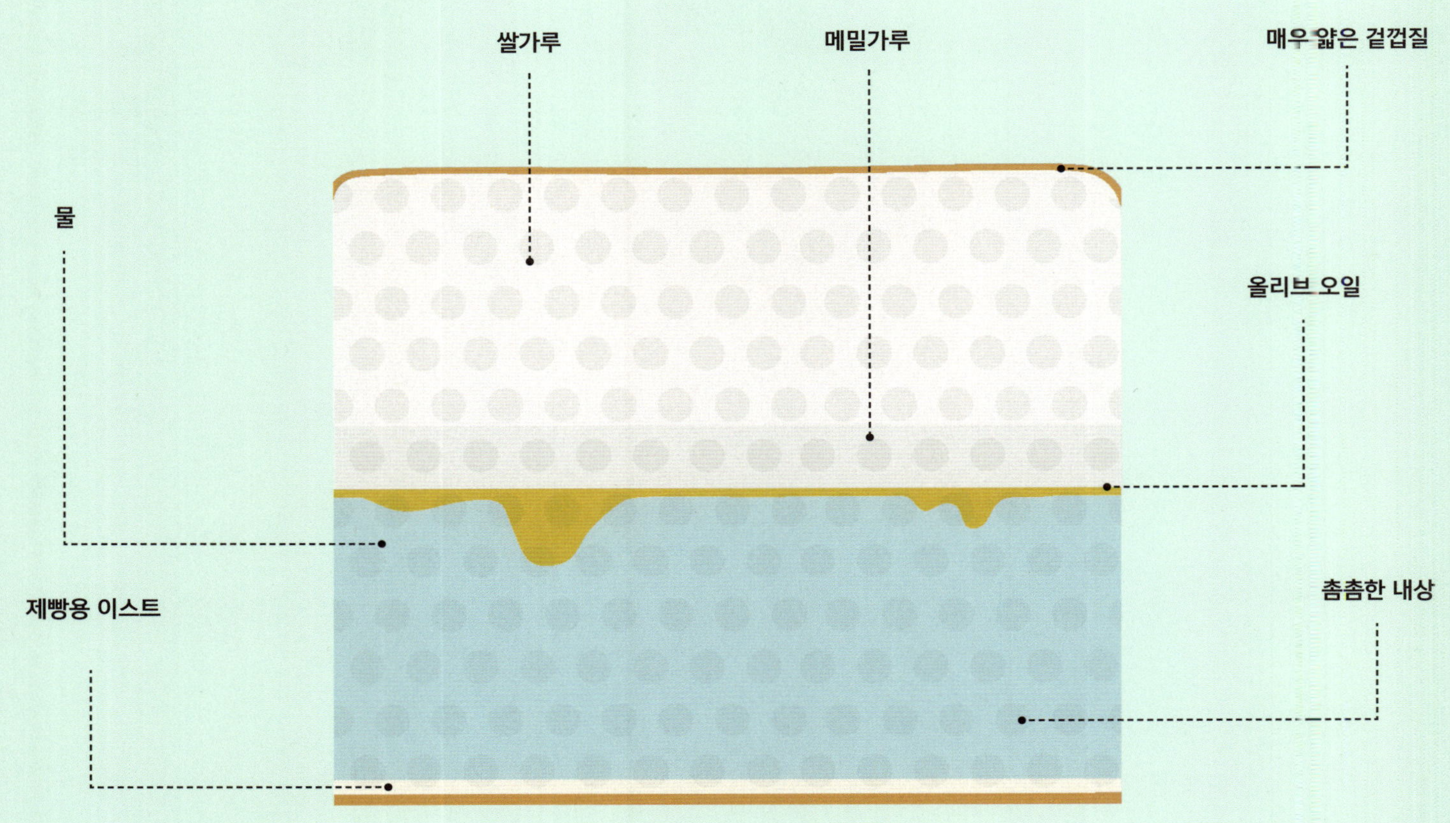

 **특성**

중량: 300g
크기: 틀에 따라 15-20cm
속살: 내상이 촘촘하다.
겉껍질: 매우 얇고 연하다.
풍미: 꽤 단조롭다.

시간

준비 시간: 15분
발효 시간: 1시간 15분
굽는 시간: 45분

 **도구**

비터를 장착한 믹서 혹은 유연한 스패튤러, 1/2L 용량의 케이크 틀

 **연습**

반죽하기(→32쪽)

 **팁**

반죽이 다 부풀어올랐다면 반죽을 손가락으로 가볍게 눌렀을 때 누른 자국이 더 이상 남지 않아야 한다.

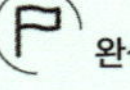 **완성**

빵이 충분히 노릇해지고 위를 두드리면 속이 빈 소리가 날 때.

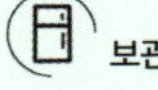 **보관**

공기가 통하지 않는 곳에서 2-3일.

1개

반죽

쌀가루 260g
메밀가루 60g
물 300g
제빵용 생이스트 6g
소금 5g
올리브 오일 10g

틀

포마드 버터 15g

1 비터를 장착한 믹서에 쌀가루와 메밀가루, 물, 소금, 잘게 부순 이스트 및 올리브 오일을 넣고 저속으로 5분간 믹싱한다.
2 붓을 이용하여 미리 버터를 발라둔 틀에 반죽을 붓는다.
3 면포로 덮어 상온에서 1시간 15분 동안 발효시킨다.
4 철판을 넣고, 오븐을 (데크 오븐 기준) 220℃로 예열한다. 오븐에서 꺼낸 가열된 철판 위에 유산지를 깔고 반죽이 든 틀을 올린 뒤 오븐에 넣어 45분간 굽는다.

다량의 물이 필요한 이유는 무엇인가?

글루텐이 없는 가루에는 글루텐이 들어 있는 밀가루보다 더 많은 녹말이 함유되어 있다. 전분은 물이 있어야 팽창하고 구울 때 젤 상태로 변하기 때문에 빵이 만들어지려면 다량의 물이 필요하다.

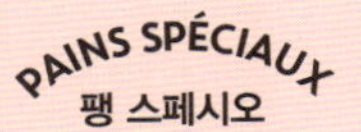

팽 아 라 비에르

PAIN À LA BIÈRE 맥주빵

첨가제가 들어가지 않은 T65 트라디시옹 밀가루와 호밀가루, 통밀가루에 흑맥주를 넣은 빵 반죽으로, 삼각형 모양으로 성형하고 윗면을 맥주 아파레유로 덮어 굽는다. 구울 때 맥주 아파레유 부분이 금이 가며 갈라진다.

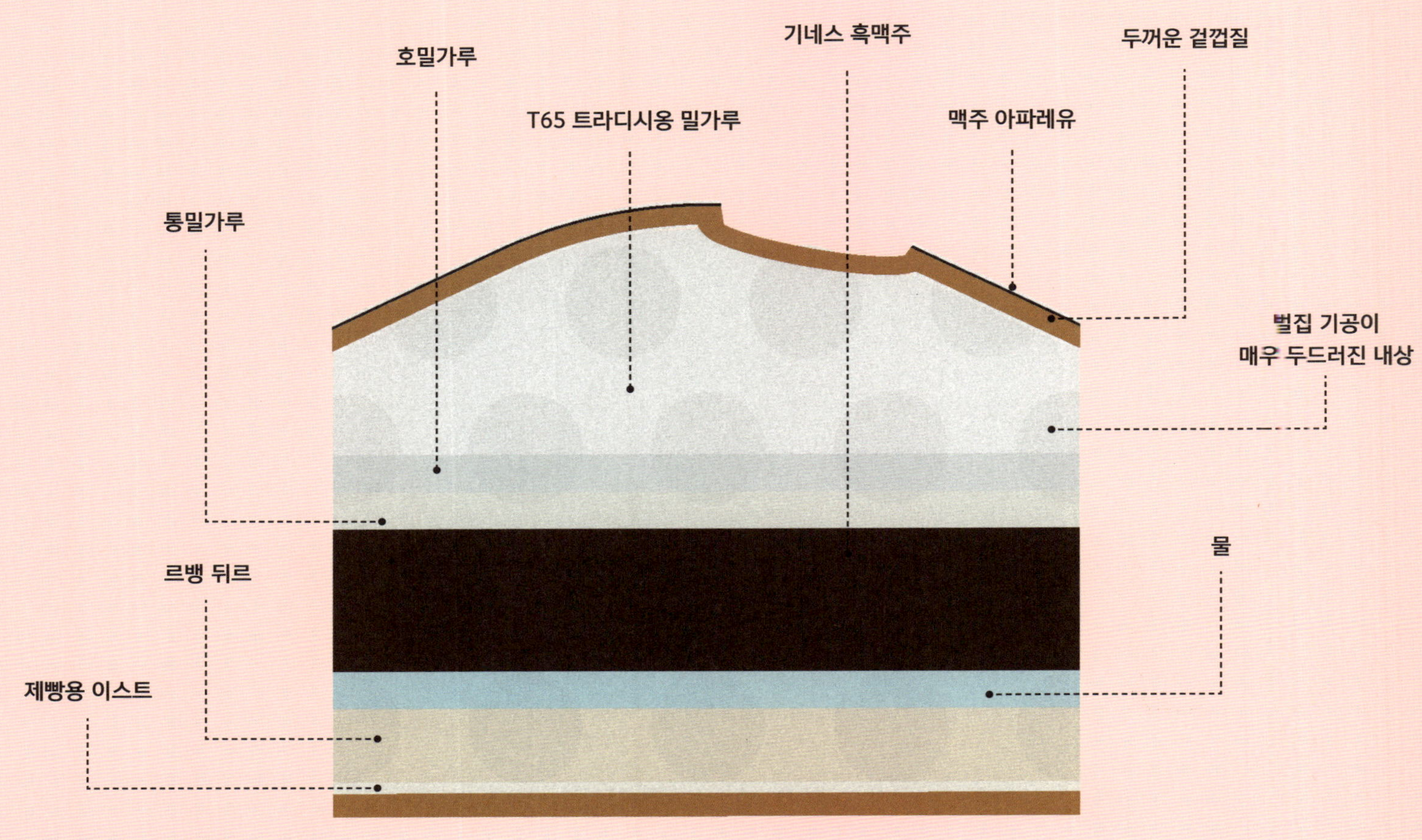

 **특성**

중량: 300g
크기: 약 15cm
속살: 내상이 불규칙하고 벌집 기공이 매우 두드러진다.
겉껍질: 두껍다.
풍미: 맥아 풍미.

 **시간**

준비 시간: 30분
발효 시간: 3시간(1차 발효 1시간, 휴지 30분, 2차 발효 1시간 30분)
휴지 시간: 1시간 30분(맥주 아파레유)
굽는 시간: 25-30분

 **도구**

훅을 장착한 믹서,
L자 팔레트 혹은 유연한 스패튤러

 **주의**

맥주 아파레유는 준비된 재료가 균일한 상태로 섞여 있어야 하며, 빵 위에 고르게 펴발라야 얼룩 무늬가 있는 보기 좋은 겉껍질을 얻을 수 있다.

 **연습**

반죽하기(→32쪽)
접기(→37쪽)

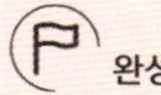 **완성**

겉껍질이 충분히 구워지고 금이 가며 크랙이 생길 때.

 **보관**

개봉 후 3일.

2개

1 반죽

T65 트라디시옹 밀가루 200g
T170 호밀가루 40g
T110 통밀가루 40g
기네스 흑맥주 180g
르뱅 뒤르 80g (→22쪽)
제빵용 생이스트 2g
소금 6g

2 바시나주

물 40g

3 맥주 아파레유

쌀가루 30g
녹인 버터 5g
설탕 5g
제빵용 생이스트 1g
소금 1g
물 10g

4 체에 치기

T65 밀가루 15g

벌집 기공이 매우 두드러지고 거친 내상의 질감이 나타나는 이유는 무엇인가?

맥주는 산도를 높여 글루텐 조직의 연결을 제한한다. 글루텐 조직이 잘 만들어지지 않아서 속살이 쉽게 주저앉는 것이다.

<table>
<tr><td>1</td><td>2</td><td>3</td></tr>
<tr><td>4</td><td>5</td><td>6</td></tr>
<tr><td>7</td><td>9-1</td><td>9-2</td></tr>
</table>

1 믹서에 T65 트라디시옹 밀가루, 호밀가루, 통밀가루와 기네스 흑맥주, 몇 덩어리로 나눈 르뱅 뒤르 및 잘게 부순 이스트, 소금을 넣고 저속으로 4분간 믹싱한 뒤(→32쪽), 이어 중속으로 6분간 믹싱한다(손 반죽→30쪽).

2 믹싱 마지막에 물을 추가하여 반죽의 되기를 조절한다(바시나주→282쪽). 물이 반죽에 잘 섞여 들어갈 때까지 믹싱하고, 스텐볼에 반죽을 넣은 뒤 면포로 덮어 30분 동안 발효시킨다(1차 발효).

3 접기 작업을 한다(→37쪽).

4 반죽을 다시 스텐볼에 넣은 뒤 면포로 덮어 상온에서 30분 더 발효시킨다(1차 발효).

5 손날을 이용하여 반죽을 삼각형 꼴로 성형한다.

6 이음매를 아래로 두고 유산지 위에 반죽을 올린다.

7 면포로 덮어 따뜻한 곳(25-28℃)에서 1시간 30분 동안 발효시킨다(2차 발효).

8 맥주 아파레유를 준비한다. 먼저 잘게 부순 이스트를 물에 희석한 뒤 나머지 재료를 추가하고, 재료들이 균일하게 섞일 때까지 휘젓는다. 이후 1시간 30분 동안 휴지시킨다.

9 철판을 넣고 오븐을 (데크 오븐 기준) 260℃로 예열한다. L자 팔레트나 유연한 스파튤러를 이용하여 반죽 위에 맥주 아파레유를 펴바른다. 오븐에서 꺼낸 가열된 철판 위에 유산지를 깔고 반죽을 올린다. 밀가루를 체에 쳐 반죽 위에 뿌린다. 오븐 바닥에 물을 뿌린 뒤 25-30분간 굽는다.

팽 오 그렌

PAIN AUX GRAINES 씨앗빵

혼합 곡물을 첨가한 파트 블랑슈로, 왕관 형태로 성형.

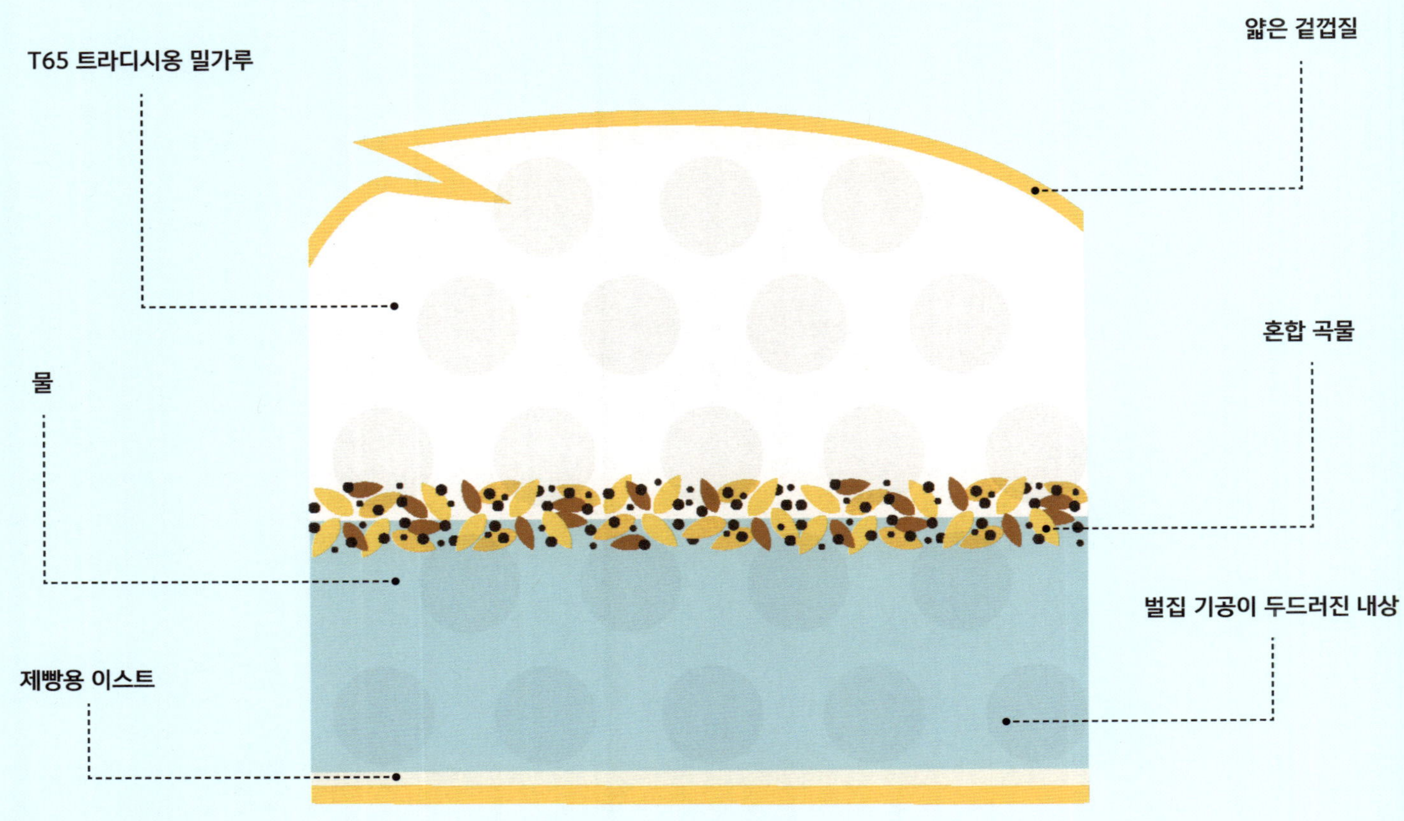

 **특성**

중량: 150g
크기: 지름 18cm
속살: 내상이 불규칙하고 벌집 기공이 두드러진다.
겉껍질: 얇다.
풍미: 혼합 곡물 맛이 더해진 단조로운 풍미.

 **시간**

준비 시간: 30분
발효 시간: 3시간 30분(1차 발효 1시간, 휴지 30분,
2차 발효 2시간)
굽는 시간: 20분

 **도구**

훅을 장착한 믹서, 스크레이퍼, 쿠프 나이프

 **주의**

왕관 형태로 성형하기.

 **연습**

반죽하기(→32쪽)
둥글리기(→38쪽)
왕관 형태로 성형하기(→46쪽)
에피 형태로 자르기(→51쪽)

 **완성**

빵이 충분히 노릇해지고 위를 두드리면 속이 빈 소
리가 날 때.

보관

2~3일.

2개

1 반죽

T65 트라디시옹 밀가루 220g
20-25℃의 물 145g
제빵용 생이스트 4g
소금 4g

2 곡물

혼합 곡물 30g(참깨, 아마씨, 조, 양귀비씨)
물 30g

3 체에 치기

T65 밀가루 15g

왕관 모양으로 성형하는
과정에서 반죽을 휴지시켜야
하는 이유는 무엇인가?

글루텐 조직이 이완될 시간이 필요하기 때
문이다. 반죽이 유연한 상태가 되어야 굽
기 전후의 모양이 똑같고 일정한 왕관 모
양이 만들어질 수 있다.

  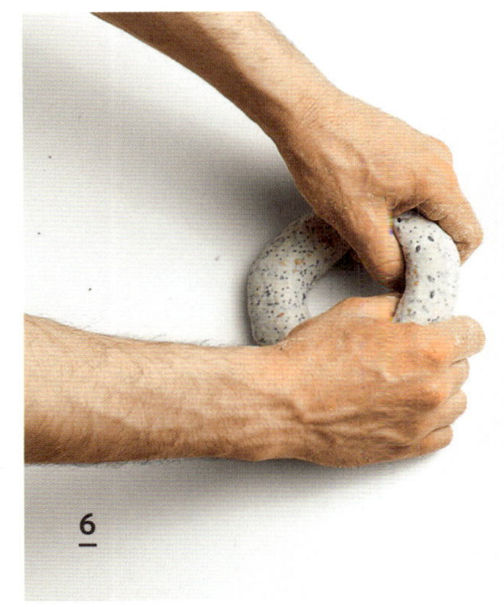

전날 작업

1 180℃ 오븐에서 10~15분간 혼합 곡물과 헤이즐넛을 굽는다. 이후 차갑게 식힌 뒤 스텐볼 안에 물과 함께 넣어둔 다음 상온에서 보관한다.

당일 작업

2 믹서에 밀가루와 물, 소금, 잘게 부순 이스트를 넣고 저속으로 4분간 믹싱한 뒤(→32쪽), 이어 중속으로 6분간 믹싱한다. 반죽은 믹싱볼 안쪽 벽에 달라붙지 않는 상태가 되어야 한다(손 반죽→30쪽).

3 혼합 곡물을 추가한 뒤 재료가 반죽에 잘 섞일 때까지 저속으로 믹싱한다. 이후 랩을 씌워 상온에서 1시간 동안 발효시킨다(1차 발효).

4 스크레이퍼를 이용하여 반죽을 200g씩 두 덩어리로 분할하고 둥글리기한다(→38쪽). 이어 밀가루를 뿌린 작업대 위에 반죽을 올려놓고 윗면을 덮은 상태에서 30분간 휴지시킨다.

5 왕관 모양으로 성형을 하는데(→46쪽), 먼저 검지에 밀가루를 묻힌 뒤 작업대에 닿을 때까지 둥근 반죽을 관통하여 뚫어준다.

6 구멍 안쪽에 양손 엄지를 집어넣은 뒤 구멍을 벌리면서 둥글게 모양을 잡아준다. 반죽이 더 이상 늘어나지 않으면 그 상태에서 5분간 반죽을 휴지시킨다. 왕관 모양 내부의 지름이 10cm에 이를 때까지 이 작업을 다시 반복한다.

7 유산지를 깐 철판 위에 이음매를 아래로 두고 빵을 올려놓은 뒤, 면포로 덮어 따뜻한 곳(25~28℃)에서 2시간 동안 발효시킨다(2차 발효).

8 왕관 위로 밀가루를 체에 쳐서 뿌린다.

9 물을 채운 내열 용기와 철판을 넣고, 오븐을 (데크 오븐 기준) 260℃로 예열한다. 반죽을 에피 형태로 잘라주는데, 가위를 45°가량 기울인 뒤 왕관의 곡선을 따라 사선 모양으로 가위집을 넣은 다음 가위집이 들어간 날개 부분을 바깥쪽으로 약간 벌린다.

10 오븐 바닥에 물을 뿌린 뒤 20분간 굽는다(굽는 동안 물을 채운 내열 용기를 오븐 안에 계속 넣어둔다).

팽 오 누아

PAIN AUX NOIX 호두빵

호두를 첨가한 파트 트라디시옹으로, 공 모양으로 성형.

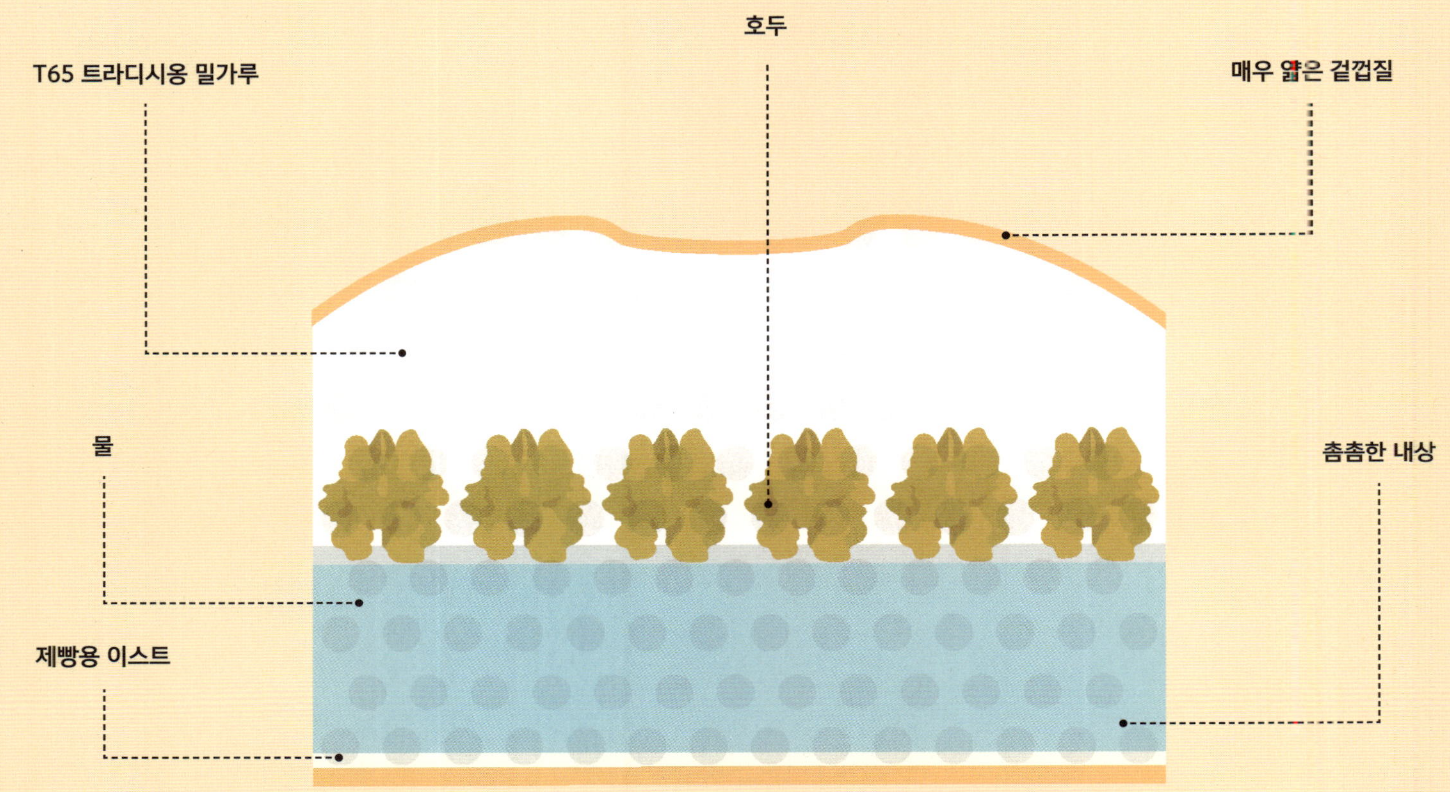

 **특성**

중량: 550g
크기: 지름 15cm
속살: 내상이 촘촘하다.
겉껍질: 얇고 유연하다.

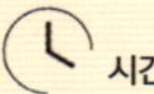 **시간**

준비 시간: 45분
발효 시간: 3시간(1차 발효 1시간, 휴지 30분, 2차 발효 1시간 30분)
굽는 시간: 20~25분

 **도구**

훅을 장착한 믹서, 스크레이퍼, 쿠프 나이프

 **응용**

호두, 헤이즐넛을 넣은 빵.
호두, 헤이즐넛, 건포도를 넣은 빵.

 **연습**

반죽하기(→32쪽)
둥글리기(→38쪽)
공 모양으로 성형하기(→42쪽)
십자 칼집 넣기(→51쪽)

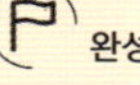 **완성**

아래를 두드리면 속이 빈 소리가 날 때.

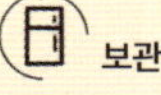 **보관**

마른 면포 안에 넣거나 공기가 통하지 않는 곳에서 2일.

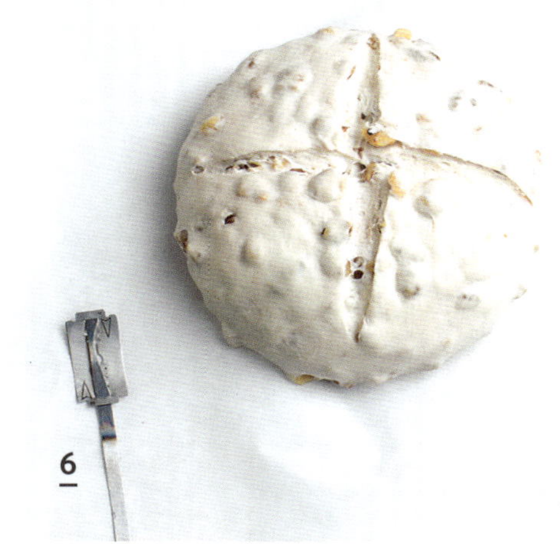

1

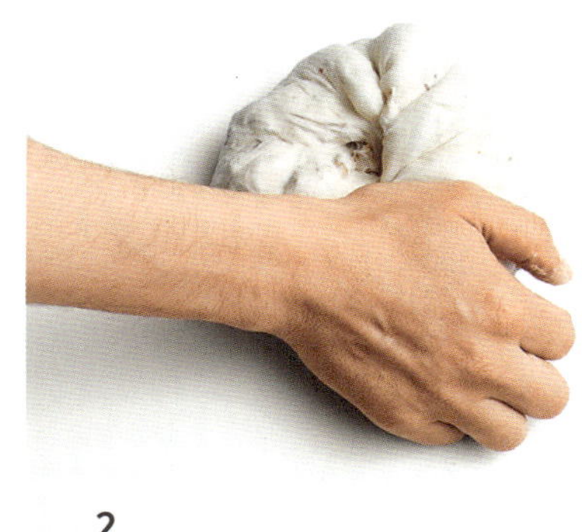

2

3

6

1개

파트 트라디시옹 500g

T65 트라디시옹 밀가루 270g
르뱅 리키드 30g(→20쪽)
제빵용 생이스트 3g
20-25℃ 물 190g
소금 5g

가르니튀르

호두 100g

1 믹서에 트라디시옹 밀가루와 물, 소금, 르뱅 리키드, 잘게 부순 이스트를 넣고 저속으로 4분간 믹싱한 뒤(→32쪽), 이어 중속으로 6분간 믹싱한다. 반죽은 믹싱볼 안쪽 벽에 달라붙지 않는 상태가 되어야 한다(손 반죽→30쪽). 잘게 썬 호두를 추가하고, 호두가 반죽에 잘 섞일 때까지 저속으로 믹싱한다. 반죽을 스텐볼에 넣고, 랩을 씌워 따뜻한 곳(25-28℃)에서 1시간 동안 발효시킨다(1차 발효).

2 1차 발효 시작 30분 후, 중간에 접기 작업을 해준다(→37쪽).

3 밀가루를 뿌린 작업대 위에서 둥글리기한 뒤(→38쪽), 면포로 덮어 따뜻한 곳(25-28℃)에서 30분 동안 휴지시킨다.

4 반죽을 공 모양으로 성형한다(→42쪽).

5 이음매를 아래로 두고 면포로 덮어 따뜻한 곳(25-28℃)에서 1시간 30분 동안 발효시킨다(2차 발효).

6 물을 채운 내열 용기와 철판을 넣고, 오븐을 (데크 오븐 기준) 240℃로 예열한다. 오븐에서 꺼낸 가열된 철판 위에 유산지를 깔고 반죽을 뒤집어 이음매를 아래로 하여 올린다. 쿠프 나이프를 이용해 십자 칼집을 넣는다(→51쪽).

7 오븐 바닥에 물을 뿌린 뒤 20-25분간 굽는다(굽는 동안 물을 채운 내열 용기를 오븐 안에 계속 넣어둔다).

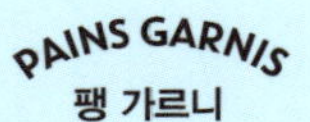

팽 카카오

PAIN CACAO 카카오빵

무가당 코코아 파우더와 크기가 큰 초콜릿 칩을 첨가한 파트 트라디시옹으로, 바타르 형태로 성형.

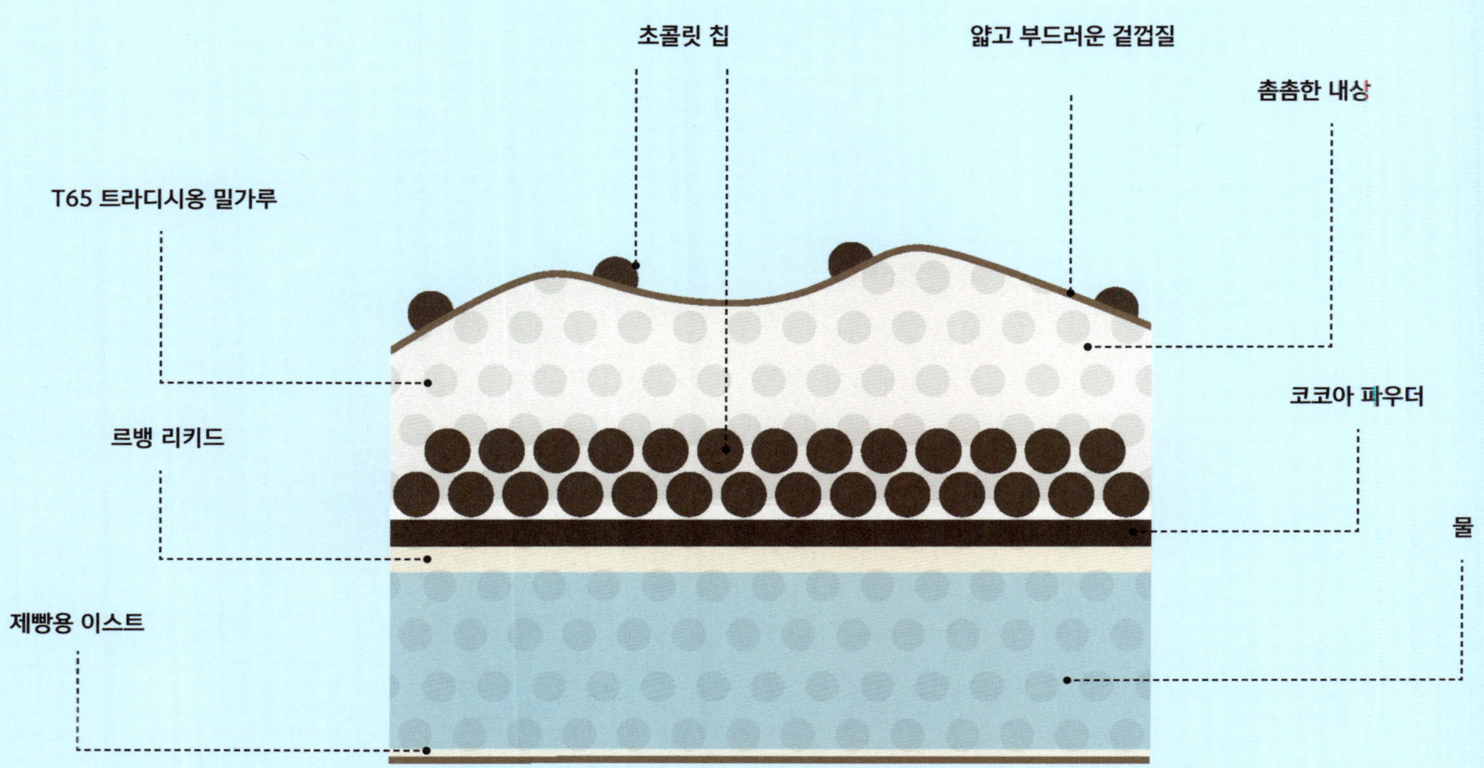

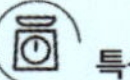 **특성**

중량: 150g
길이: 12cm
속살: 내상이 촘촘하다.
겉껍질: 얇고 부드럽다.

 **시간**

준비 시간: 45분
발효 시간: 3시간 30분–4시간(1차 발효 2시간, 휴지
30분, 2차 발효 1시간–1시간 30분)
굽는 시간: 15분

 **도구**

훅을 장착한 믹서, 스크레이퍼, 쿠프 나이프

 **주의**

초콜릿 칩이 반죽에 잘 섞이자마자 믹싱을 멈춰야
초콜릿이 녹는 것을 방지할 수 있다.

 **연습**

반죽하기(→32쪽)
둥글리기(→38쪽)
접기(→37쪽)
바타르 형태로 성형하기(→45쪽)
트라디시옹 칼집 넣기(→50쪽)

 **완성**

겉껍질이 막 굳어지기 시작했을 때.

 **보관**

3–4일.

3개

1 파트 트라디시옹 310g

T65 트라디시옹 밀가루 170g
20-25℃ 물 115g
르뱅 리키드 20g(→20쪽)
소금 4g
제빵용 생이스트 2g

2 가르니튀르

설탕 10g
무가당 코코아 파우더 20g
물 15g
초콜릿 칩 70g

3 바시나주

20-25℃의 물 15g

바시나주(물 추가)를 하는 이유는?

코코아 파우더가 들어간 반죽은 매우 돼서 반죽을 부드럽게 하기 위해 바시나주를 한다. 믹싱의 마지막에 물을 추가하면 처음부터 많은 양의 물을 한꺼번에 넣고 믹싱하는 것을 피할 수 있다.

1 믹서에 트라디시옹 밀가루와 물, 소금, 르뱅 리키드, 잘게 부순 이스트를 넣고 저속으로 4분간 믹싱한 뒤(→32쪽), 이어 중속으로 6분간 믹싱한다. 반죽은 믹싱볼 안쪽 벽에 달라붙지 않는 상태가 되어야 한다(손 반죽→30쪽).

2 설탕과 코코아 파우더, 물 15g을 추가하고 반죽이 균일하게 섞일 때까지 저속으로 믹싱한다.

3 바시나주(→282쪽)용 물을 추가한 뒤 물이 반죽에 완전히 섞여 들어갈 때까지 계속해서 서서히 믹싱한다.

4 초콜릿 칩을 추가한 뒤, 초콜릿이 잘 섞일 때까지 저속으로 믹싱한다.

5 반죽을 스텐볼에 넣고, 랩을 씌워 따뜻한 곳(25-28℃)에서 30분 동안 발효시킨다(1차 발효). 접기 작업을 한 뒤(→37쪽), 반죽을 다시 스텐볼에 넣고 랩을 씌워 따뜻한 곳(25-28℃)에서 30분 동안 발효시킨다(1차 발효).

6 두번째 접기를 한 뒤, 반죽을 다시 스텐볼에 넣고 랩을 씌워 따뜻한 곳(25-28℃)에서 1시간 더 발효시킨다(1차 발효).

7 스크레이퍼를 이용하여 반죽을 약 150g씩 세 덩어리로 분할한 뒤, 밀가루를 뿌린 작업대 위에서 둥글리기한다(→38쪽).

8 반죽을 면포로 덮어 따뜻한 곳(25-28℃)에서 30분간 휴지시킨다.

9 반죽을 바타르 형태로 성형한다(→45쪽).

10 이음매를 아래로 두고 유산지 위에 반죽을 올려놓은 뒤, 면포로 덮어 따뜻한 곳(25-28℃)에서 1시간 30분 동안 발효시킨다(2차 발효).

11 물을 채운 내열 용기와 철판을 넣고, 오븐을 (데크 오븐 기준) 240℃로 예열한다. 오븐에서 꺼낸 가열된 철판 위에 유산지를 깔고 반죽을 올린 뒤 쿠프 나이프를 이용해 트라디시옹 칼집을 넣는다(→51쪽).

12 오븐 바닥에 물을 뿌린 뒤 15분간 굽는다(굽는 동안 물을 채운 내열 용기를 오븐 안에 계속 넣어둔다).

미니 헤이즐넛
무화과빵

PETIT PAIN NOISETTES-FIGUES

구운 혼합 곡물, 무화과, 헤이즐넛을 첨가하고 T65 밀가루와 르뱅 뒤르를 넣은 빵 반죽으로, 번 형태로 성형.

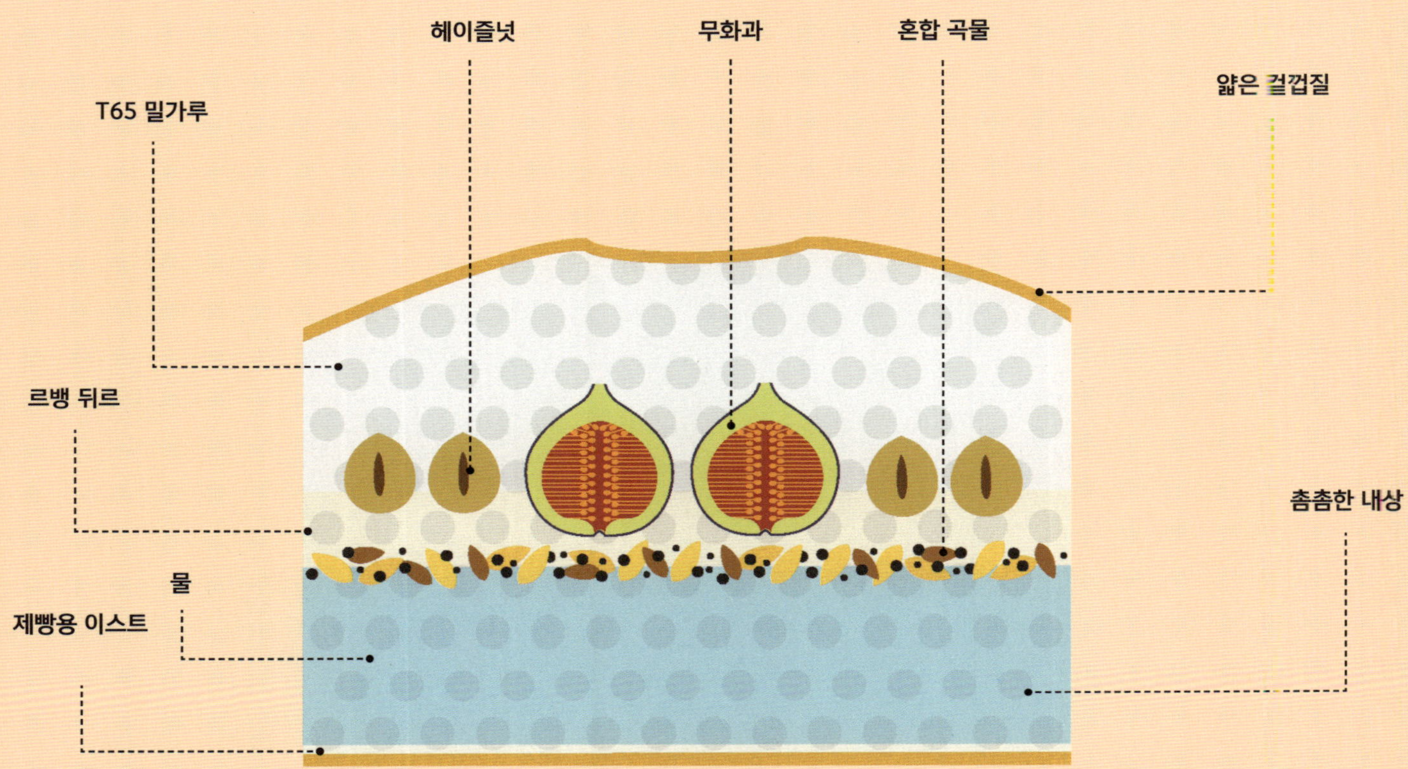

 **특성**

중량: 75g
크기: 지름 10cm
속살: 내상이 촘촘하다.
겉껍질: 얇다.

 **시간**

준비 시간: 25분
발효 시간: 3시간-3시간 30분(1차 발효 1시간, 휴지 30분, 2차 발효 1시간 30분-2시간)
굽는 시간: 15분

 **도구**

훅을 장착한 믹서, 스크레이퍼, 쿠프 나이프

 **연습**

반죽하기(→32쪽)
둥글리기(→38쪽)
공 모양으로 성형하기(→42쪽)
접기(→37쪽)
십자 칼집 넣기(→51쪽)

 **팁**

혼합 곡물에 다 흡수되지 않고 남은 물기는 반죽에 혼합 곡물을 집어넣기 전에 털어준다.

 **완성**

겉껍질이 충분히 노릇해지고 위를 두드리면 속이 빈 소리가 날 때.

 **보관**

3일.

6개

반죽

T65 밀가루 190g, 물 130g, 르뱅 뒤르(→22쪽) 60g,
제빵용 생이스트 2g, 소금 4g

가르니튀르

혼합 곡물 30g(참깨, 노란 아마씨, 갈색 아마씨, 조, 양귀
비씨 등), 헤이즐넛 15g, 무화과 15g, 물 30g

전날 작업

1 180℃ 오븐에서 10분간 혼합 곡물과 헤이즐넛을
구운 뒤 식힌다. 이를 물과 함께 스텐볼에 담은 뒤,
상온에서 보관한다.

당일 작업

2 믹서에 밀가루, 잘게 부순 르뱅 뒤르 및 이스트, 물,
소금을 넣고 저속으로 4분간 믹싱한 뒤(→32쪽),
이어 중속으로 6분간 믹싱한다. 반죽은 믹싱볼 안
쪽 벽에 달라붙지 않는 상태가 되어야 한다.

3 헤이즐넛과 4등분한 무화과, 혼합 곡물을 넣은 뒤
재료가 서로 잘 섞이도록 저속으로 믹싱한다.

4 반죽을 스텐볼에 넣은 뒤, 랩을 씌워 상온에서 30
분간 발효시킨다(1차 발효). 접기 작업을 하고 난
뒤(→37쪽), 다시 스텐볼에 반죽을 넣고 30분 더
발효시킨다(1차 발효).

5 스크레이퍼를 이용하여 반죽을 75g씩 여섯 덩어리
로 분할한 뒤, 둥글리기하고(→38쪽) 밀가루를 뿌
린 작업대 위에서 면포를 덮어 30분간 휴지시킨다.

6 공 모양으로 성형한 뒤(→42쪽), 이음매를 아래로
두고 유산지 위에 올려놓은 다음 면포로 덮어 따뜻
한 곳(25~28℃)에서 1시간 30분~2시간 동안 발효
시킨다(2차 발효).

7 각각의 반죽 위에 십자 칼집을 넣은 뒤(→51쪽) 물
을 채운 내열 용기와 철판을 넣고, 오븐을 (데크 오
븐 기준) 240℃로 예열한다. 오븐에서 꺼낸 가열된
철판 위에 유산지를 깔고 반죽을 올린다. 오븐 바
닥에 물을 뿌린 뒤 15분간 굽는다(굽는 동안 물을
채운 내열 용기를 오븐 안에 계속 넣어둔다).

미니 뮤즐리빵

PETIT PAIN MUESLI

뮤즐리를 첨가한 파트 비에누아즈로, 번 형태로 성형.

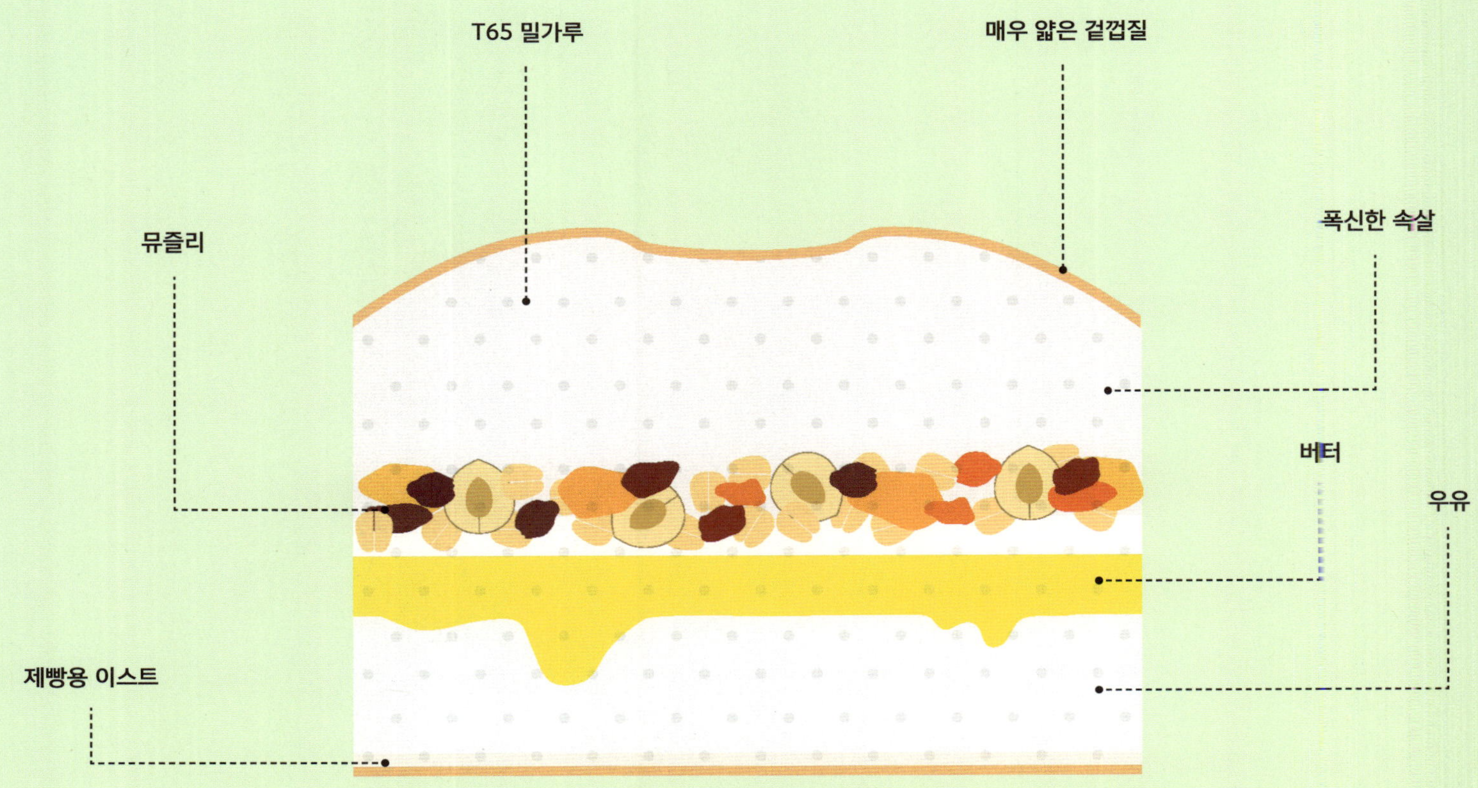

 **특성**

중량: 80g
크기: 지름 10cm
속살: 폭신하다.
겉껍질: 매우 얇고 부드럽다.

 **시간**

준비 시간: 30분
발효 시간: 8시간(1차 발효 30분, 저온 발효 5시간,
휴지 30분, 2차 발효 2시간)
굽는 시간: 15분

 **도구**

훅을 장착한 믹서, 스크레이퍼, 시누아, 붓

 **연습**

반죽하기(→32쪽)
접기(→37쪽)
둥글리기(→38쪽)
공 모양으로 성형하기(→42쪽)
달걀물 바르기(→48쪽)
폴카 칼집 넣기(→51쪽)

 **팁**

귀리 플레이크(압착 귀리)가 들어간 뮤즐리를 사용
하며, 생과일은 물이 너무 많이 느 오므로 피하도록
한다.

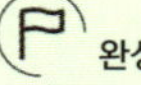 **완성**

겉껍질이 충분히 노릇해졌을 때.

 **보관**

최대 1~2일.

6개

파트 비에누아즈

T65 밀가루 240g	우유 150g
소금 5g	제빵용 생이스트 5g
설탕 20g	버터 40g

가르니튀르

뮤즐리 60g(압착 귀리, 헤이즐넛, 건포도, 말린 열대과일 등)

달걀물

달걀 1개, 우유 3g, 소금 1꼬집

1 파트 비에누아즈를 준비한다(→60쪽).

2 뮤즐리를 추가하고 저속으로 믹싱하여 반죽 속에 잘 섞이도록 한다.

3 반죽을 스텐볼에 넣고, 랩을 씌워 30분 동안 발효시킨다(1차 발효).

4 접기 작업을 하고(→37쪽), 스텐볼 안의 반죽이 닿게끔 랩을 씌운 뒤(→285쪽), 냉장고에서 5시간 더 발효시킨다(저온 발효).

5 스크레이퍼를 이용하여 반죽을 80g씩 여섯 덩어리로 분할한 뒤, 둥글리기하고(→38쪽) 밀가루를 뿌린 작업대 위에서 면포로 덮어 30분간 휴지시킨다.

6 공 모양으로 성형하고(→42쪽), 이음매를 아래로 가게 하여 유산지 위에 올린다.

7 붓으로 반죽에 달걀물을 바른다(→48쪽). 이어 폴카 칼집을 넣어준 뒤(→51쪽), 면포로 덮어 따뜻한 곳(25-28℃)에서 2시간 동안 반죽을 발효시킨다(2차 발효).

8 철판을 넣고 오븐을 200℃로 예열한다. 오븐에서 꺼낸 가열된 철판 위에 유산지를 깔고 반죽을 올린다. 필요할 경우 반죽에 다시 달걀물을 바르고 오븐에 넣어 15분간 굽는다.

팽 오 프로마주

PAIN AU FROMAGE 치즈빵

밀가루와 호밀가루를 넣고 속재료로 치즈가 들어간 파트 페르망테로, 작은 바타르 형태로 성형.

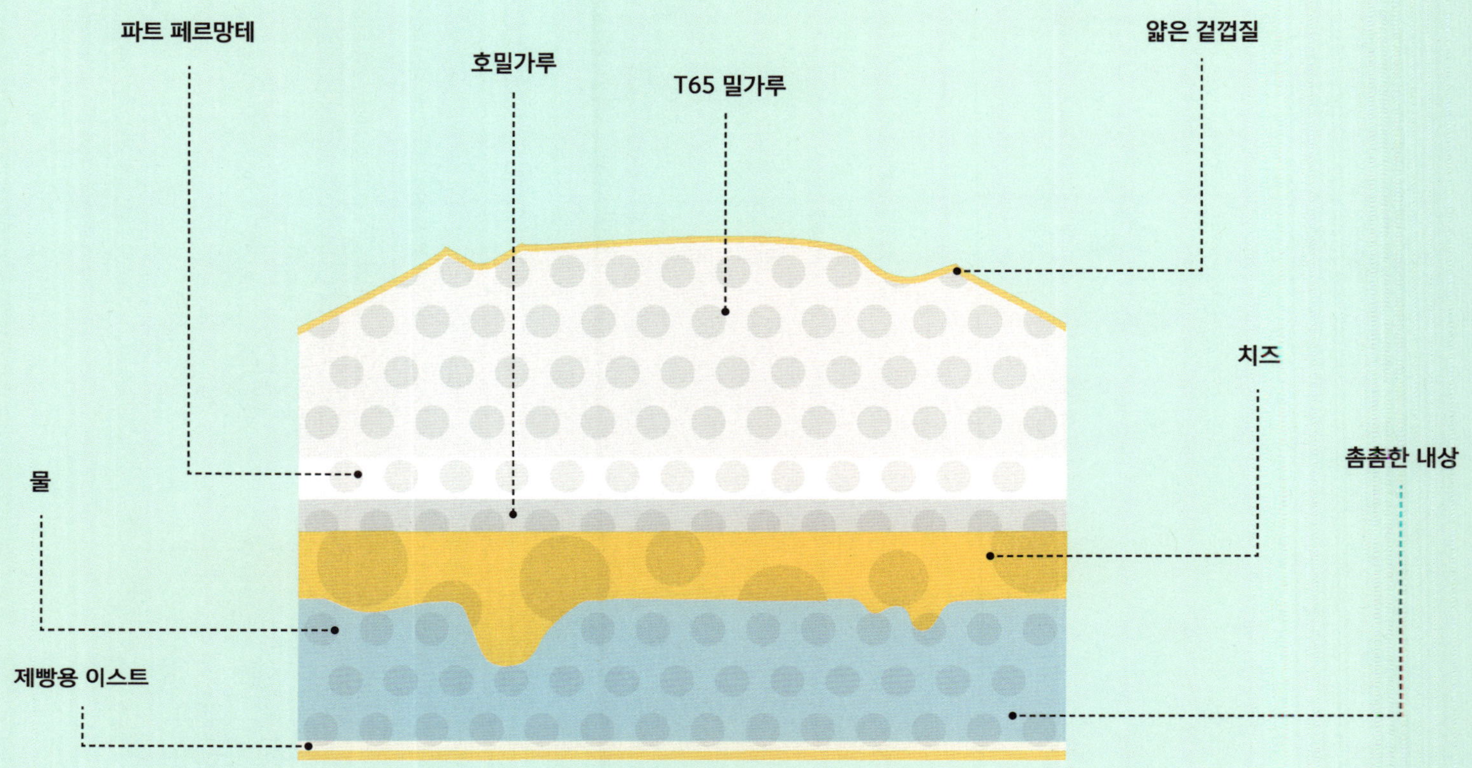

 **특성**

중량: 200g
크기: 15cm
속살: 내상이 촘촘하다.
겉껍질: 얇다.

 **시간**

준비 시간: 30분
발효 시간: 2시간 30분(1차 발효 1시간, 휴지 30분,
2차 발효 1시간)
굽는 시간: 20-25분

 **도구**

훅을 장착한 믹서, 스크레이퍼, 쿠프 나이프

 **주의**

구울 때 빵 상태가 촉촉한 상태를 유지하도록 주의
한다.

 **연습**

반죽하기(→32쪽)
둥글리기(→38쪽)
바타르 형태로 성형하기(→45쪽)
소시송 칼집 넣기(→51쪽)

 **팁**

2차 발효가 끝날 때쯤 반죽이 다 부풀어올랐다면 반
죽을 손가락으로 가볍게 눌렀을 때 누른 자국이 더
이상 남지 않아야 한다.

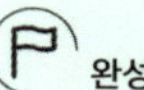 **완성**

빵이 충분히 노릇해지고 위를 두드리면 속이 빈 소
리가 날 때.

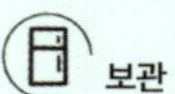 **보관**

2-3일.

2

4

6-1

6-2

8

3개

반죽

파트 페르망테 60g(→54쪽)
T65 밀가루 250g　　호밀가루 30g
20-25℃의 물 200g　　제빵용 생이스트 3g
소금 5g

가르니튀르

콩테 혹은 캉탈 치즈 120g

마무리

T65 밀가루 15g

1 믹서에 밀가루, 호밀가루, 물, 잘게 부순 이스트, 파트 페르망테, 소금을 넣고 저속으로 4분간 믹싱한 뒤(→32쪽), 이어 중속으로 6분간 믹싱한다. 반죽은 믹싱볼 안쪽 벽에 달라붙지 않는 상태가 되어야 한다(손 반죽→30쪽).

2 치즈를 1cm 크기로 깍둑썰기 한 다음 반죽에 추가하고 믹싱하여 골고루 섞이도록 한다.

3 반죽을 스텐볼에 넣는다.

4 면포로 덮어 따뜻한 곳(25-28℃)에서 1시간 동안 발효시킨다(1차 발효).

5 스크레이퍼를 이용하여 반죽을 200g씩 세 덩어리로 분할한 뒤 둥글리기하고(→38쪽), 밀가루를 뿌린 작업대에서 위를 덮어 30분간 휴지시킨다.

6 바타르 형태로 성형한다(→45쪽).

7 이음매를 아래로 두고 유산지 위에 반죽을 올린 뒤, 면포로 덮어 따뜻한 곳(25-28℃)에서 1시간 동안 발효시킨다(2차 발효).

8 물을 채운 내열 용기와 철판을 넣고, 오븐을 (데크 오븐 기준) 250℃로 예열한다. 오븐에서 꺼낸 가열된 철판 위에 유산지를 깔고 반죽을 올린 뒤 소시송 칼집을 넣는다(→51쪽). 오븐 바닥에 물을 뿌린 뒤 20-25분간 굽는다(굽는 동안 물을 채운 내열 용기를 오븐 안에 계속 넣어둔다).

콩테 치즈comté　소젖으로 만든 프랑스 콩테 지방의 AOC(Appellation d'origine contrôlée, 프랑스 정부에서 원산지 품질 보증을 위해 법률로써 통제하는 원산지 라벨 표기) 치즈. 프랑스 정부에서 정한 규정과 방침에 따라 콩테 지방에서 제조된 치즈인 경우에만 콩테 치즈라 불린다.

미니 이탈리아빵

PETIT PAIN ITALIEN

올리브와 선드라이드 토마토, 프로방스 허브를 첨가한 파트 트라디시옹으로 작은 피셀 형태로 성형.

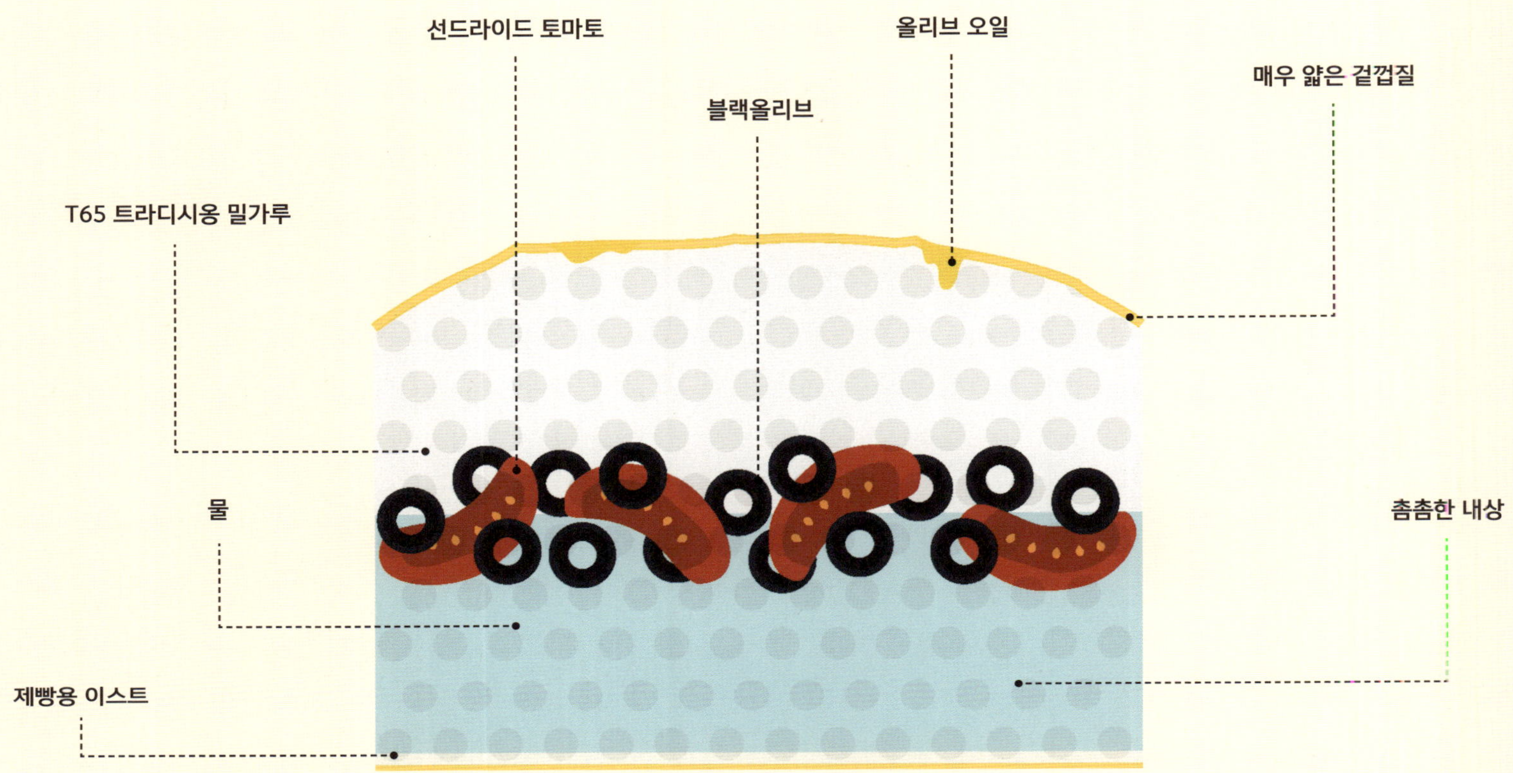

 **특성**

중량: 85g
길이: 20cm
속살: 내상이 촘촘하다.
겉껍질: 매우 얇고 연하다.

 **시간**

준비 시간: 25분
발효 시간: 3시간 30분(1차 발효 1시간 30분, 휴지 30분, 2차 발효 1시간 30분)
굽는 시간: 10분

 **도구**

훅을 장착한 믹서, 스크레이퍼, 붓

 **연습**

반죽하기(→32쪽)
접기(→37쪽)
길쭉한 모양 만들기(→38쪽)
피셀 형태로 성형하기(→44쪽)

 **완성**

겉껍질이 막 노릇해지기 시작할 때.

 **보관**

1일.

1

2

4

6

6개

파트 트라디시옹 410g

T65 트라디시옹 밀가루 245g
물 160g
제빵용 생이스트 4g
소금 4g

가르니튀르

씨를 제거한 블랙올리브 60g
선드라이드 토마토 40g
프로방스 허브 1꼬집
올리브 오일

1 올리브와 선드라이드 토마토는 물기를 잘 제거한
다. 파트 트라디시옹(→56쪽)을 준비한다. 믹서에
선드라이드 토마토와 올리브, 프로방스 허브 1꼬집
을 넣고 재료가 잘 섞일 때까지 저속으로 믹싱한다.

2 반죽을 스텐볼에 넣은 뒤, 랩을 씌워 상온에서 30
분 동안 발효시킨다(1차 발효).

3 접기 작업을 한 뒤(→37쪽), 반죽을 다시 스텐볼에
넣고 랩을 씌워 상온에서 다시 한번 1시간 동안 발
효시킨다(1차 발효).

4 스크레이퍼를 이용하여 반죽을 약 85g씩 여섯 덩
어리로 분할한 뒤, 반죽을 약간 길쭉한 모양으로 만
들어준다(→38쪽).

5 작업대 위에 밀가루를 뿌리고 반죽을 면포로 덮어
30분간 휴지시킨다.

6 반죽을 피셀 형태로 성형한 뒤(→44쪽), 이음매를
아래로 하여 유산지 위에 올려놓고 면포로 덮어 따
뜻한 곳(25-28℃)에서 1시간 30분 동안 휴지시킨
다(2차 발효).

7 물을 채운 내열 용기와 철판을 넣고, 오븐을 (데크
오븐 기준) 240℃로 예열한다. 오븐에서 꺼낸 가열
된 철판 위에 유산지를 깔고 반죽을 올린다. 오븐 바
닥에 물을 뿌린 뒤 10분간 굽는다(굽는 동안 물을
채운 내열 용기를 오븐 안에 계속 넣어둔다).

8 오븐에서 빵을 꺼낸 다음 붓을 이용하여 빵 위에 올
리브 오일을 살짝 바른다.

피셀 오 프로마주

FICELLE AU FROMAGE 치즈 피셀

휘핑 크림을 첨가한 파트 블랑슈로, 가는 바게트 형태로 성형한 뒤 가늘게 간 치즈, 플뢰르 드 셀,
혼합 곡물을 섞은 재료 위에 굴려서 토핑을 묻혀 굽는다.

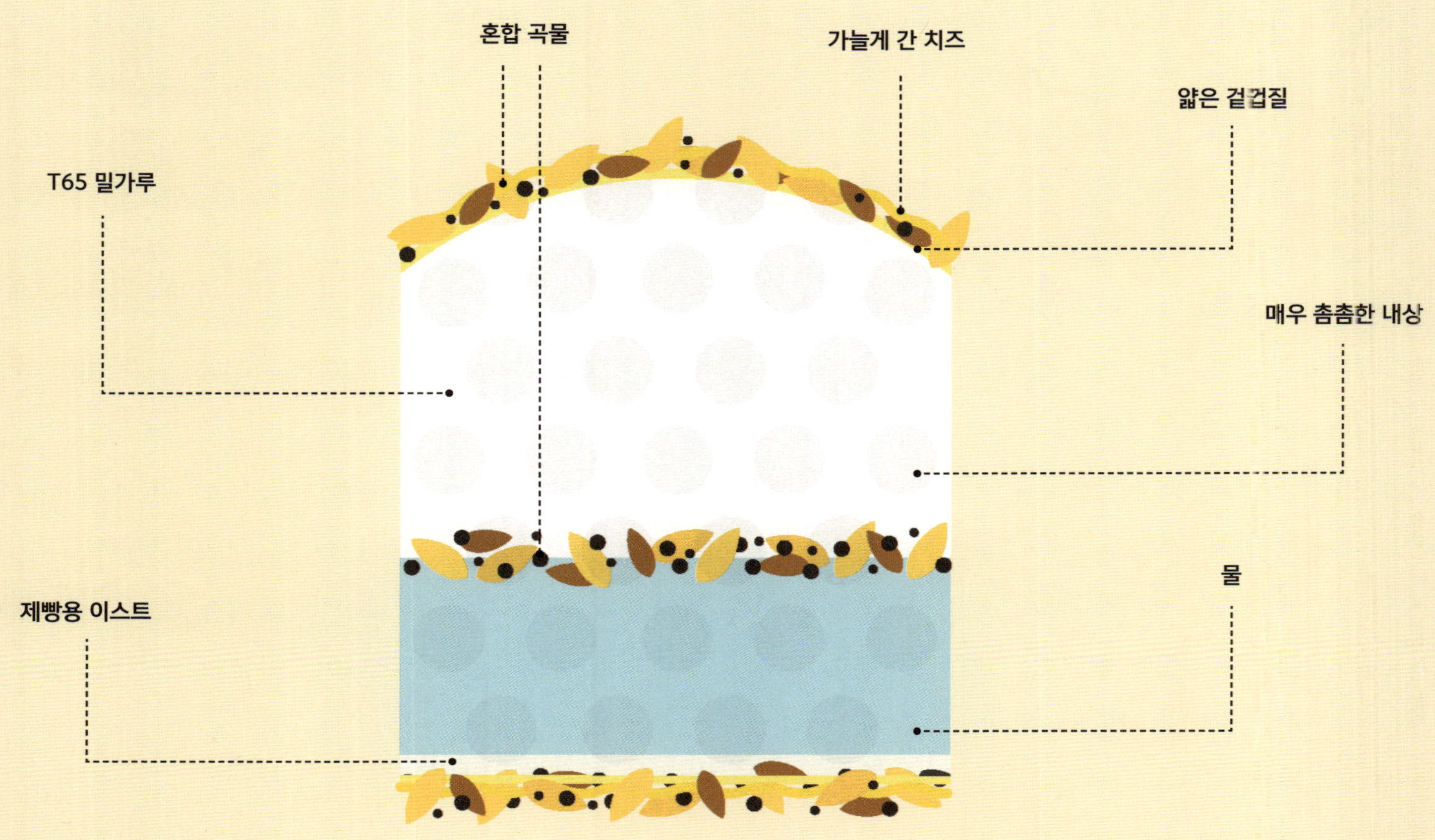

 **특성**

중량: 120g
크기: 25cm
속살: 내상이 매우 촘촘하고 균일하다.
겉껍질: 얇다.

시간

준비 시간: 이틀에 걸쳐 40분(하루에 20분씩)
발효 시간: 1시간 20분(1차 발효 20분, 2차 발효 1시간)
굽는 시간: 15-20분

도구

훅을 장착한 믹서, 스크레이퍼, 붓

주의

피셀 위에 혼합 곡물 및 치즈 혼합물의 토핑 재료를 묻히기.

연습

반죽하기(→32쪽)
피셀 형태로 성형하기(→44쪽)

완성

피셀이 노릇한 빛을 띨 때.

4개

1 파트 블랑슈 페르망테

T65 밀가루 125g
물 65g
소금 2g
제빵용 생이스트 1g

2 피셀 반죽

T65 밀가루 190g
물 40g
파트 블랑슈 페르망테 190g(→54쪽)
휘핑 크림 100g
소금 4g
제빵용 생이스트 3g
혼합 곡물(아마씨, 양귀비씨, 참깨 등) 70g

3 마무리

혼합 곡물(아마씨, 양귀비씨, 참깨 등) 60g
가늘게 간 치즈 50g
플뢰르 드 셀 2g

전날 작업

1. 파트 블랑슈를 만들고(→54쪽), 최소 24시간 동안 휴지시켜 파트 페르망테를 만든다.

당일 작업

2. 믹서에 밀가루와 물, 파트 페르망테, 휘핑 크림, 소금, 잘게 부순 이스트를 넣고 저속으로 4분간 믹싱한 뒤(→32쪽), 이어 중속으로 6분간 믹싱한다(손반죽→30쪽).

3. 혼합 곡물을 추가한 뒤 저속으로 믹싱하여 재료가 고루 섞이도록 한다.

4. 반죽을 스텐볼에 넣고 면포로 덮어 20분 동안 발효시킨다(1차 발효).

5. 스크레이퍼를 이용하여 반죽을 145g씩 네 덩어리로 분할한 뒤, 각각의 반죽 덩어리를 피셀 형태로 성형한다(→44쪽).

6. 붓을 이용하여 이음매 쪽에 물을 바른 뒤, 혼합 곡물과 플뢰르 드 셀, 가늘게 간 치즈가 담긴 접시 위에 피셀을 놓고 토핑을 묻힌다.

7. 유산지를 깐 철판 위에 이음매를 위로 두고 반죽을 올린 뒤, 면포로 덮어 따뜻한 곳(25-28℃)에서 1시간 동안 발효시킨다(2차 발효).

8. 물을 채운 내열 용기와 철판을 넣고, 오븐을 (데크 오븐 기준) 240℃로 예열한다. 오븐에서 꺼낸 가열된 철판 위에 유산지를 깔고 반죽을 올린다. 오븐 바닥에 물을 뿌린 뒤 15-20분간 굽는다(굽는 동안 물을 채운 내열 용기를 오븐 안에 계속 넣어둔다).

팽 쉬르프리즈

PAIN SURPRISE

밀가루와 호밀가루를 넣은 빵 반죽으로, 높은 세르클에 굽는다.
구운 후 속살 사이사이 속재료를 넣고 샌드위치처럼 자른다.

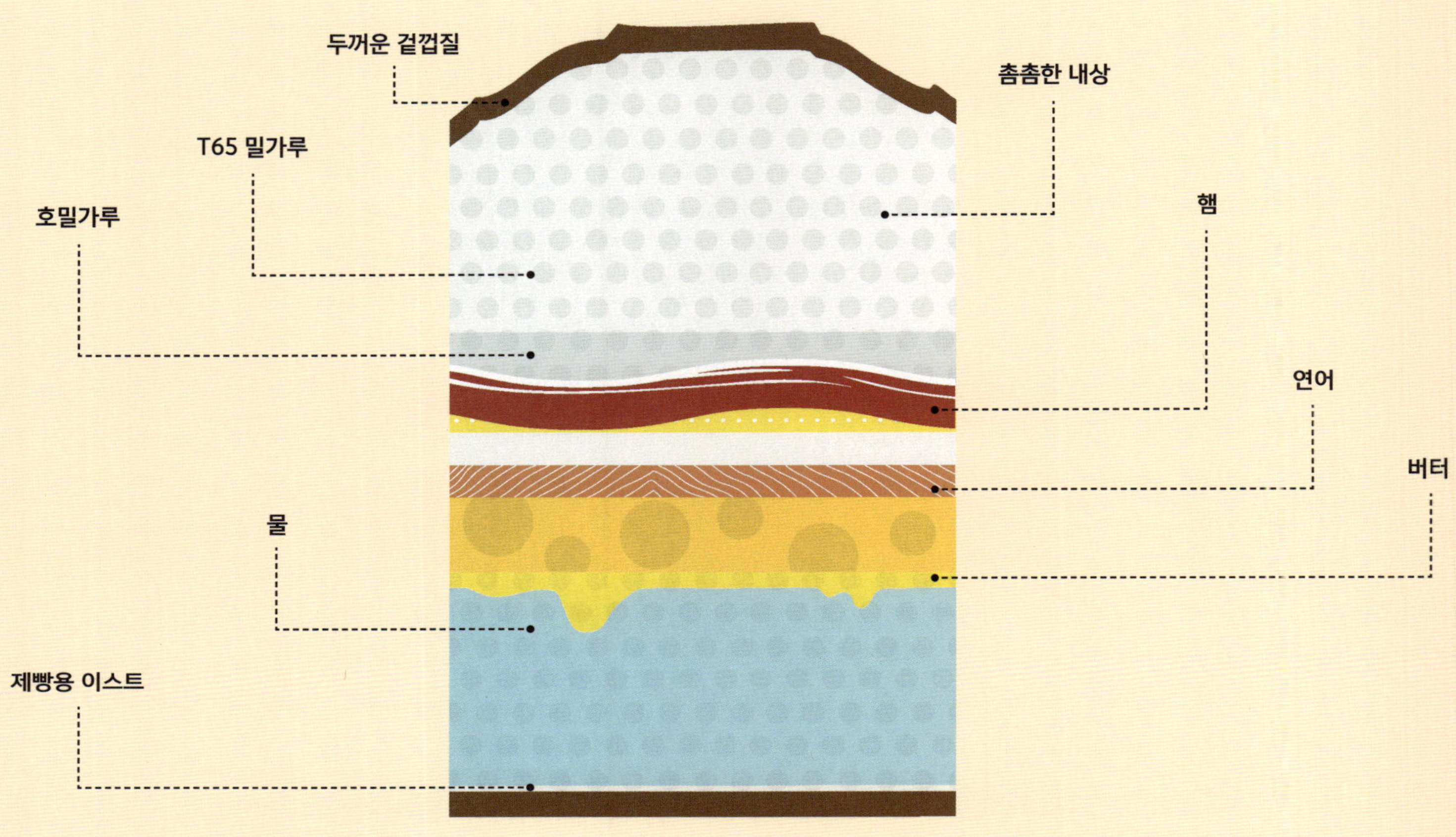

 **특성**

크기: 높이 35cm
중량: 2kg
속살: 내상이 촘촘하다.
겉껍질: 두껍다.

 **시간**

준비 시간: 40분
발효 시간: 2시간(1차 발효 30분, 2차 발효 1시간 30분)
굽는 시간: 1시간 20분

 **도구**

훅을 장착한 믹서, 체, 쿠프 나이프 및 빵칼, 지름 16cm, 높이 12cm의 세르클, 붓

 **주의**

빵의 속살이 부서지지 않도록 파내는 데에 주의.

 **연습**

반죽하기(→32쪽)
접기(→37쪽)
공 모양으로 성형하기(→42쪽)
폴카 칼집 넣기(→51쪽)

 **팁**

굽기 시작한 지 30분 후에 유산지로 빵을 덮어야 겉껍질이 너무 진한 갈색을 띠지 않는다.

 **완성**

빵의 윗부분이 충분히 노릇해지고 칼집낸 부분이 벌어졌을 때.

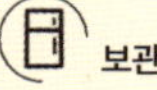 **보관**

공기가 통하지 않는 곳에서 4~5일.

세르클cercle 밑바닥이 없는 원형의 틀.

1개

샌드위치 60-70조각

1 반죽

T65 밀가루 725g
T170 호밀가루 80g
찬물 525g
제빵용 생이스트 12g
소금 15g

2 체에 치기

T65 밀가루 20g

3 틀

포마드 버터 40g(→284쪽)

4 가르니튀르

포마드 버터 25g(→284쪽)
가염 포마드 버터 25g(→284쪽)
프레시 치즈 100g
바욘 햄 6장
훈제 연어 4장
콩테 치즈 150g

프레시 치즈fromage frais 숙성을 거치지 않은 생 치즈.
바욘 햄jambon de Bayonne 돼지 뒷다리에 소금을 쳐 숙성해
만든 프랑스 바욘 지방의 특산 생 햄.

1 믹서에 밀가루와 호밀가루, 물, 잘게 부순 이스트 및 소금을 넣고 저속으로 4분간 믹싱한 뒤(→32쪽), 이어 중속으로 6분간 믹싱한다. 반죽은 믹싱 볼 안쪽 벽에 달라붙지 않는 상태가 되어야 한다 (손 반죽→30쪽).

2 작업대 위에 밀가루를 뿌리고 반죽을 면포로 덮어 상온에서 30분 동안 발효시킨다(1차 발효). 중간에 15분쯤 지나면 반죽을 반으로 접어 접기 작업을 한다(→37쪽).

3 공 모양으로 성형한 뒤(→42쪽), 붓으로 포마드 버터를 칠한 틀에 반죽을 집어넣는다.

4 면포로 덮어 따뜻한 곳(25-28℃)에서 1시간 30분 동안 반죽을 발효시키는데(2차 발효), 이때 반죽이 틀보다 약간 높게 올라와야 한다.

5 물을 채운 내열 용기와 철판을 넣고, 오븐을 (데크 오븐 기준) 240℃로 예열한다. 반죽 윗면에 밀가루를 체에 쳐서 뿌리고(→285쪽), 쿠프 나이프를 이용하여 폴카 칼집을 넣는다(→51쪽).

6 오븐 바닥에 물을 뿌린 뒤 40분간 굽고, 오븐의 온도를 180도로 낮춘 뒤 계속해서 40분간 더 굽는다(굽는 동안 물을 채운 내열 용기를 오븐 안에 계속 넣어둔다). 굽기가 끝나기 5-10분 전 오븐의 문을 살짝 열어두고, 굽기가 끝나면 틀에서 빵을 꺼내어 식힌다.

7 커다란 빵칼을 이용하여 빵의 뚜껑 부분을 잘라내고, 빵의 바닥 부분을 1cm 두께로 잘라낸다. 빵칼의 끝을 속살과 겉껍질 사이에 세로로 밀어넣고, 칼을 위아래로 움직이며 빵의 둘레를 따라 속살을 통으로 도려내 겉껍질과 분리한다. 위에서 살짝 눌러주면서 속살 부분을 조심스럽게 떼어낸 뒤, 속이

빈 겉껍질 부분과 앞서 잘라낸 뚜껑 부분을 한쪽에 따로 놓는다.

8 속살을 옆으로 눕혀 약 5mm 두께로 잘라 이십 여 장을 만든다.

9 잘라둔 속살 부분에서 4장에 포마드 버터를 바르고, 그 위에 바욘 햄을 얹는다. 다른 3장에는 가염 포마드 버터를 바르고, 얇게 슬라이스한 콩테 치즈를 얹는다. 또 다른 3장에는 상 치즈를 바르고, 그 위에 훈제 연어 슬라이스를 올린다.

10 얇게 자른 속살 조각 위에 속재료를 넣고 다른 조각으로 덮어 샌드위치를 만든 다음 이를 여섯 조각으로 자른다.

11 서빙 접시 위에 속을 파낸 겉껍질을 올리고, 겉껍질 안쪽에 맛이 다른 샌드위치 조각을 교차로 집어넣어 속살 부분을 완성한다. 그 우에 7에서 잘라낸 빵의 뚜껑 부분을 다시 올려놓는다.

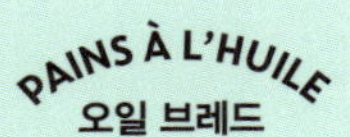

차바타

CIABATTA

밀가루, 르뱅 리키드, 올리브 오일을 넣은 반죽으로, 직사각형 형태로 성형.

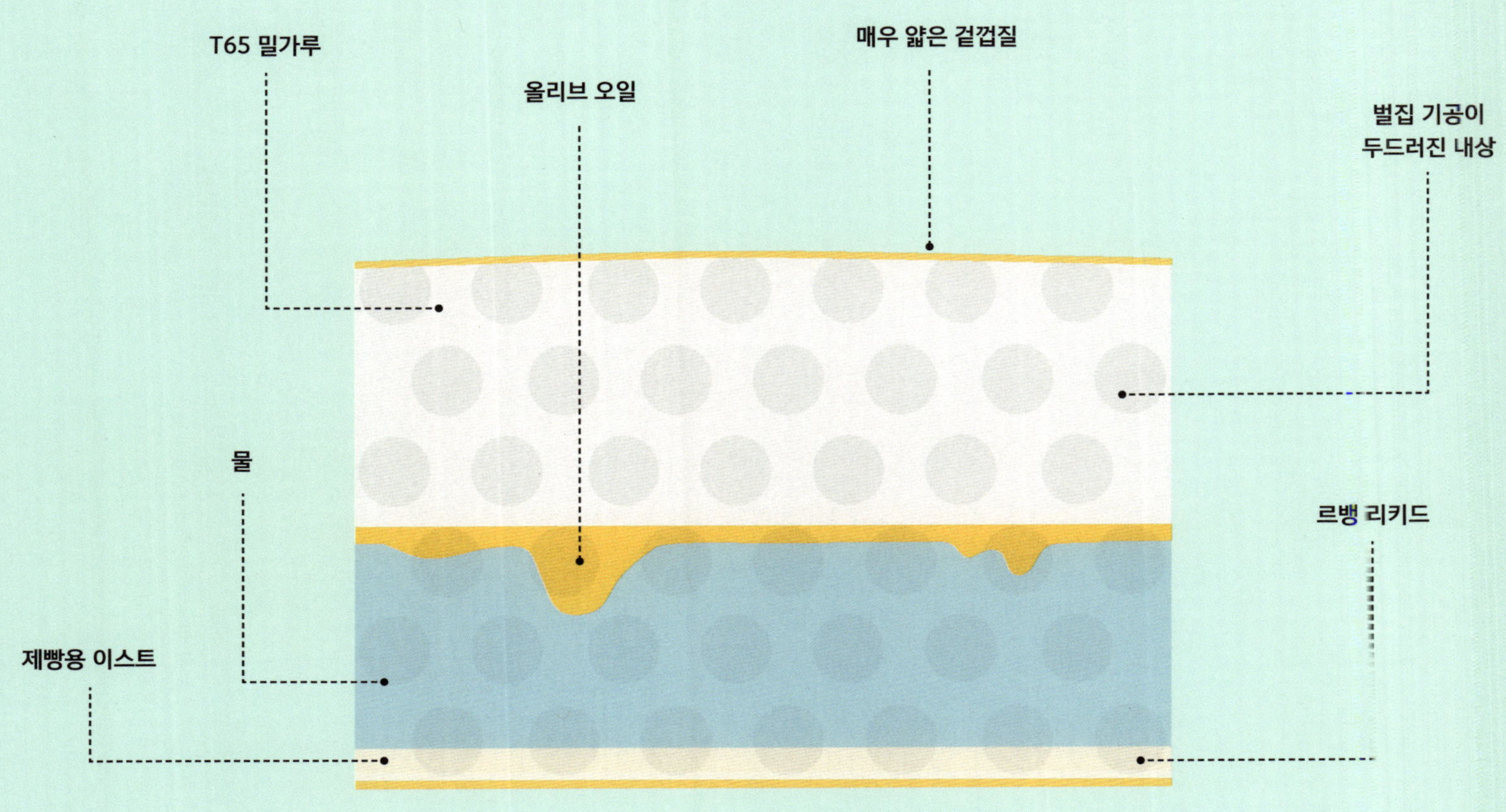

 **특성**

중량: 200g
크기: 15cm
속살: 내상에 벌집 기공이 두드러진다.
겉껍질: 매우 얇고 연하다.
풍미: 미약하게 산미가 느껴지는 올리브 오일 풍미.

🕐 **시간**

준비 시간: 30분
발효 시간: 3시간(1차 발효 1시간, 2차 발효 2시간)
굽는 시간: 15분

 **도구**

훅을 장착한 믹서

✋ **연습**

반죽하기(→32쪽)
접기(→37쪽)
성형하기(→40쪽)

🏁 **완성**

빵의 색상이 약간 진해지기 시작할 때.

📦 **보관**

공기가 통하지 않는 곳에서 약 2일.

3

4

6

5

7

8

2개

반죽

T65 밀가루 205g 물 145g

소금 4g 르뱅 리키드 25g(→20쪽)

제빵용 생이스트 1g 올리브 오일 20g

혹은 르뱅이 들어가지 않은 반죽

T55 밀가루 220g 상온의 물 155g

소금 4g 제빵용 생이스트 4g

올리브 오일 18g

마무리

밀가루 10g

1 믹서에 밀가루와 물, 소금, 르뱅 리키드, 잘게 부순 이스트를 넣는다.

2 저속으로 4분간 믹싱한 뒤(→32쪽), 이어 중속으로 6분간 믹싱한다(손 반죽→30쪽).

3 올리브 오일을 조금씩 붓고, 오일이 완전히 섞일 때까지 계속해서 천천히 믹싱한다.

4 반죽을 스텐볼에 넣은 뒤, 면포로 덮어 따뜻한 곳(25-28℃)에서 30분 동안 발효시킨다(1차 발효).

5 접기 작업을 하고(→37쪽), 면포로 덮어 따뜻한 곳(25-28℃)에서 다시 한번 30분 동안 발효시킨다(1차 발효).

6 스크레이퍼를 이용하여 반죽을 200g씩 두 덩어리로 분할한 뒤, 직사각형으로 성형한다(→40쪽).

7 반죽의 이음매를 아래로 두고 유산지 위에 올린 뒤, 면포로 덮어 따뜻한 곳(25-28℃)에서 2시간 동안 발효시킨다(2차 발효).

8 물을 채운 내열 용기와 철판을 넣고, 오븐을 260℃로 예열한다. 밀가루를 체에 쳐서 반죽 위에 뿌린 뒤(→285쪽), 오븐에서 꺼낸 가열된 철판 위에 유산지를 깔고 반죽을 올린다. 오븐 바닥에 물을 뿌린 뒤, 240℃에서 15분간 굽는다(굽는 동안 물을 채운 내열 용기를 오븐 안에 계속 넣어둔다).

포카차

FOCACCIA

올리브 오일을 넣어 만든 반죽으로, 평평한 직사각형 형태로 성형.

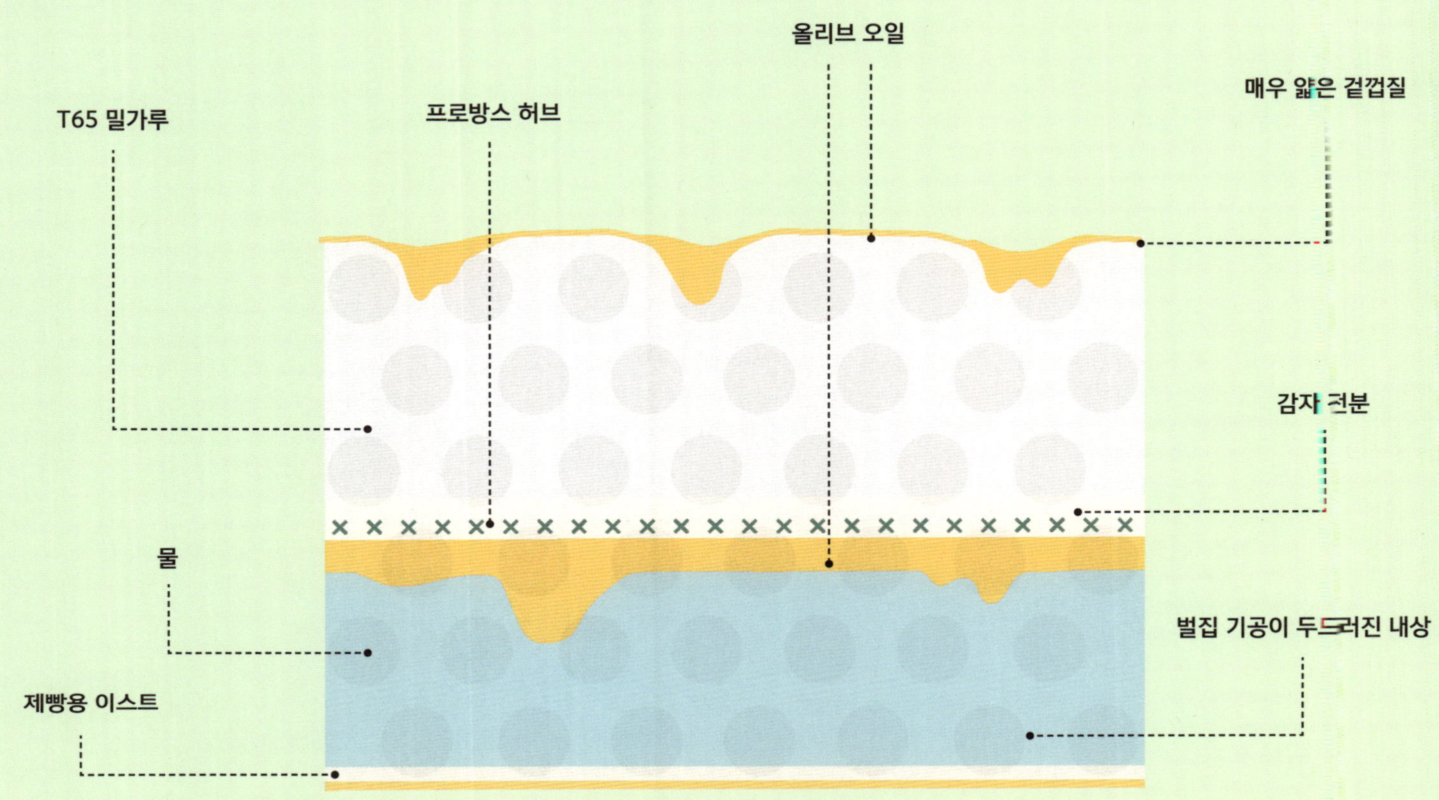

 **특성**

중량: 200g
크기: 약 20 × 15cm
속살: 내상에 벌집 기공이 두드러진다.
겉껍질: 연하다.

 **시간**

준비 시간: 20분
발효 시간: 2시간 30분 (1차 발효 1시간, 휴지 30분,
2차 발효 1시간)
굽는 시간: 10분

도구

훅을 장착한 믹서, 스크레이퍼, 붓, 밀대

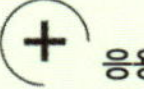 **응용**

피자처럼 토핑한 포카차.

 **주의**

반죽에 구멍이 나지 않도록 유의.

 **연습**

반죽하기(→32쪽)
접기(→37쪽)
둥글리기(→38쪽)

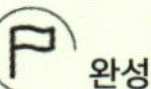 **완성**

살짝 색이 나면서 부드러움을 유지하고 있을 때.

 **보관**

반죽에 랩을 씌워 냉장고에서 24시간.

2개

1 반죽

T65 밀가루 190g
물 140g
소금 4g
제빵용 생이스트 6g
감자 전분 35g

2 가르니튀르

프로방스 허브 2g
올리브 오일 25g

3 마무리

올리브 오일 5g

포카차와 차바타의 차이점은?

포카차에는 르뱅이 들어가지 않아 산미가
덜하다. 또한 포카차는 발효 시간이 더 짧
으며, 그에 따라 덜 가벼운 질감의 내상이
만들어진다.

1 믹서에 밀가루와 물, 소금, 잘게 부순 이스트, 감자 전분, 프로방스 허브를 넣고 저속으로 4분간 믹싱한 뒤(→32쪽), 이어 중속으로 6분간 믹싱한다. 반죽은 믹싱볼 안쪽 벽에 달라붙지 않는 상태가 되어야 한다(손 반죽→30쪽).

2 올리브 오일을 가는 줄기 형태로 떨어뜨려 넣어주면서 반죽에 오일이 완전히 섞일 때까지 저속으로 계속 믹싱한다.

3 반죽을 스텐볼에 넣은 뒤, 면포로 덮어 따뜻한 곳(25-28℃)에서 30분 동안 발효시킨다(1차 발효).

4 접기 작업을 한 뒤(→37쪽), 반죽을 스텐볼에 넣고 면포로 덮어 따뜻한 곳(25-28℃)에서 다시 한번 30분 동안 발효시킨다(1차 발효).

5 스크레이퍼를 이용하여 반죽을 200g씩 두 덩어리로 분할한 뒤, 꽉 조이면서 둥글리기한다(→38쪽).

6 반죽을 유산지 위에 올리고 면포로 덮어 따뜻한 곳(25-28℃)에서 30분 동안 휴지시킨다.

7 각각의 반죽 덩어리를 밀대로 밀어 두께 2cm, 20×15cm 길이의 직사각형이 되게 만든다.

8 면포로 덮어 따뜻한 곳(25-28℃)에서 1시간 동안 발효시킨다(2차 발효).

9 물을 채운 내열 용기와 철판을 넣고, 오븐을 (데크 오븐 기준) 260℃로 예열한다. 가열된 철판을 오븐에서 꺼낸다. 반죽을 올려놓은 유산지를 미끄러지듯이 철판 위로 옮긴다. 바닥이 찢어지지 않도록 주의하면서, 손가락으로 반죽거 움푹 패인 구멍을 30여 개 만든다.

10 오븐 바닥에 물을 뿌린 뒤 10분간 굽는다(굽는 동안 물을 채운 내열 용기를 오븐 안에 계속 넣어둔다).

푸가스

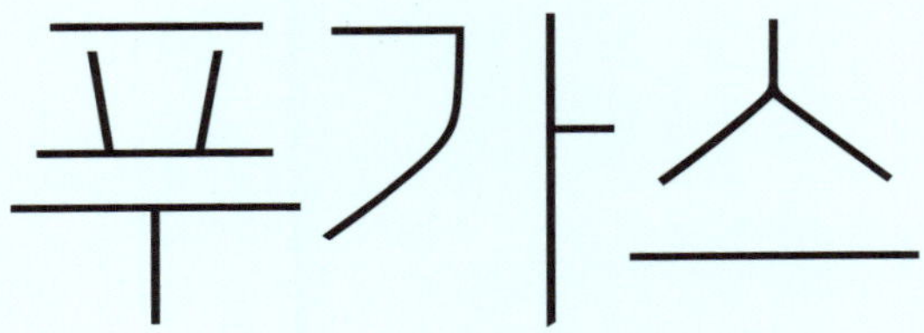

FOUGASSE

백밀가루, 제빵용 이스트, 올리브 오일을 넣은 빵으로, 프로방스 허브로 향미를 더하고 올리브를 넣어 영양을 높인다.
평평한 직사각형 형태로 성형하고 반죽에 사선으로 구멍을 만들어 넣는다.

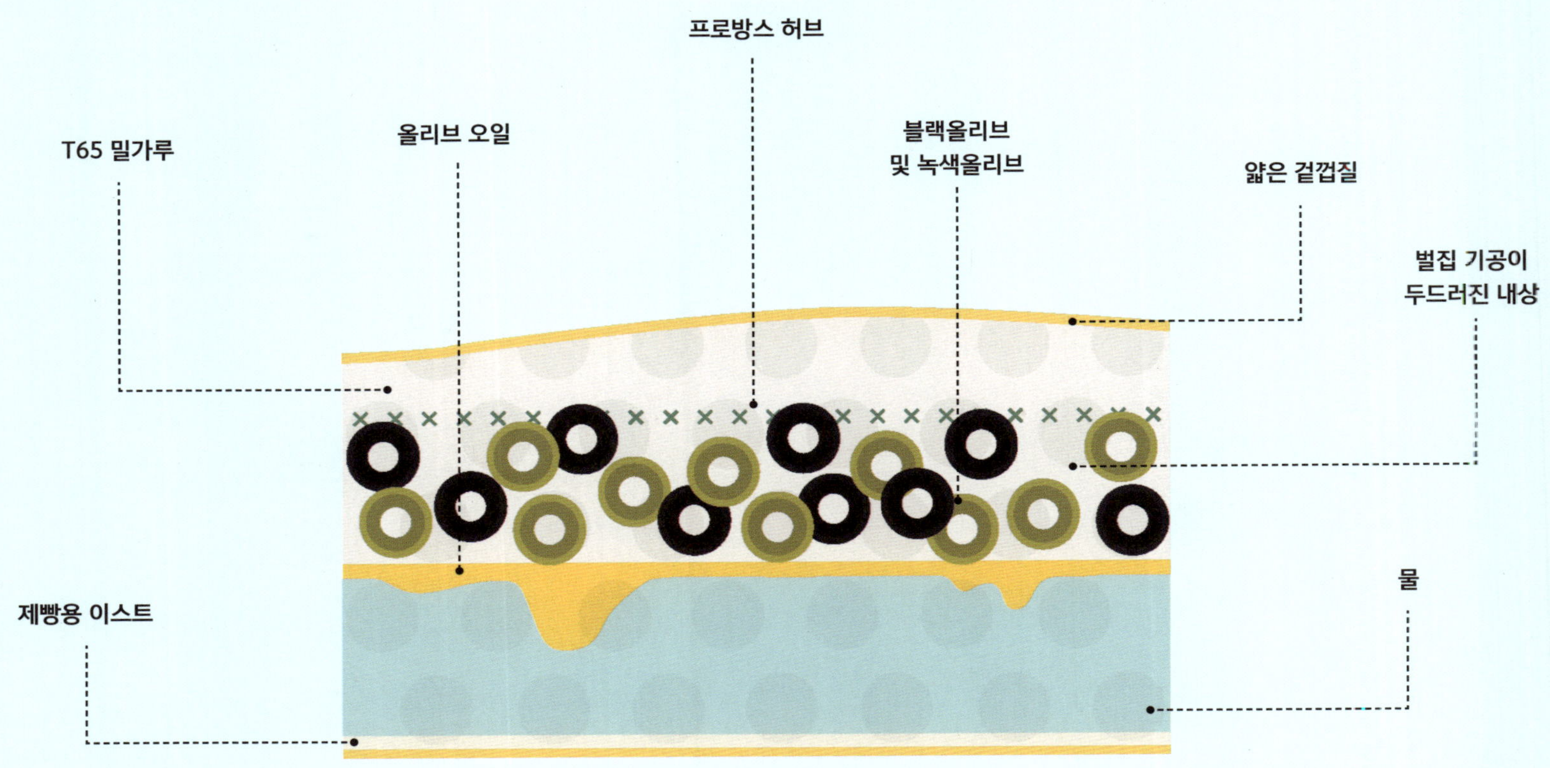

 **특성**

중량: 300g
크기: 15×30cm
속살: 내상에 벌집 기공이 두드러진다.
겉껍질: 얇다.

시간

준비 시간: 45분
발효 시간: 45분(1차 발효)
굽는 시간: 12분

 **도구**

훅을 장착한 믹서, 밀대, 쿠프 나이프

주의

반죽에 구멍을 내는 칼집 넣기.

연습

반죽하기(→32쪽)
칼집 넣기(→50쪽)

1

2

1개

1 반죽

T65 밀가루 140g
물 95g
소금 3g
제빵용 생이스트 3g
프로방스 허브 5g
올리브 오일 10g

2 마무리

올리브 슬라이스 60g

반죽에 구멍을 내는 이유는?

겉껍질 표면이 늘어나 바삭한 식감을 만
들어낼 수 있기 때문이다. 속살과 겉껍질
의 비율을 적절하게 만들 수 있다.

2

3-1

3-2

4

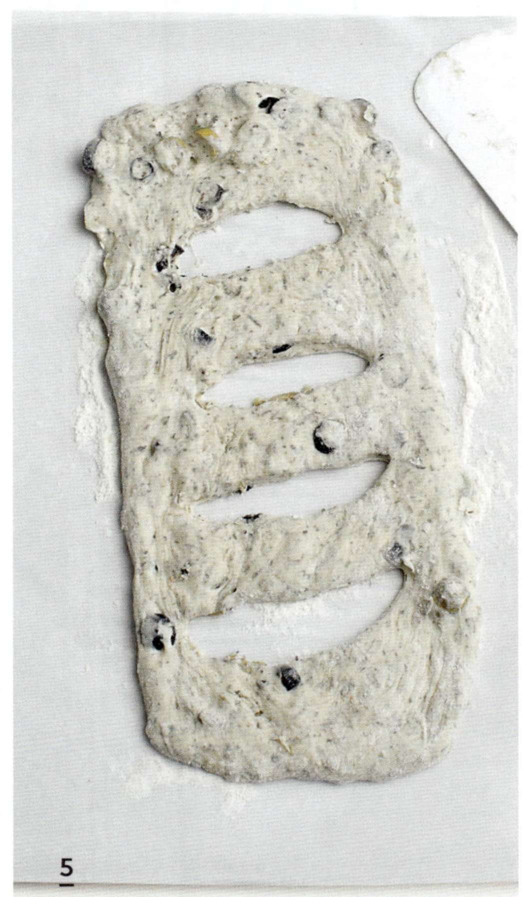

5

6

1 믹서에 밀가루와 물, 소금, 잘게 부순 이스트, 프로방스 허브를 넣고 저속으로 4분간 믹싱한 뒤(→32쪽), 이어 중속으로 6분간 믹싱한다. 반죽은 믹싱볼 안쪽 벽에 달라붙지 않는 상태가 되어야 한다 (손 반죽→30쪽).

2 올리브 오일을 가는 줄기로 떨어뜨려 넣어주면서 반죽에 오일이 완전히 섞일 때까지 저속으로 계속 믹싱한다.

3 반죽을 스텐볼에 넣은 뒤, 랩을 씌워 따뜻한 곳(25-28℃)에서 45분 동안 발효시킨다(1차 발효).

4 커다란 직사각형으로 성형한 뒤, 밀가루를 뿌린 유산지 위에 올린다.

5 반죽을 사선으로 두고 밀대로 약 2cm 두께로 밀어 편다. 스크레이퍼로 네 개의 구멍을 내고 손으로 잘 벌려준다.

6 철판을 넣고, 오븐을 (데크 오븐 기준) 260℃로 예열한다. 가열된 철판을 오븐에서 꺼낸다. 반죽을 올려놓은 유산지를 미끄러뜨리듯이 철판 위로 옮긴 뒤, 오븐에 넣어 12분간 굽는다.

그레생

GRESSIN

올리브 오일을 발라 구운 가늘고 긴 막대 모양의 빵.
이탈리아 토리노 지방에서 시작된 그래생은 아무것도 첨가하지 않은 상태로 만들거나,
허브나 향신료로 향미를 높일 수도 있고 씨앗을 토핑하기도 한다.

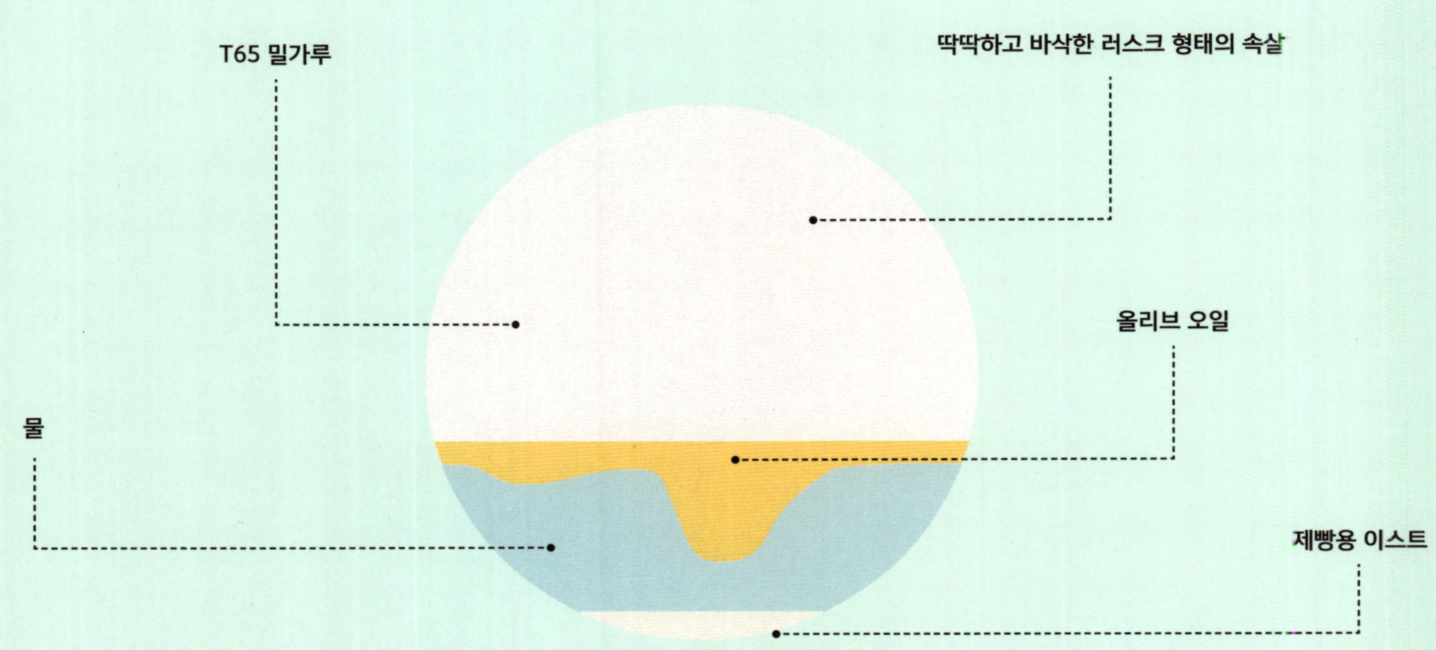

 **특성**

중량: 20g
크기: 약 50cm
속살: 러스크처럼 바삭하다.
겉껍질: 없다.

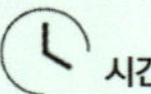 **시간**

준비 시간: 30분
발효 시간: 30분(1차 발효)
굽는 시간: 10–15분

 **도구**

훅을 장착한 믹서(선택), 밀대, 붓

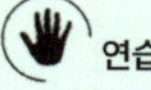 **연습**

반죽하기(→32쪽)

 **팁**

젖은 손으로 그레생의 양끝을 꼬집어 유산지에 고
정하면 굽는 동안 움직이지 않고 모양을 유지할 수
있다.

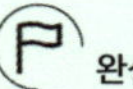 **완성**

충분히 노릇해지고 건조되었을 때.

 **보관**

4–5일.

15-20개

반죽

T65 밀가루 225g
20-25℃의 물 135g
소금 5g
제빵용 생이스트 7g

마무리

올리브 오일 20g
플뢰르 드 셀, 칠리 파우더, 갈릭 파우더, 참깨, 후추, 토
마토 페이스트, 탄두리 향료 등 40g

1 믹서에 밀가루와 잘게 부순 이스트, 소금, 미지근한 물을 넣는다.

2 반죽이 매끈해질 때까지 저속으로 4분간 믹싱한 뒤(→32쪽), 이어 중속으로 6분간 믹싱한다. 반죽은 믹싱볼 안쪽 벽에 달라붙지 않는 상태가 되어야 한다(손 반죽→30쪽).

3 반죽을 스텐볼에 넣은 뒤, 반죽에 밀착하여 랩을 씌우고(→285쪽) 상온에서 30분 동안 발효시킨다(1차 발효).

4 오븐을 270℃로 예열한다. 밀대로 반죽을 1cm 두께로 밀고, 1cm 너비의 긴 띠 형태로 자른다.

5 그 위에 하나 이상의 원하는 토핑 재료(플뢰르 드 셀, 칠리 파우더, 갈릭 파우더, 참깨, 후추, 토마토 페이스트, 탄두리 향료 등)를 뿌리고, 손으로 그레생의 양끝을 집어든 뒤 꽈배기처럼 꼬면서 길이가 50-60cm에 이르도록 늘린다. 유산지를 깐 철판 위에 그레생을 올린다.

6 붓을 이용하여 그레생에 올리브 오일을 바른다.

7 그레생 위로 올리브 오일을 소량씩 붓고 오븐에 넣어 10분간 굽는다.

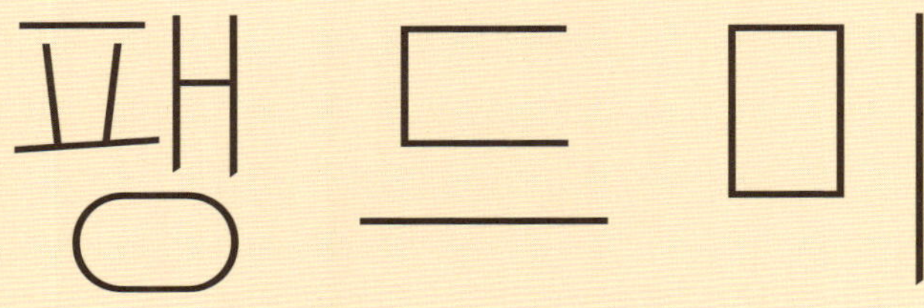

팽 드 미

PAIN DE MIE 식빵

약하게 단맛이 나는 흰색 빵 반죽으로, 직사각형의 틀에 넣어 굽는다.

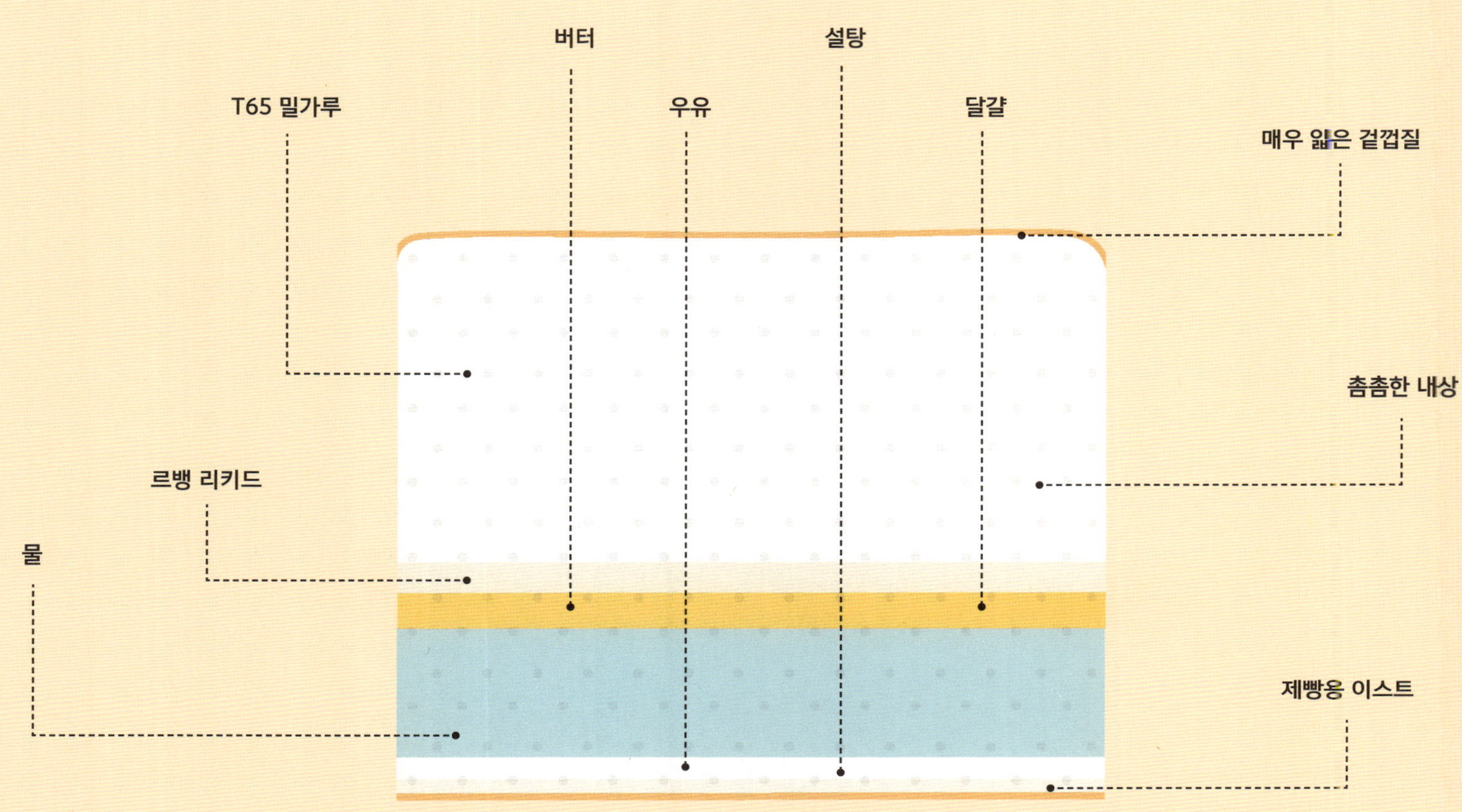

 **특성**

중량: 450g
크기: 45cm
속살: 내상은 촘촘하고 속살은 부드럽다.
겉껍질: 매우 얇고 연하다.

 **시간**

준비 시간: 25분
발효 시간: 2시간 30분-3시간(1차 발효 1시간 30분,
2차 발효 1시간-1시간 30분)
굽는 시간: 25분

 **도구**

훅을 장착한 믹서, 길이 18cm, 높이 8cm 정도의 뚜
껑 달린 식빵틀, 밀대, 붓

 **주의**

오븐에 넣을 때: 발효가 덜되거나 과하게 되지 않아
야 한다.
구울 때: 연하고 부드러운 상태가 유지되어야 한다.

 **연습**

반죽하기(→32쪽)
접기(→37쪽)
둥글리기(→38쪽)
성형하기(→40쪽)

 **팁**

뚜껑이 없는 식빵틀을 이용할 경우, 식빵틀 위에 철판
을 놓은 뒤 그 위에 무거운 물건을 하나 얹는다.

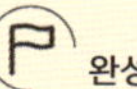 **완성**

식빵의 겉껍질 색이 잘 나왔을 때.

 **보관**

(곰팡이가 생기는 것을 피하기 위해) 냉장고에서 3일.

1개

T65 밀가루 170g

찬물 80g

르뱅 리키드 20g(→20쪽)

제빵용 생이스트 3g

설탕 15g

우유 10g

소금 3g

달걀 10g

버터 25g (+ 식빵틀에 바를 포마드 버터 15g)

1 믹서에 버터를 제외한 모든 재료를 넣고 저속으로 6분간 믹싱한 뒤(→32쪽), 이어 한 단 올려서 5분간 믹싱한다. 반죽은 믹싱볼 안쪽 벽에 달라붙지 않는 상태가 되어야 한다(손 반죽→30쪽). 버터 25g을 추가하고 버터가 반죽에 잘 섞일 때까지 저속으로 믹싱한다.

2 면포로 덮어 따뜻한 곳(25-28℃)에서 1시간 30분 동안 발효시킨다(1차 발효). 1차 발효의 중간인 45분이 지난 시점에서 접기 작업을 해준다(→37쪽).

3 둥글리기한 뒤(→38쪽) 밀대를 사용하여 반죽을 길게 밀고(→41쪽) 식빵틀을 길이로 원 로프one loaf 성형한다.

4 포마드 버터를 식빵틀에 바른 뒤, 이음매를 아래로 두고 틀 안에 반죽을 넣는다.

5 뚜껑을 덮고 따뜻한 곳(25-28℃)에서 1시간-1시간 30분 발효시킨다(2차 발효). 2차 발효가 끝날 때쯤 반죽은 틀 가장자리에서 5mm 정도 떨어진 지점까지 부풀어올라야 한다.

6 오븐을 200℃로 예열한 뒤, 뚜껑을 덮은 상태에서 오븐에 넣고 25분간 굽는다.

원 로프one loaf 성형 밀대를 사용하여 반죽을 길게 밀고 말아서 한 덩어리로 성형하는 방법.

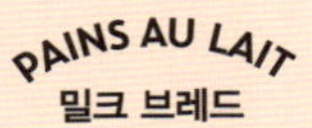

베이글

BAGEL

파린 드 그뤼오와 우유로 만든 약하게 단맛이 나는 빵으로, 작은 왕관 모양으로 성형. 데친 후 오븐에 굽는다.

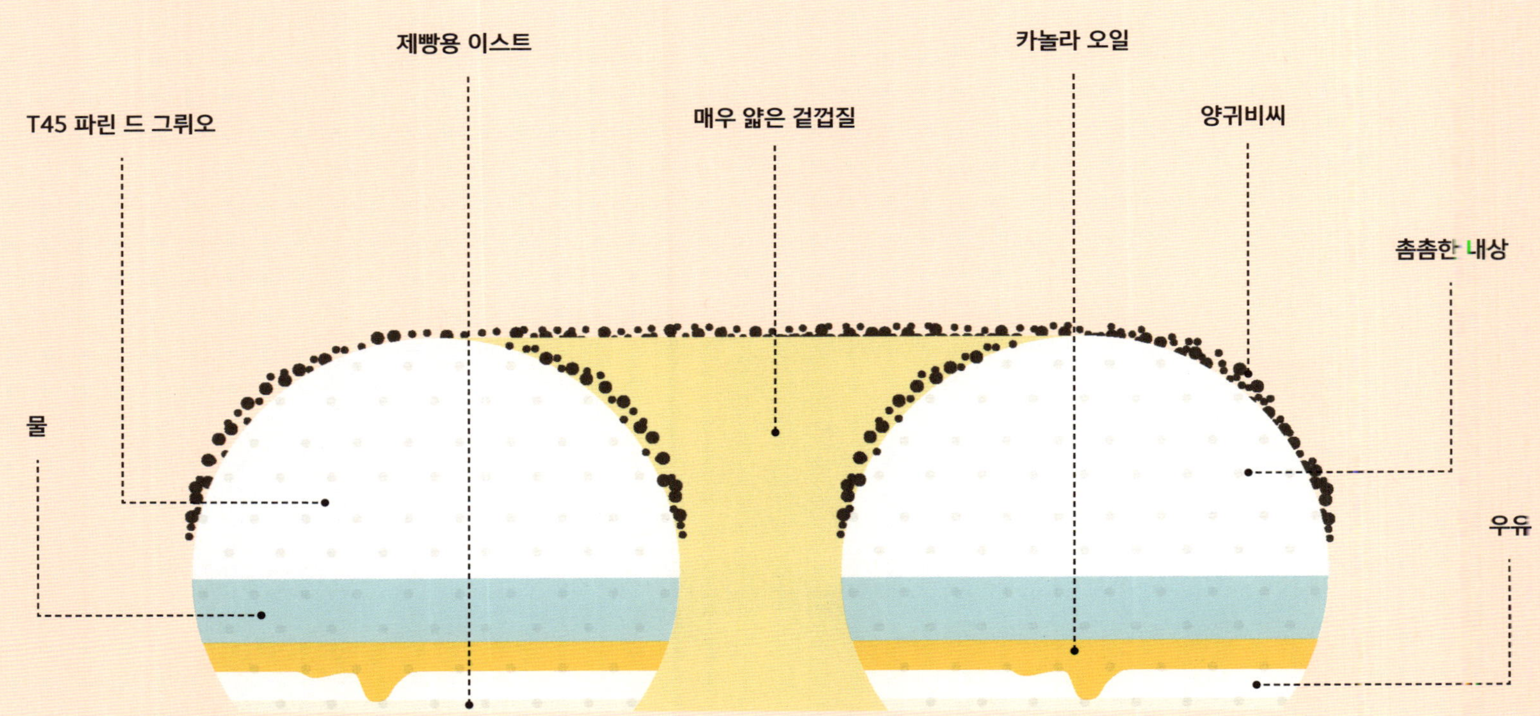

특성

중량: 150g
크기: 지름 15cm
속살: 내상은 촘촘하고 속살은 부드럽다.
겉껍질: 매우 얇고 연하다.

시간

준비 시간: 1시간
발효 시간: 1시간 30분-2시간
굽는 시간: 15분

도구

훅을 장착한 믹서, 스크레이퍼

주의

성형하기.
끓는 물에 데치기.

연습

반죽하기(→32쪽)
둥글리기(→38쪽)
왕관 형태로 성형하기(→46쪽)

완성

베이글이 약간 노릇해졌을 때.

보관

2일.

8개

1 반죽

T45 파린 드 그뤼오 700g
물 300g
우유 50g
제빵용 생이스트 25g
설탕 15g
소금 15g
카놀라 오일 50g

2 마무리

양귀비씨 30g

3 굽기

화이트 식초 1큰술

오븐에 굽기 전에 베이글을 데치는 이유는?

끓는 물이 반죽 표면의 전분을 젤라틴화시키기 때문에 구운 후 겉껍질이 상당히 매끄러워진다. 또한 데치는 동안, 반죽 안에 수증기가 형성되어 반죽을 부풀리기 때문에 더 부드러운 질감을 얻을 수 있다.

2

3

4

5

6

7

1 믹서에 밀가루와 물, 잘게 부순 이스트, 우유, 설탕, 소금을 넣고 균일하게 섞일 때까지 저속으로 믹싱한 뒤(→32쪽), 고속으로 6분간 믹싱한다(손 반죽 →30쪽). 카놀라 오일을 넣은 뒤, 카놀라 오일과 반죽이 잘 섞이도록 저속으로 잠시 동안 믹싱한다. 면포로 덮어 상온에서 15분간 그대로 둔다.

2 스크레이퍼를 이용하여 반죽을 150g씩 여덟 덩어리로 분할한 뒤 둥글리기하고(→38쪽), 면포로 덮어 30분간 휴지시킨다.

3 엄지로 반죽 중앙에 구멍을 뚫은 뒤, 이어 손가락에 가볍게 밀가루를 묻힌다.

4 각 반죽 덩어리를 (바깥 원 기준) 지름 15cm의 왕관 형태로 성형한다(→46쪽).

5 유산지 위에 반죽을 4개씩 올린 후, 반죽이 2배 부피가 될 때까지 면포로 덮어 따뜻한 곳(25-28℃)에서 1시간-1시간 30분 발효시킨다(2차 발효).

6 오븐을 (데크 오븐 기준) 240℃로 예열한다. 커다란 냄비에 화이트 식초를 넣고 물을 끓인 후, 반죽 덩어리를 2개씩 넣고 각각의 면을 30초씩 데친다. 국자로 건져 식힘망 위에 올려놓는다.

7 양귀비씨를 담은 그릇에 반죽의 윗면을 담가 토핑하고, 이어 유산지를 깐 철판 위에 올린다. 오븐에 넣고 12-13분간 굽는다.

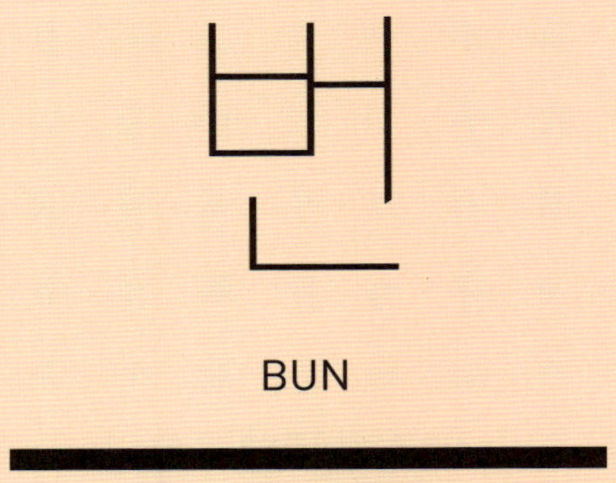

번

BUN

공 모양으로 성형한 파트 비에누아즈로, 윗면에 참깨를 입힌다.

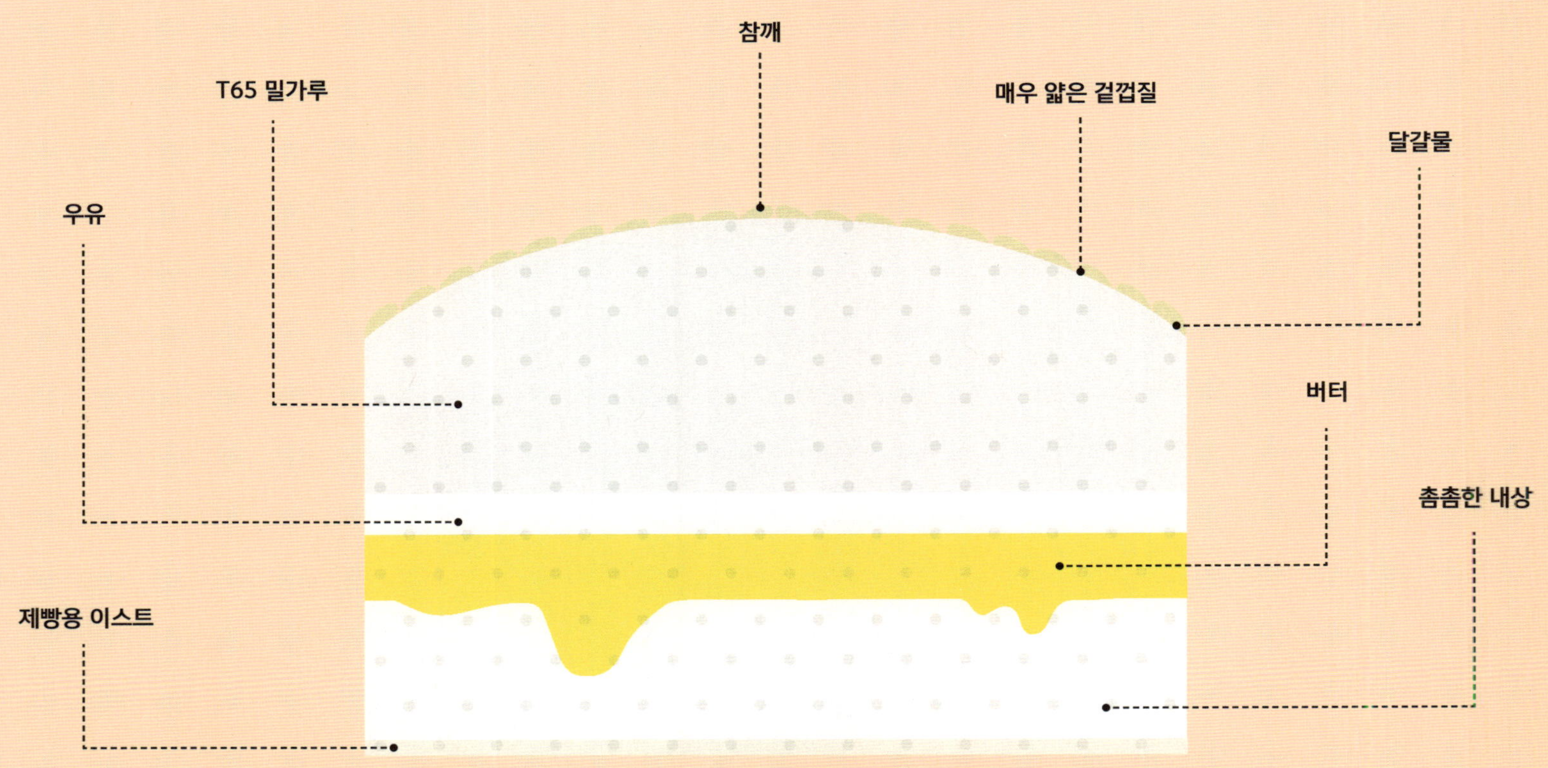

 **특성**

중량: 80g
크기: 지름 10cm
속살: 내상이 촘촘하다.
겉껍질: 매우 얇고 연하다.

 **시간**

준비 시간: 3시간
발효 시간: 6시간(휴지 4시간 30분, 2차 발효 1시간 30분)
굽는 시간: 10-15분

 **도구**

훅을 장착한 믹서, 스크레이퍼, 시누아, 붓

 **주의**

최종 성형: 번을 너무 납작하게 성형하면 반죽 안의 가스가 빠져나가 구운 후 납작해진다.

 **연습**

반죽하기(→32쪽)
공 모양으로 성형하기(→42쪽)
달걀물 바르기(→48쪽)

 **완성**

번이 충분히 노릇해졌을 때.

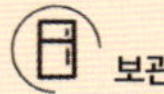 **보관**

상온에서 최대 2일, 냉동 상태로 몇 주.

4개

1 파트 비에누아즈

T65 밀가루 240g
우유 145g
소금 4g
제빵용 생이스트 4g
설탕 20g
상온의 버터 35g

2 달걀물

달걀 1개(50g)
우유 3g
소금 1꼬집

3 마무리

참깨 20g(또는 검은깨나 양귀비씨)

번이 부드러운 이유는 무엇인가?

번은 (우유와 버터가 들어간) 파트 비에누아즈이기 때문이다. 다만 파트 비에누아즈의 경우, 일반적인 밀크 브레드나 브리오슈에 비해서는 버터가 덜 들어가고 특히 달걀이 들어가지 않는다. 버터와 달걀은 반죽 속에 공기의 혼입을 촉진하고 내상 구조의 결을 더 곱게 만드는 요소이다.

1 믹서에 밀가루와 우유, 소금, 잘게 부순 이스트, 설탕을 넣고 저속으로 4분간 믹싱한 뒤(→32쪽), 이어 중속으로 6분간 믹싱한다. 반죽은 믹싱볼 안쪽 벽에 달라붙지 않는 상태가 되어야 한다.

2 상온의 버터를 추가하고 버터가 완전히 섞일 때까지 믹싱한다.

3 반죽을 스텐볼에 넣은 뒤, 랩을 씌워 냉장고에 4시간 동안 넣어둔다.

4 스크레이퍼를 이용하여 반죽을 100g씩 네 덩어리로 분할한 뒤, 공 모양으로 성형하고(→42쪽) 이음매를 아래로 두어 유산지를 깐 철판 위에 올려놓는다. 냉장고에 30분 더 넣어둔다.

5 손바닥으로 반죽을 위에서 눌러 약간 납작해지게 만든다.

6 붓으로 반죽 위에 달걀물을 바른다(→48쪽). 참깨를 골고루 뿌려준 뒤, 공기가 반죽에 직접 닿지 않게 따뜻한 곳(25-28℃)에서 1시간 30분 동안 반죽을 발효시킨다(2차 발효).

7 물을 채운 내열 용기와 철판을 넣고, 오븐을 (데크 오븐 기준) 260℃로 예열한다. 으븐에서 꺼낸 가열된 철판 위에 유산지를 깔고 반죽을 올린다. 오븐 바닥에 물을 뿌린 뒤 10-15분간 굽는다(굽는 동안 물을 채운 내열 용기를 오븐 안에 계속 넣어둔다).

크루아상

CROISSANT

삼각형으로 자른 뒤 말아서 만든 파트 르베 푀이테.

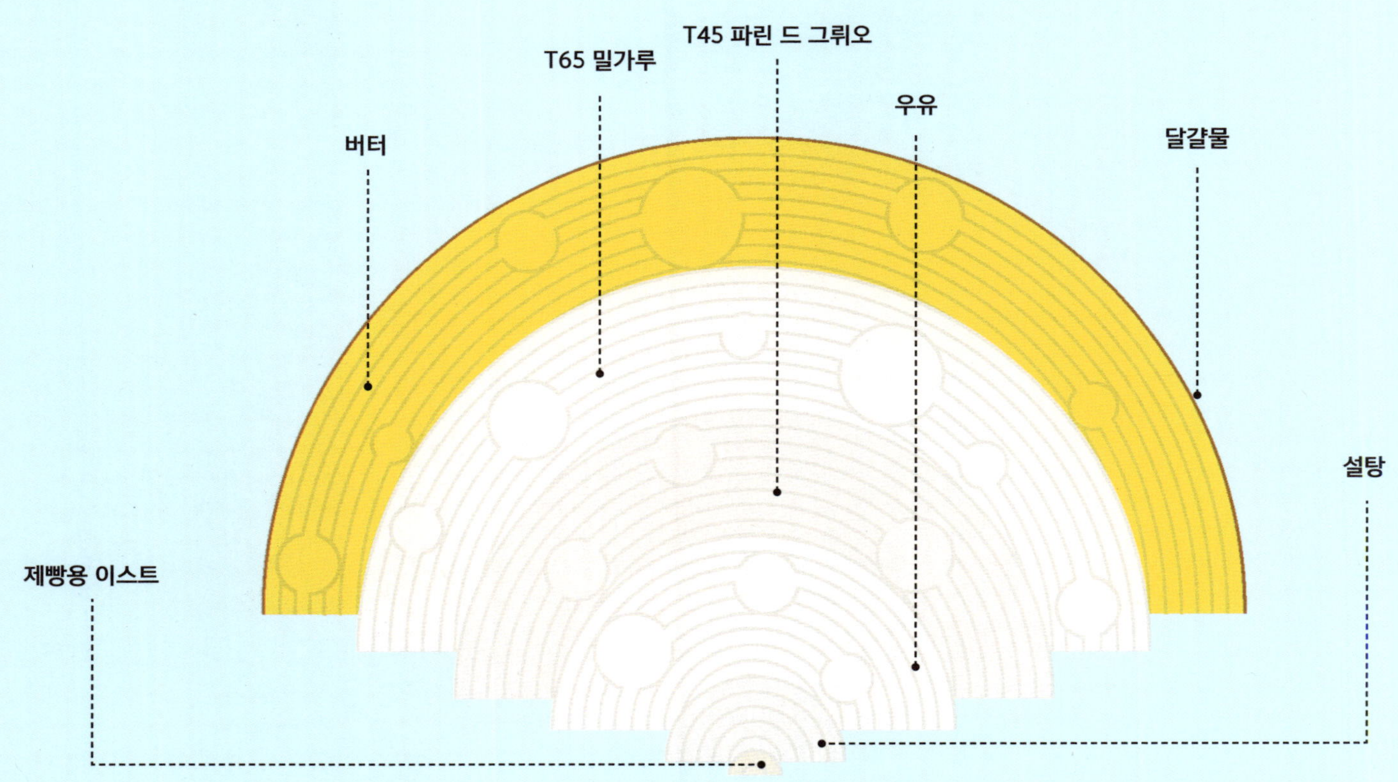

 특성

중량: 80~90g
크기: 12cm
층 단면: 벌집 기공이 매우 두드러진다.

 시간

준비 시간: 1시간 30분
휴지 시간: 5시간 30분(저온에서 3시간, 25℃ 온도에서 2시간 30분)
굽는 시간: 15분

 도구

훅을 장착한 믹서, 밀대, 시누아, 붓

 주의

반죽을 너무 세게 펴지 않도록 주의한다. 데트랑프 층과 버터 층이 서로 뒤섞이면 층상 구조가 제대로 만들어지지 않기 때문이다.

 연습

반죽하기(→32쪽)
공 모양으로 성형하기(→42쪽)
반죽 밀기(→283쪽)
달걀물 바르기(→48쪽)

 완성

크루아상이 노릇해지고 부풀었을 때.

6개

1 데트랑프

T65 밀가루 110g
T45 파린 드 그뤼오 110g
설탕 30g
소금 4g
차가운 우유 105g
제빵용 생이스트 7g

2 투라주

버터 120g

3 달걀물

달걀 1개(50g)
우유 3g
소금 1꼬집

매우 가벼운 층상 구조가 만들어지는 이유는?

데트랑프 층과 버터 층이 서로 균형 잡혀 있기 때문이다. 구울 때 반죽의 안쪽과 바깥쪽이 분리되는데, (버터가 방수층 역할을 하며 가로막고 있어) 수분이 빠져나가지 못하므로 반죽의 바깥쪽에서는 수분기가 말라 없어지며 하나의 막이 형성되고, 반죽의 안쪽에서는 수분이 남아 있어 얇은 빵 층 같은 것이 만들어진다.

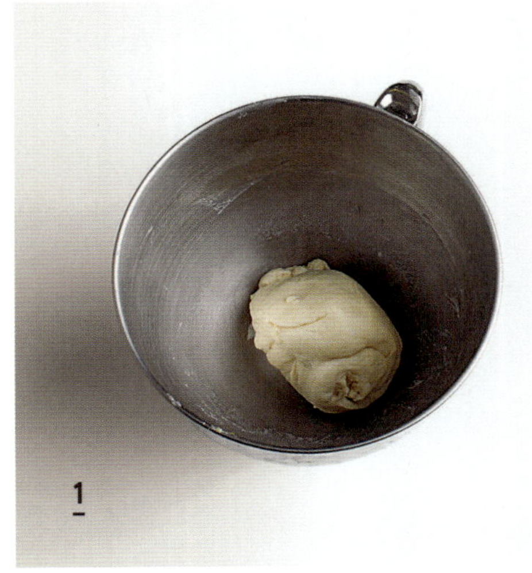

1

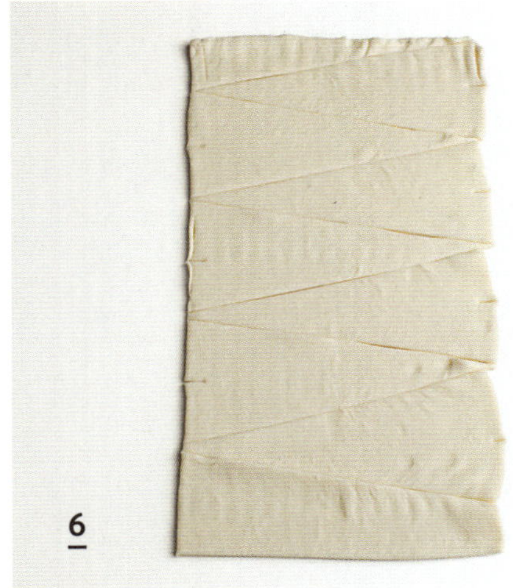

6

8

7

9

1 데트랑프를 준비한다. 먼저 믹서에 준비된 종류의 밀가루와 설탕, 우유, 소금, 잘게 부순 이스트를 넣고 저속으로 5분간 믹싱한 뒤(→32쪽), 이어 중속으로 5분간 믹싱한다(손 반죽→30쪽). 매우 단단한 공 모양으로 성형한 뒤(→42쪽), 랩을 씌워 냉장고에서 1시간 동안 휴지시킨다.

2 밀대로 버터를 두드려 무르게 만든 다음, 한 변의 길이가 8cm 정도 되는 1cm 두께의 정사각형으로 밀어 펼친다.

3 버터와 같은 너비로 반죽을 밀어 펴되, 반죽의 길이는 2배 더 길어지게 만든다(16cm).

4 반죽의 중앙에 버터를 놓은 뒤, 반죽의 양쪽 끝을 접어 이음매가 가운데 부분에 오도록 한다. 반죽을 90° 돌린다.

5 이음매를 세로로 두고 자기 앞에 반죽을 놓은 뒤 밀대로 밀어 24cm 길이의 반죽을 만든다. 반죽을 3겹 접기를 하여 정사각형 형태로 만든다. 랩을 씌워 냉동실에 10분간 두었다가 냉장실에서 30분간 보관한다. 이 과정을 두 번 더 반복한다.

6 반죽을 너비 24cm, 두께 2.5cm로 밀어 편 뒤(→283쪽), 밑변 9cm, 빗변 24cm 길이의 삼각형 모양으로 자른다.

7 각 삼각형 반죽의 밑변 중앙에 (0.5cm 길이의) 작은 홈을 만들어주고, 밑변의 두 꼭짓점 부분을 서로 벌린 다음 반죽을 돌돌 말되, 너무 세게 조이지 않도록 한다. 삼각형의 위에 있던 꼭짓점 부분은 (반죽을 돌돌 말고 난 후) 아래쪽으로 가야 한다.

8 유산지를 깐 철판 위에 3-4cm 간격으로 크루아상을 올려놓는다. 이어 붓을 이용하여 크루아상 표면에 달걀물을 바른다(→48쪽).

9 위를 덮지 않은 채 따뜻한 곳(25-28℃)에서 3시간 동안 휴지시킨다.

10 오븐을 (컨벡션 오븐 기준) 180℃로 예열한 뒤, 크루아상 위에 다시 한번 달걀물을 바르고 오븐에 넣어 약 15분간 굽는다.

팽 오 쇼콜라

PAIN AU CHOCOLAT

직사각형 형태로 잘라낸 파트 르베 푀이테로, 두 개의 초콜릿 스틱을 넣은 뒤 둥글게 말아준다.

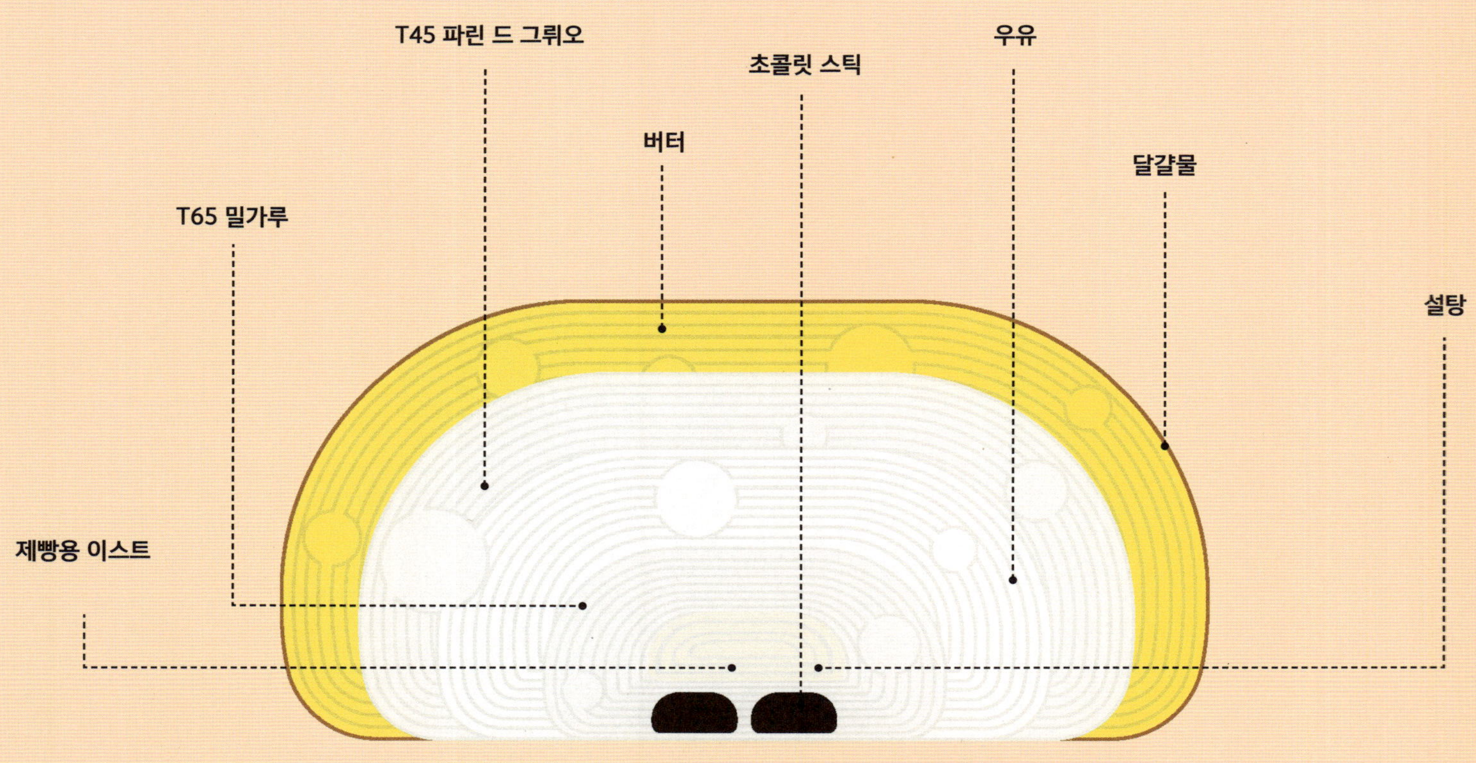

 **특성**

중량: 80~90g
크기: 10cm
층 단면: 벌집 기공이 매우 두드러진다.

 **시간**

준비 시간: 1시간
발효 시간: 5시간 30분(저온에서 3시간, 2차 발효 2시간 30분)
굽는 시간: 15분

 **도구**

훅을 장착한 믹서, 밀대, 스크레이퍼, 시누아, 붓

 **주의**

반죽을 너무 세게 펴지 않도록 주의한다. 데트랑프 층과 버터 층이 서로 뒤섞이면 층상 구조가 제대로 만들어지지 않기 때문이다.

 **연습**

반죽하기(→32쪽)
공 모양으로 성형하기(→42쪽)
반죽 밀기(→283쪽)

달걀물 바르기(→48쪽)

 **팁**

비에누아즈리용 초콜릿 스틱이 없을 경우 네모진 제과용 초콜릿 조각을 나란히 이어준다.

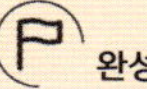 **완성**

팽 오 쇼콜라가 충분히 노릇해지고 잘 부풀었을 때.

약 6개

파트 르베 푀이테

T65 밀가루 110g
T45 파린 드 그뤼오 110g
설탕 30g
소금 4g
우유 105g
제빵용 생이스트 7g
페이스트리용 버터 120g

가르니튀르

비에누아즈리용 초콜릿 스틱 12개

달걀물

달걀 1개, 우유 3g, 소금 1꼬집

1   파트 르베 푀이테 레시피로 반죽을 만든다(→62쪽).
2   반죽을 너비 13cm, 두께 2.5cm로 밀어 편다(→283 쪽). 길이 13cm, 너비 10cm의 직사각형으로 반죽을 자르고, 각각의 직사각형에 초콜릿 스틱 2개를 올린다. 이때 하나는 상단 끝에서 2cm 떨어진 곳에, 나머지 하나는 하단 끝에서 3cm 떨어진 곳에 놓는다.

3   상단 끝부분에서 시작하여 첫번째 초콜릿 스틱 위로 반죽을 접으면서 직사각형 반죽을 끝까지 돌돌 말아준다. 이음매는 팽 오 쇼콜라의 아랫부분에 위치하도록 한다.
4   붓으로 표면에 달걀물을 바른다(→48쪽). 위를 덮지 않은 채 따뜻한 곳(25-28℃)에서 2시간 30분 동안 발효시킨다(2차 발효).
5   오븐을 (데크 오븐 기준) 180℃로 예열한 뒤, 팽 오 쇼콜라 위에 다시 한번 달걀물을 바른다. 유산지를 깐 철판 위에 반죽을 올려놓은 뒤 오븐에 넣어 15분간 굽는다.

팽 오 레쟁

PAIN AUX RAISINS

크렘 파티시에르와 건포도를 채운 파트 르베 푀이테로, 달팽이 모양으로 둥글게 굴려 만든다.

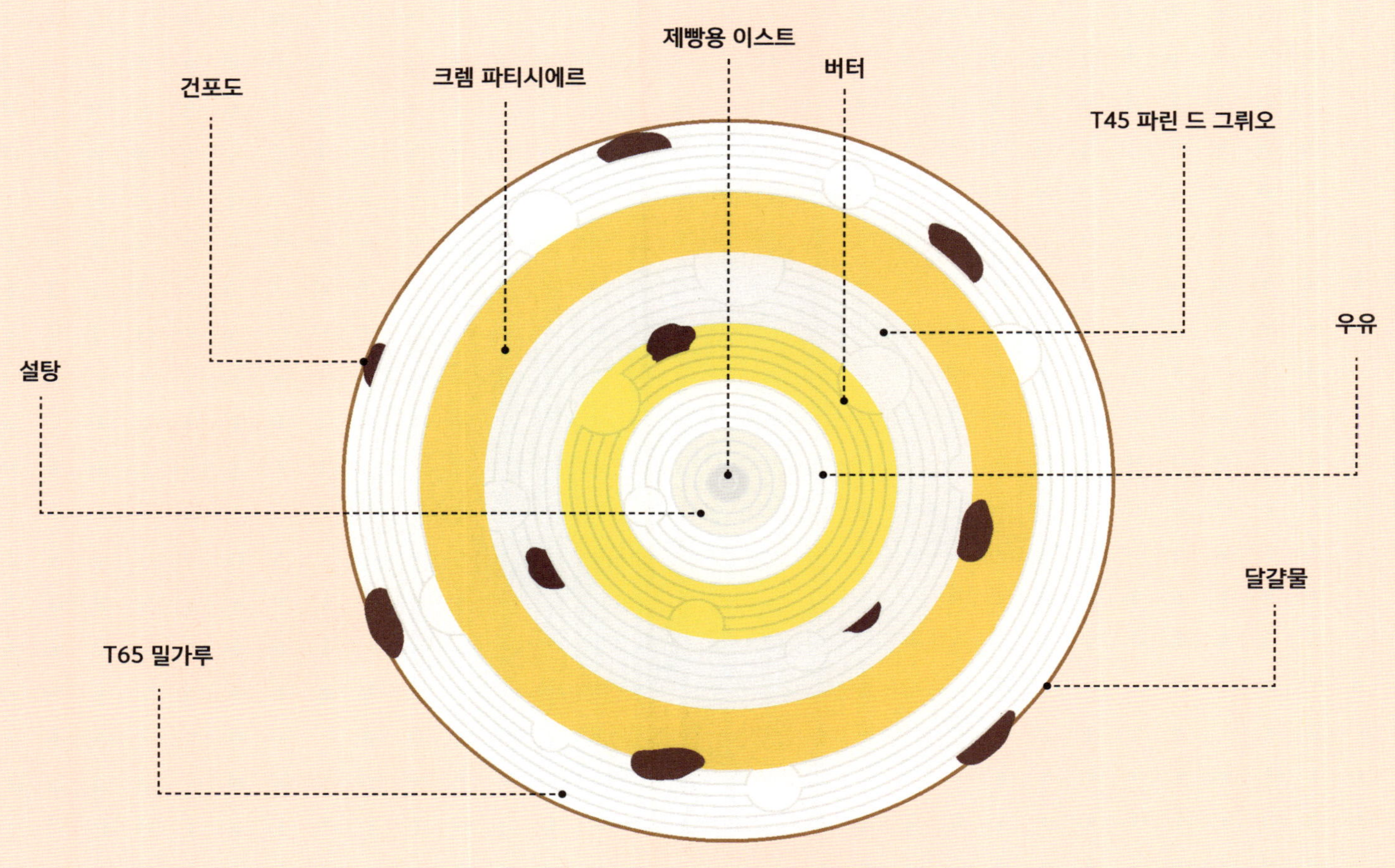

 **특성**

중량: 120g
크기: 지름 20cm
층 단면: 벌집 기공이 두드러진다.

 **시간**

준비 시간: 1시간 30분
발효 시간: 6시간 30분(저온에서 4시간, 2차 발효 2시간 30분)
휴지 시간: 하룻밤(건포도)
굽는 시간: 15분

 **도구**

훅을 장착한 믹서, 밀대, 스크레이퍼, 시누아, 붓

 **주의**

반죽을 너무 세게 펴지 않도록 한다. 데트랑프 층과 버터 층은 서로 뒤섞이면 층상 구조가 제대로 만들어지지 않기 때문이다.
반죽을 말 때 단단히 조이며 말아준다.

 **연습**

달걀노른자 블랑시르(→284쪽)
반죽하기(→32쪽)

공 모양으로 성형하기(→42쪽)
반죽 밀기(→283쪽)
달걀물 바르기(→48쪽)

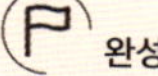 **완성**

팽 오 레쟁이 충분히 노릇해지고 많이 부풀었을 떄.

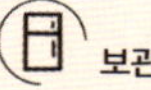 **보관**

최대 1~2일.

약 6개

1 파트 르베 푀이테

T65 밀가루 120g
T45 파린 드 그뤼오 120g
우유 115g
설탕 30g
소금 5g
제빵용 생이스트 7g
페이스트리용 버터 120g

2 크렘 파티시에르

우유 250g
설탕 100g
달걀 2개(100g)
옥수수 전분 25g

3 마무리

건포도 200g

4 달걀물

달걀 1개(50g)
우유 3g
소금 1꼬집

5 시럽

물 25g
설탕 25g

전날 작업

1 약간 미지근한 물에 건포도를 담가둔다.

당일 작업

2 크렘 파티시에르를 만든다(→76쪽). 철판 위에 크림을 부은 뒤, 크림에 밀착하여 랩을 씌우고(→285쪽) 1시간 동안 냉장고에 넣어두어 크림을 굳힌다.

3 파트 르베 푀이테를 만든다(→62쪽). 반죽을 두께 2.5cm, 너비 30cm로 밀어 편 뒤(→282쪽), 반죽 위에 크렘 파티시에르를 바른다.

4 건포도를 흩뿌리며 크림 위에 골고루 올리되, 하단 (말고 난 다음 달팽이 모양 반죽의 바깥쪽)에 더 많이 가도록 올려놓는다.

5 상단부터 시작하여 반죽을 단단히 조이며 돌돌 말아준다.

6 돌돌 말린 반죽을 4cm 간격으로 잘라 팽 오 레쟁 모양을 만든다.

7 반죽의 끝 부분은 각 빵의 아래쪽으로 접어 붙인 뒤, 유산지를 깐 철판 위에 올려놓는다. 이어 붓으로 팽 오 레쟁 표면에 달걀물을 바른다(→48쪽).

8 따뜻한 곳(25-28℃)에서 2시간 30분 동안 발효시킨다(2차 발효).

9 오븐을 180℃로 예열한 뒤, 팽 오 레쟁 위에 다시 한 번 달걀물을 바르고 오븐에 넣어 약 15분간 굽는다.

10 시럽 만들기: 냄비에 물과 설탕을 넣고 끓인 뒤 불을 끈다. 오븐에서 꺼낸 팽 오 레쟁 의에 붓으로 펴 바른다.

팽 스위스

PAIN SUISSE

크렘 파티시에르와 초콜릿 칩을 넣고 겹쳐 만든 두 개 층의 파트 르베 푀이테.

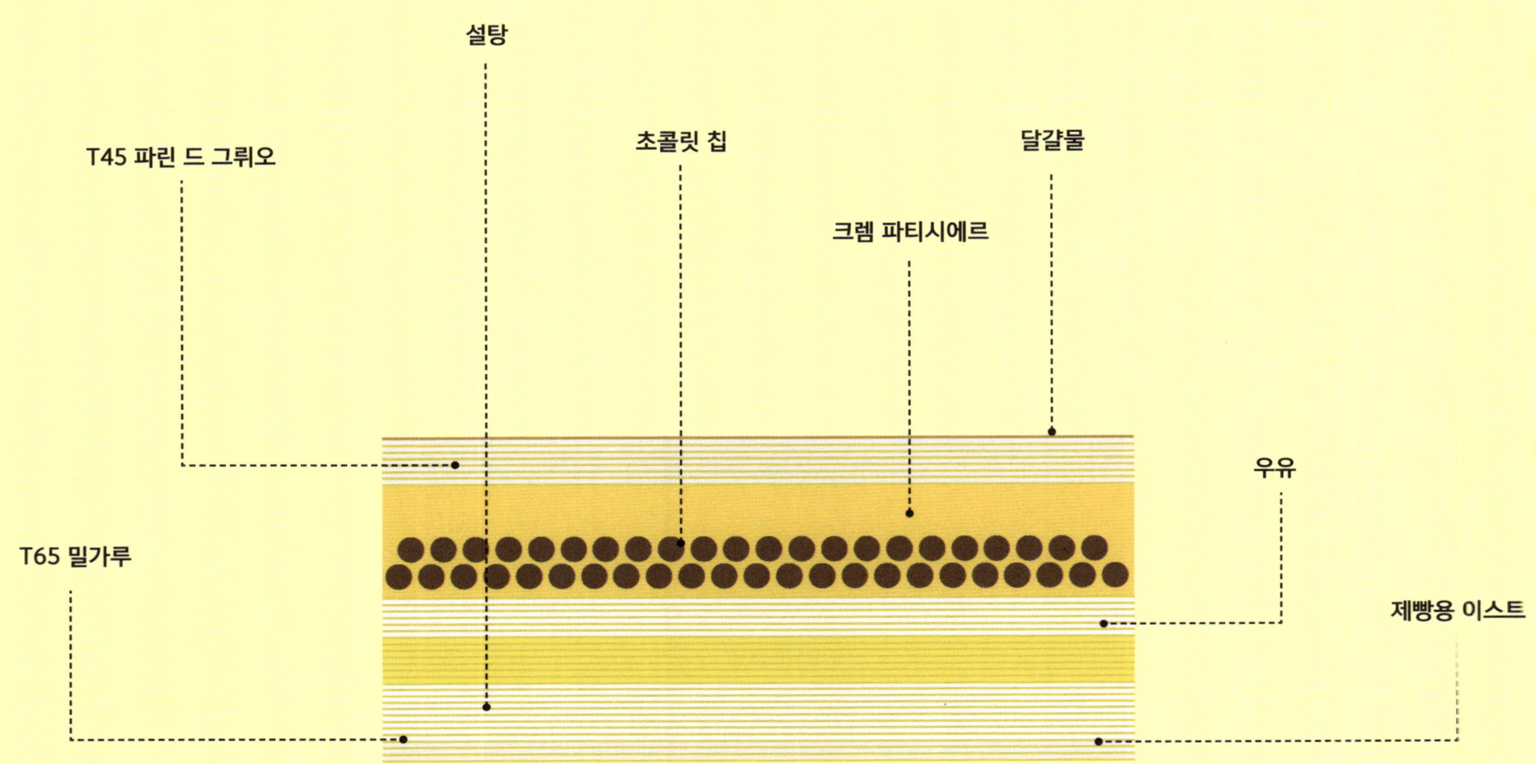

 **특성**

중량: 120g
크기: 10cm
층 단면: 벌집 기공이 두드러진다.

 **시간**

준비 시간: 2시간
발효 시간: 2시간 40분(1차 발효 1시간 40분, 2차 발효 1시간)
굽는 시간: 30분

 **도구**

훅을 장착한 믹서, 붓, 시누아, 스크레이퍼

 **연습**

반죽하기(→32쪽)
반죽 밀기(→283쪽)
달걀물 바르기(→48쪽)

 **완성**

팽 스위스가 노릇해지고 파트 푀이테가 약간 부풀었을 때.

 **보관**

상온에서 1-2일.

6개

파트 르베 푀이테

T65 밀가루 120g
T45 파린 드 그뤼오 120g
버터 120g
설탕 30g, 소금 5g
우유 115g
제빵용 생이스트 7g

크렘 파티시에르

우유 250g, 설탕 50g
달걀 2개, 옥수수 전분 25g

가르니튀르

초콜릿 칩 60g

달걀물

달걀 1개, 우유 혹은 크림 3g, 소금 1꼬집

1 크렘 파티시에르를 만든다(→76쪽). 이어 파트 르베 푀이테를 만든 뒤(→62쪽), 스크레이퍼를 이용하여 반죽을 두 덩어리로 분할하고 너비 10cm, 두께 2.5cm로 밀어 편다(→283쪽).

2 기다란 반죽 띠 두 개 가운데 하나에 양쪽 가장자리에서 0.5cm 떨어진 곳까지 크렘 파티시에르를 바르고, 그 위로 초콜릿 칩을 흩뿌린다.

3 나머지 하나의 반죽 띠로 그 위를 덮어준다.

4 칼을 이용하여 10cm 간격으로 잘라주어 10×10cm 크기의 정사각형으로 만든다.

5 유산지 위에 반죽을 올리고, 붓으로 반죽 표면에 달걀물을 바른다(→48쪽). 면포로 덮어 따뜻한 곳 (25-28℃)에서 1시간 동안 발효시킨다(2차 발효).

6 철판을 넣고 오븐을 (데크 오븐 기준) 180℃로 예열한다. 오븐에서 꺼낸 가열된 철판 위에 유산지를 깔고 반죽을 올린다. 반죽 위에 다시 한번 달걀물을 바르고 오븐에 넣어 30분간 굽는다.

아몬드 크루아상

CROISSANT AUX AMANDES

아몬드 크림을 넣어 구운 크루아상으로, 아몬드 슬라이스를 토핑으로 올린 뒤 오븐에 다시 굽는다.

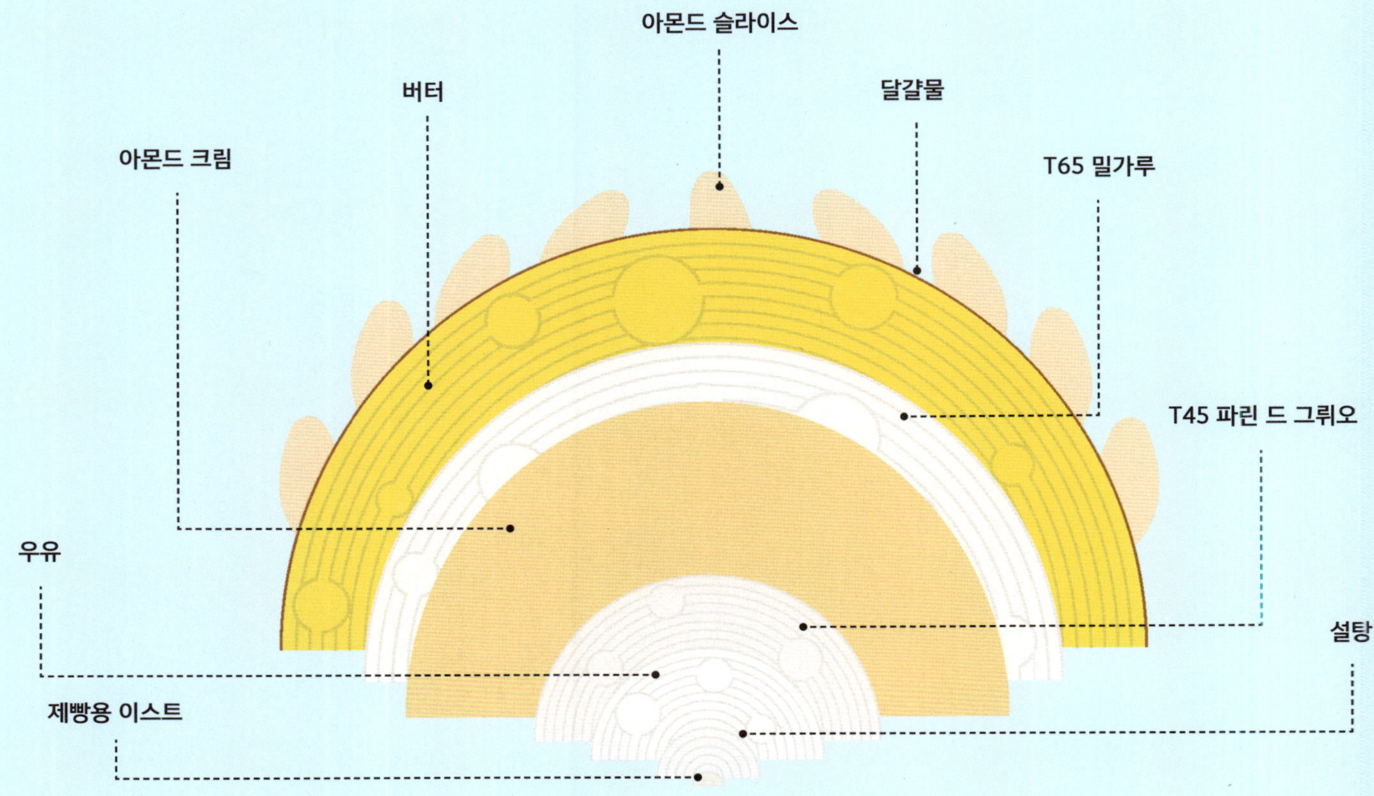

 특성

중량: 약 100g
크기: 12cm
층 단면: 벌집 기공이 두드러진다.

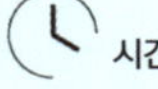 시간

준비 시간: 30분
굽는 시간: 30분

 도구

체, 짤주머니 + 톱니 모양 빗살 깍지(혹은 칼), 붓, 빵칼

 연습

블랑시르(→284쪽)
포마드 버터 만들기(→284쪽)

 완성

아몬드 슬라이스와 아몬드 크림이 충분히 노릇해졌을 때.

 보관

공기가 통하는 곳에서 최대 1-2일.

6개

비에누아즈리

6개의 크루아상 혹은 팽 오 쇼콜라

아몬드 크림

포마드 버터 50g(→284쪽)
아몬드 파우더 50g
설탕 50g
달걀 1개(50g)
옥수수 전분 5g

시럽

물 100g, 설탕 100g

마무리

아몬드 슬라이스 60g
슈거파우더

1 냄비에 물과 설탕을 끓여 시럽을 만든다. 용액이 끓기 시작하면 불을 끈다.

2 오븐을 180℃로 예열하고 아몬드 크림을 만든다 (→78쪽).

3 빵칼을 이용하여 비에누아즈리의 두께를 반으로 가르되, 위아래가 완전히 분리되지 않도록 주의한 다. 붓을 이용하여 안팎에 시럽을 충분히 바르고, 유산지를 깐 철판 위에 올린다.

4 톱니 모양 빗살 깍지를 끼운 짤주머니에 아몬드 크림을 채워 비에누아즈리 속에 크림을 넣은 뒤 덮는다.

5 비에누아즈리 윗면에도 약간의 크림을 더한 뒤 아 몬드 슬라이스를 흩뿌린다. 아몬드가 크림에 잘 붙 어 있도록 손가락으로 눌러준다.

6 오븐에 넣고 30분 동안 구운 뒤, 식힌 빵 위에 슈거 파우더를 체에 쳐서 뿌린다.

쇼송 오 폼

CHAUSSON AUX POMMES

사과 콩포트를 채워넣은 파트 푀이테 앵베르세로, 쇼송(슬리퍼) 모양이 되도록 반으로 접어 만든다.

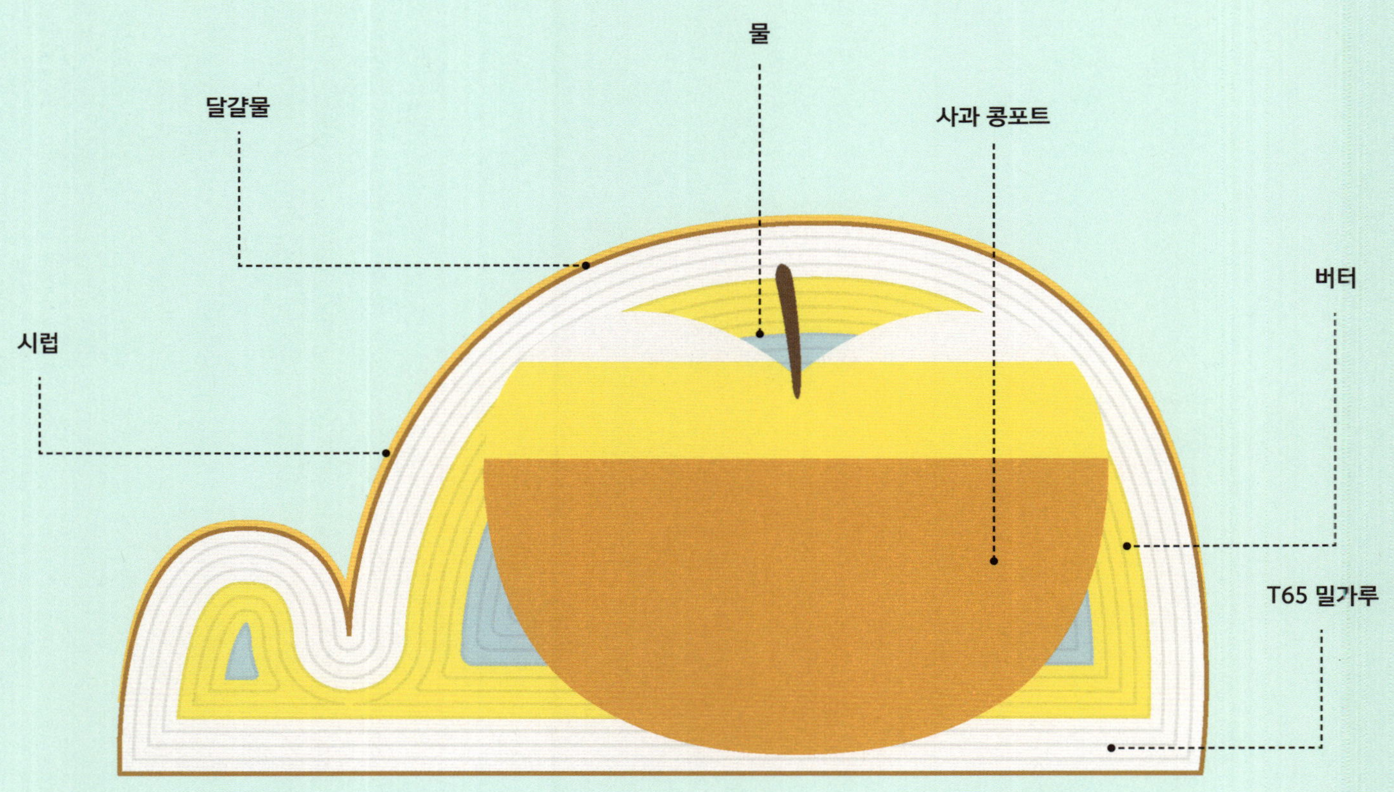

 **특성**

중량: 100g
크기: 7.5cm
층 단면: 성긴 조직, 질감은 바삭하다.

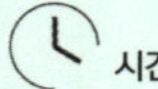 **시간**

준비 시간: 1시간 30분
냉장 휴지: 12시간
굽는 시간: 1시간 30분

 **도구**

홈이 팬 지름 13cm 세르클, 훅 및 비터를 장착한 믹서, 밀대, 붓

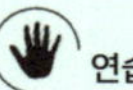 **연습**

반죽하기(→32쪽)
반죽 밀기(→283쪽)
달걀물 바르기(→48쪽)
소시송 칼집 넣기(→51쪽)

 **팁**

굽기 전에 쇼송의 위아래를 한 번 뒤집어 균열한 형태가 나오도록 한다.

 **완성**

쇼송이 충분히 노릇해졌을 때.

 **보관**

최대 1–2일.

8개

1 푀이타주 앵베르세 300g

뵈르 마니에
조각낸 무른 버터 100g
T65 밀가루 40g

데트랑프
포마드 버터 30g(→284쪽)
T65 밀가루 90g
소금 5g
찬물 40g
화이트 식초 1g

2 사과 콩포트 600g

사과 530g
설탕 30g
버터 40g
바닐라빈 1개

3 달걀물

달걀 1개(50g)
우유 3g
소금 1꼬집

4 시럽

물 25g, 설탕 25g

쇼송에 윤기가 나는 이유는 무엇인가?

구운 다음에 바르는 시럽 때문이다. 설탕 용액이 끓으면 물 분자가 증발하고, 용액이 식으면 설탕 분자가 서로 엉겨붙어 반짝이는 층을 만들어낸다.

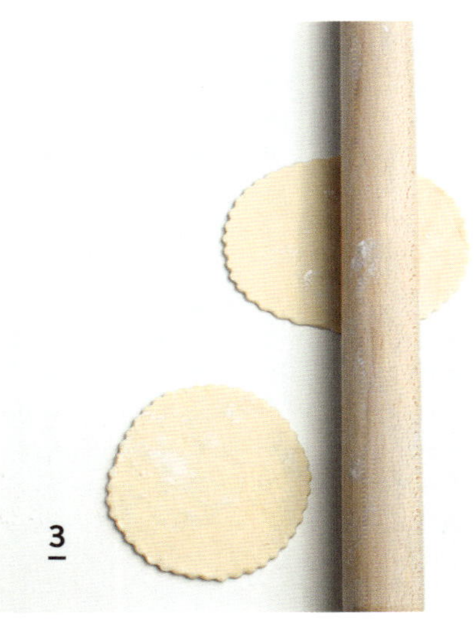

1 사과 콩포트를 만든다(→80쪽).

2 푀이타주 앵베르세를 만든 뒤(→68쪽), 오븐을 (데크 오븐 기준) 180℃로 예열하고 푀이타주 반죽을 두께 2.5cm로 밀어 편다(→283쪽). 이후 톱니바퀴 모양 세르클로 반죽을 펀칭하여 8장을 잘라낸다.

3 원반 모양의 반죽을 살살 밀어 타원형으로 만든다.

4 타원형 반죽피 둘레에 달걀물을 바른다(→48쪽).

5 타원형 반죽피의 절반 부분에 가장자리로부터 1cm 떨어진 지점까지 사과 콩포트를 올린다. 콩포트 위로 반대쪽 절반 부분을 접어올리고, 손가락으로 반죽에 약간의 힘을 주면서 반죽의 가장자리를 봉합한다.

6 반죽 위아래를 뒤집은 뒤 붓을 이용하여 남은 달걀물을 바른다. 칼을 이용하여 윗면에 소시송 칼집을 넣는다(→51쪽). 오븐에 넣어 30분간 굽는다. 시럽 만들기: 냄비에 물과 설탕을 넣어 끓인 뒤 불을 끈다. 오븐에서 꺼낸 뒤 붓으로 시럽을 펴 바른다.

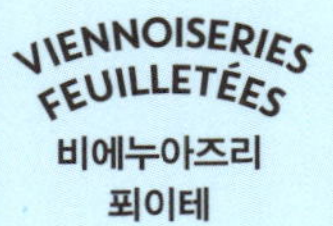

그리예 오 폼

GRILLÉ AUX POMMES

사과 콩포트를 채운 파트 푀이테 앵베르세로,
다이아몬드 커터를 이용하여 밀어준 파트 푀이테 앵베르세로 위를 덮어 만든다.

 시간

준비 시간: 30분
냉장 휴지: 12시간
굽는 시간: 콩포트 가열 시간 45분, 장식용 토핑 반죽 굽는 시간 45분

 도구

훅 및 비터를 장착한 믹서, 40×60cm 철판, 밀대, 다이아몬드 커터, 스크레이퍼, 붓

주의

구멍이 뚫린 장식용 토핑 반죽을 다루기.

 연습

반죽하기(→32쪽)
반죽 틀에 깔기(→283쪽)
반죽 밀기(→283쪽)
달걀물 바르기(→48쪽)

 팁

장식용 토핑 반죽은 치대기 전 냉장고에 넣어두어 보다 균일한 격자무늬를 얻을 수 있도록 한다. 다이아몬드 커터가 없을 경우, 파트 푀이테를 (대략 1.5cm 너비로) 띠처럼 재단하여 마름모꼴의 격자무늬를 만들어 넣은 뒤 자투리 부분을 잘라내면 된다.

 완성

반죽이 금색 빛을 띠며 색이 변했을 때.

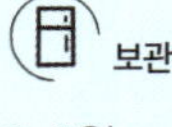 보관

2–3일.

8조각

1 푀이타주 앵베르세 300g

뵈르 마니에
조각낸 무른 버터 100g
T65 밀가루 40g

데트랑프
T65 밀가루 90g
포마드 버터 30g
소금 5g
찬물 40g
화이트 식초 1g

2 사과 콩포트

노란 사과Golden Delicious 1kg
물 150g
사탕수수 50g
건포도 50g
바닐라빈 1개
계피가루 2g

3 달걀물

달걀 1개(50g)
우유 혹은 크림 3g
소금 1꼬집

1

2

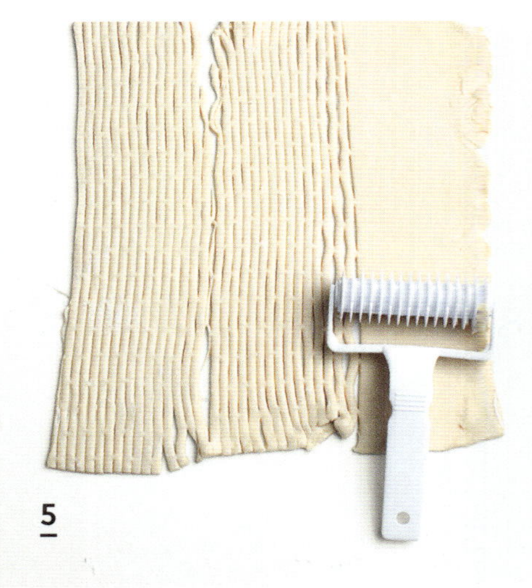

5

6

7

8

1 푀이타주 앵베르세를 만들고(→68쪽), 사과의 껍질을 벗겨 씨 부분을 제거한 뒤 큼직하게 썰어둔다.

2 설탕, 물, 건포도, 쪼개어 속을 긁어낸 바닐라빈 등을 냄비에 넣고, 재료가 끓으면 불을 줄인 뒤 이따금씩 저으며 약 30분간 졸인다. 계피가루를 더하고 잘 섞은 뒤, 매우 약한 불에서 15분간 더 끓인다. 다른 용기에 내용물을 옮겨 붓고 식힌다.

3 반죽을 두 덩어리로 분할한 뒤, 하나를 2.5mm 두께로 밀어 편다.

4 유산지를 깐 철판 위에 반죽을 깔고(→283쪽), 반죽 가장자리의 1cm 안쪽까지 조금 넉넉하게 콩포트를 채운다.

5 나머지 한 덩어리를 2mm 두께로 밀어 편 뒤, 다이아몬드 커터로 밀고 양쪽에서 잡아당겨 그물망 무늬를 만든다.

6 5의 장식용 토핑 반죽을 밀대에 말고 콩포트를 올린 반죽 위에서 펼친다.

7 붓으로 그물망 무늬의 장식용 토핑 반죽 뒤에 달걀물을 바른다.

8 오븐을 (데크 오븐 기준) 160℃로 예열한 뒤 오븐에 넣어 45분간 굽는다.

타르트 핀 오 폼

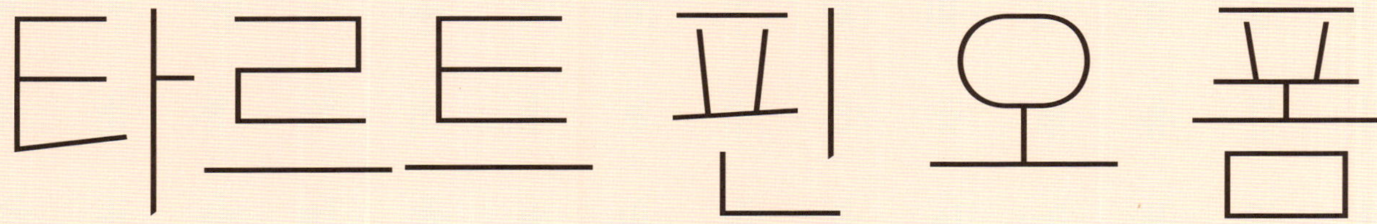

TARTE FINE AUX POMMES

사과 콩포트와 얇은 사과 슬라이스를 넣은, 파트 푀이테 앵베르세로 만든 사과 타르트.

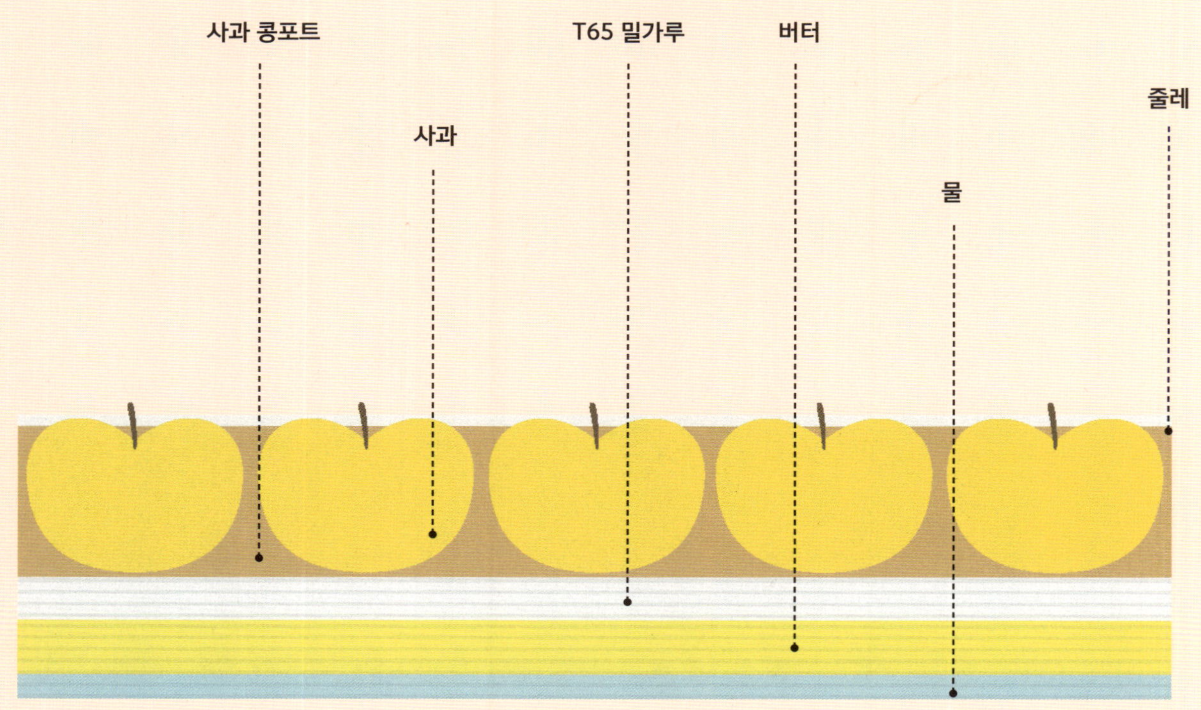

 **시간**

준비 시간: 1시간 15분
냉장 휴지: 12시간
굽는 시간: 25분

 **도구**

훅 및 비터를 장착한 믹서, 밀대, 체, 지름 10cm의
세르클이나 비스킷 커터, 붓

 **응용**

살구 타르트, 자두 타르트, 배 타르트,
무화과 타르트.

 **주의**

사과 썰기.

 **연습**

반죽하기(→32쪽)

 **팁**

사과 콩포트에 생사과를 추가하면, 타르트를 굽고
나서 부피감이 좋게 나온다.

 **완성**

사과의 테두리에 충분히 황금색이 나고, 반죽이 노
릇해지고 아래쪽에 색이 났을 때.

보관

서늘한 곳에서 최대 3일.

타르틀레트 4개

푀이타주 앵베르세 300g

뵈르 마니에
깍둑썰기 한 버터 100g
T65 밀가루 40g

데트랑프
T65 밀가루 90g
포마드 버터 30g(→284쪽)
소금 5g
찬물 40g
화이트 식초 1g

사과 콩포트

사과 180g, 설탕 10g
버터 15g, 바닐라빈 1/2개

가르니튀르

사과 2~3개, 사과 줄레 혹은 살구 줄레 10g

1 사과 콩포트를 만든다(→80쪽).
2 파트 푀이테를 만들고(→68쪽), 밀대로 반죽을 2mm 두께로 밀어 편다. 오븐을 (컨벡션 오븐 기준) 150℃로 예열한다.
3 찍기틀을 이용하여 원반 모양의 밑판 4개를 잘라내고, 유산지를 간 철판 위에 올린다.

4 각각의 타르트 밑판 위에 콩포트를 넉넉히 발라 중앙이 약간 봉긋하게 솟아오르도록 한다.
5 사과의 껍질을 벗기고 씨 부분을 제거한 뒤, 반으로 갈라 매우 얇게 자른다.
6 콩포트 위로 사과 슬라이스를 올리되, 바깥에서 안으로 들어가며 장미꽃 모양으로 사과를 올려놓는다.
7 오븐에 넣고 25분 동안 구운 뒤, 붓을 이용하여 사과 줄레나 살구 줄레를 타르트에 (전체를 덮듯이) 바른다.

타르틀레트tartelette 작은 크기의 타르트.
줄레gelée 과즙과 설탕을 젤리 농도로 졸여서 만든, 과육이 들어가지 않는 잼.

갈레트 데 루아

GALETTE DES ROIS

두 개의 원형 반죽 사이에 아몬드 크림을 채운 파트 푀이테.

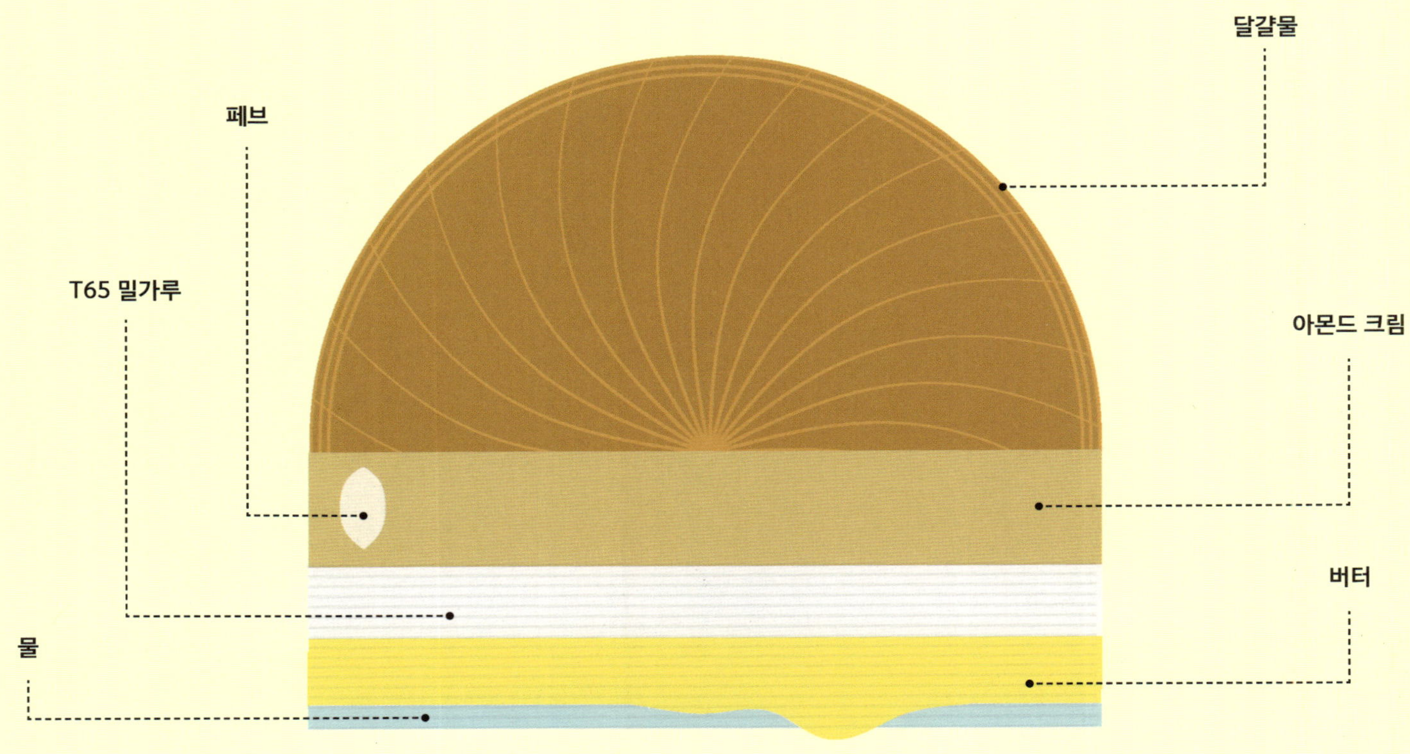

 **시간**

준비 시간: 30분
냉장 휴지: 8시간
굽는 시간: 40-45분

 **도구**

훅 및 비터를 장착한 믹서, 밀대, 지름 32cm 세르클, 붓, 짤주머니 + 8번 모양 깍지

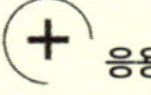 **응용**

프랑지판 크림을 넣은 갈레트: 아몬드 크림 2/3 + 크렘 파티시에르 1/3

 **주의**

갈레트 위아래 뒤집기.

 **연습**

반죽하기(→32쪽)
달걀물 바르기(→48쪽)
블랑시르(→284쪽)
빗금 넣기(→283쪽)

 **팁**

전날 아몬드 크림을 만들어두면 크림을 짜는 작업이 편해진다. 갈레트 성형을 하기 전 원형 반죽을 냉장고에 1시간 동안 넣어두면 만들기가 더 쉬워진다.

 **완성**

갈레트가 노릇한 황금색을 띠었을 때.

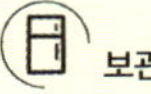 **보관**

(크림이 건조해지기 전) 최대 1-2일.

8조각

1 푀이타주 앵베르세 600g

뵈르 마니에
깍둑썰기 한 무른 버터 200g
T65 밀가루 80g

데트랑프
T65 밀가루 180g
포마드 버터 60g(→284쪽)
소금 10g
찬물 80g
화이트 식초 2g

2 아몬드 크림 400g

버터 100g
아몬드 파우더 100g
설탕 100g
달걀 2개(100g)
옥수수 전분 10g

3 달걀물

달걀 1개(50g)
우유 3g
소금 1꼬집

페브féve   가톨릭권 국가에서는 주현절(1월 6일 혹은 1월 첫번째 일요일)에 다 함께 갈레트 데 루아를 만들어 먹으며 그날 하루의 '왕'을 뽑는 전통이 있다. 갈레트 데 루아 안에 몰래 숨겨둔 페브 조각을 먹는 사람이 그날의 '왕'이 되는 것이다. 19세기 말엽부터는 페브 대신 도자기나 플라스틱으로 된 작은 인형을 집어넣는 게 일반적인 관행으로 자리잡는다. 최근에는 무심코 도자기를 씹었다가 치아가 손상될 것을 우려하여 다시 원래 관습대로 페브를 집어넣기도 한다.

1 퓌이타주 앵베르세 반죽을 만든 뒤(→68쪽), 4mm
   두께로 반죽을 밀어 편다.
2 세르클을 이용하여 원반 모양의 반죽 2개를 찍어
   낸다.
3 유산지를 깐 철판 위에 2개의 원형 반죽 중 하나를
   올리고, 달걀물을 바른다(→48쪽). 달걀물은 반죽
   의 둘레를 따라 2cm 너비로 바른다.

4 아몬드 크림을 만든다(→78쪽). 8번 모양 깍지를
   끼운 짤주머니에 아몬드 크림을 채우고, 원형 반죽
   위에 중심으로부터 바깥쪽을 향해 나선형으로 아몬
   드 크림을 짠다. 크림 속에 페브 한 개를 박는다.
5 밀대와 두번째 원형 반죽에 밀가루를 묻힌 뒤, 밀대
   위에 반죽을 말아준다. 앞서 크림을 짜두었던 밑판
   위에 이 반죽을 덮고, 손가락으로 가장자리 부분을
   가볍게 눌러 두 반죽을 서로 붙여준다.

6 칼끝 등쪽을 이용해 비스듬한 모양으로 반죽의 가
   장자리에 무늬를 낸다.
7 붓을 이용하여 남은 달걀물을 갈레트 표면 전체에
   바른다.
8 오븐을 180℃로 예열한다. 칼등을 이용하여 중심에
   서 바깥쪽으로 줄무늬를 그려넣는다.
9 오븐에 넣고 40~45분간 굽는다.

팽 오 레

PAIN AU LAIT 우유빵

롤빵 형태로 성형한 파트 르베 쉬크레.

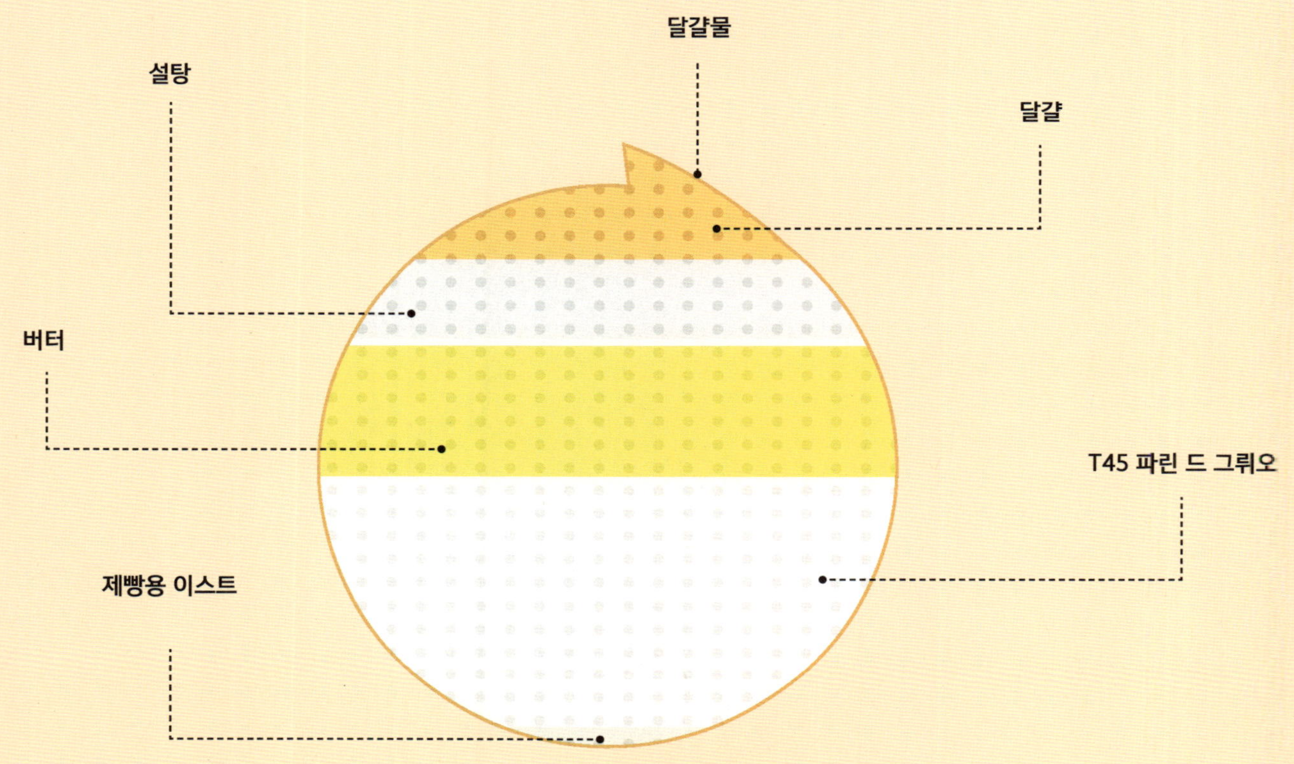

 **특성**

중량: 50g
크기: 18cm
속살: 내상은 촘촘하고 속살은 부드럽다.

 **시간**

준비 시간: 45분
발효 시간: 하룻밤 + 작업 당일 2시간 15분(1차 발
효 30분, 냉장 휴지 15분, 2차 발효 1시간 30분)
굽는 시간: 10분

 **도구**

훅을 장착한 믹서, 붓, 스크레이퍼, 가위

 **주의**

믹싱이 끝났을 때 버터가 녹지 않은 상태로 섞여야
반죽의 되기가 유지된다.

 **연습**

반죽하기(→32쪽)
접기(→37쪽)
둥글리기(→38쪽)
바타르 형태로 성형하기(→45쪽)
늘리기(→41쪽)
달걀물 바르기(→48쪽)

 **완성**

빵이 충분히 노릇해졌을 때.

 **보관**

2-3일.

레lait 우유.

16개

파트 르베

T45 파린 드 그뤼오 450g
달걀 6개(300g)
소금 8g
제빵용 생이스트 14g
설탕 60g
깍둑썰기 한 무른 버터 200g

달걀물

달걀 1개(50g)
우유 3g
소금 1꼬집

1 전날 모든 재료를 냉장고에 넣어둔다. 믹서에 파린 드 그뤼오와 달걀, 소금, 잘게 부순 이스트, 설탕을 넣고 저속으로 4분간 믹싱한 뒤(→32쪽), 이어 중속으로 6분간 믹싱한다. 반죽은 믹싱볼 안쪽 벽에 달라붙지 않는 상태가 되어야 한다. 다시 속도 1로 내려 깍둑썰기 한 버터를 넣고 버터가 잘 섞일 때까지 천천히 잘 섞는다.

2 스텐볼에 반죽을 넣고, 랩을 씌워 상온에서 30분 동안 발효시킨다(1차 발효). 접기 작업을 하고(→37쪽), 다시 스텐볼에 넣은 뒤 랩을 씌워 하룻밤 동안 냉장고에 넣어둔다.

3 반죽을 60g씩 16덩어리로 분할하고 둥글리기한다 (→38쪽). 반죽을 바타르 형태로 성형한 뒤(→45쪽) 랩을 씌워 냉장고에 15분 동안 넣어둔다.

4 반죽을 18cm 길이로 늘리는데(→41쪽), 반죽의 가운데 부분에 양손을 올려놓은 뒤 각 손의 바깥쪽을 향하여 굴리면서 반죽의 길이를 늘린다.

5 유산지 위에 준비된 반죽을 올리고 붓을 이용하여 달걀물을 바른다(→48쪽). 아무것도 덮지 않고 따뜻한 곳(25-28℃)에서 1시간 30분 동안 발효시킨다(2차 발효).

6 가위에 반죽이 달라붙지 않게 달걀물에 가위를 담갔다 꺼낸 후, 가위를 45°로 기울여 유지한 채 반죽에서 빼지 않고 계속 1cm 깊이의 V형 무늬로 자른다.

7 철판을 넣고 오븐(데크 오븐 기준)을 180℃로 예열한 뒤, 가열된 철판을 오븐에서 꺼내고 반죽을 올려놓은 유산지를 미끄러뜨리듯 철판 위로 옮긴다. 달걀물을 한번 더 바른 뒤 10분간 굽는다.

바게트 비에누아즈

BAGUETTE VIENNOISE

작은 바게트 모양으로 성형한 파트 비에누아즈로 초콜릿 칩을 넣기도 한다.

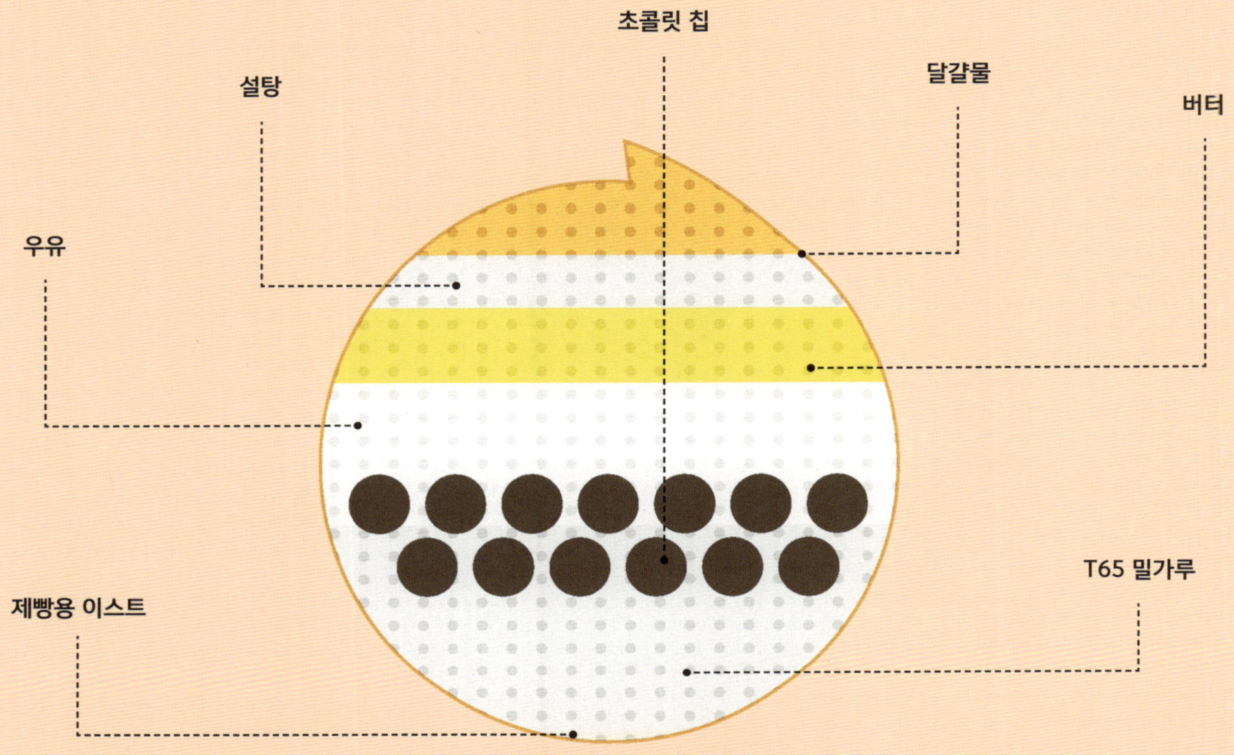

 **특성**

중량: 120g
크기: 25cm
속살: 내상은 촘촘하고 속살은 부드럽다.
겉껍질: 매우 얇고 연하다.

 **시간**

준비 시간: 40분
발효 시간: 5시간 30분(냉장 휴지 4시간 15분, 2차
발효 1시간 15분)
굽는 시간: 15-20분

 **도구**

훅을 장착한 믹서(선택), 쿠프 나이프, 스크레이퍼,
시누아, 붓

 **연습**

반죽하기(→32쪽)
바게트 형태로 성형하기(→43쪽)
달걀물 바르기(→48쪽)
소시송 칼집 넣기(→51쪽)

 **완성**

빵이 충분히 노릇해졌을 때.

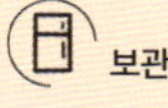 **보관**

2일.

2개

파트 비에누아즈

T65 밀가루 340g	우유 210g
소금 7g	제빵용 생이스트 7g
설탕 30g	버터 55g

가르니튀르 (선택)

초콜릿 칩 90g

달걀물

달걀 1개(50g)	우유 3g
소금 1꼬집	

1 파트 비에누아즈를 준비한다(→60쪽).
2 초콜릿 비에누아즈의 경우, 버터를 섞은 뒤 초콜릿 칩을 추가하되 초콜릿이 반죽에 고루 섞이도록 약간 믹싱한다.
3 반죽을 스텐볼에 넣고 랩을 씌워 냉장고에 4시간 동안 넣어둔다.
4 스크레이퍼를 이용하여 반죽을 네 덩어리로 분할한 뒤 바게트 모양으로 성형하고(→43쪽), 랩을 씌워 냉장고에 15분 동안 넣어둔다.
5 붓을 이용하여 반죽에 달걀물을 바른다(→48쪽).
6 쿠프 나이프를 이용하여 반죽 표면에 소시송 칼집을 넣어준 뒤(→51쪽), 아무것도 덮지 않고 따뜻한 곳(25-28℃)에서 1시간 15분 동안 발효시킨다(2차 발효).
7 철판을 넣고 오븐을 (데크 오븐 기준) 180℃로 예열한다. 이어 다시 한번 붓으로 달걀물을 바른다.
8 오븐에서 꺼낸 가열된 철판 위에 유산지를 깔고 반죽을 올린 뒤, 오븐에 넣어 15-20분간 굽는다.

베녜 푸레

BEIGNET FOURRÉ

사전 발효 반죽을 넣은 파트 르베 쉬크레로, 작은 공 모양으로 성형.
반죽을 튀겨서 계핏가루를 섞은 설탕옷을 묻힌 뒤, 씨가 있는 라즈베리 콩포트를 채워 만든다.

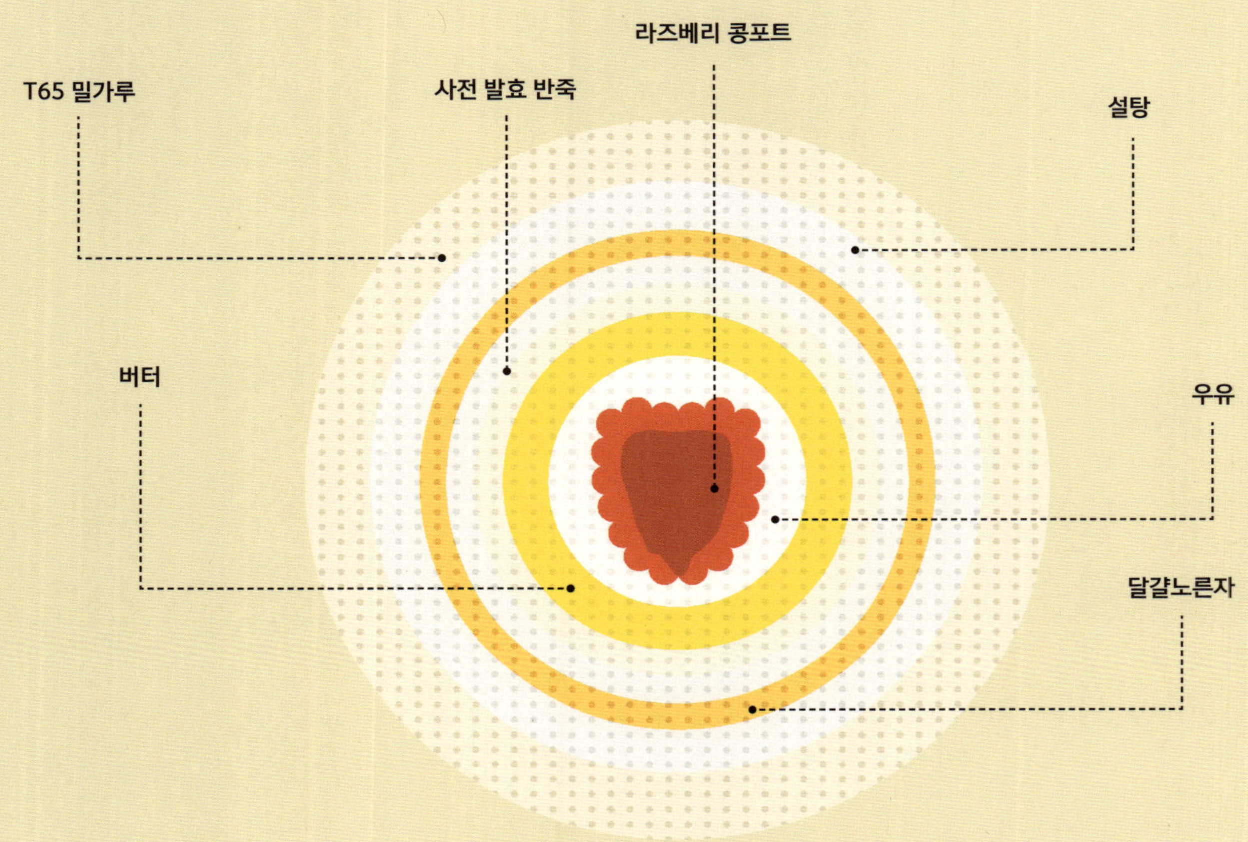

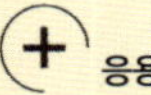 **특성**

중량: 100g
크기: 지름 10cm
속살: 내상은 촘촘하고 속살은 폭신하다.

 **시간**

준비 시간: 1시간
발효 시간: 5시간
굽는 시간: 20분

 **도구**

훅을 장착한 믹서, 스크레이퍼, 짤주머니 + 6번 모양 깍지

응용

사과 콩포트, 크렘 파티시에르, 각종 빵 스프레드

주의

튀길 때 기름 온도 조절 및 충전물 채우기.

 **연습**

반죽하기(→32쪽)
공 모양으로 성형하기(→42쪽)

팁

반죽을 살짝 눌렀을 때 누른 자국이 남지 않고 원래 형태로 돌아오면 2차 발효가 완료된 것이다.

완성

베녜가 충분히 노릇해졌을 때.

보관

상온에서 2일.

사전 발효 반죽pre-ferment   전체 반죽의 재료 중 일부를 덜어내서 미리 발효시킨 것으로, 발효 후 최종반죽에 넣어 사용한다.

1

2

3

4 & 5

12개

1 파트 르베

T65 밀가루 125g
달걀노른자 50g
설탕 35g
제빵용 생이스트 30g
버터 35g
우유 20g
소금 6g

2 사전 발효 반죽

밀가루 140g   제빵용 생이스트 3g
물 90g

3 튀김용

카놀라 오일 1L

4 라즈베리 콩포트 300g

라즈베리 250g
설탕 120g
펙틴 3g

5 마무리

설탕 100g
계핏가루 10g

베녜 가장자리에 하얀 줄이 선명하게 생기는 이유는?

(기름에 튀길 때) 베녜가 표면에 떠 있기 때문에 양쪽을 다 익히려면 베녜를 뒤집어야 한다. 가장자리의 하얀 줄은 기름에 떠 있을 때 생긴 줄이다.

1 사전 발효 반죽 준비: 밀가루와 잘게 부순 이스트, 물을 섞고 24℃에서 1시간 30분 동안 휴지시켜 사전 발효 반죽을 만든다. 믹서에 버터를 제외한 모든 재료와 사전 발효 반죽을 넣고 저속으로 6-8분 간 믹싱한 뒤(→32쪽), 이어 한 단 올려 6-8분간 믹싱한다. 깍둑썰기 한 버터를 추가한 후, 반죽에 잘 섞이도록 믹싱한다.

2 반죽이 믹싱볼 안쪽 벽에 달라붙지 않는 상태가 되면 반죽에 랩을 씌워 완전히 차가워질 때까지 냉장고에 넣어둔다(3시간).

3 반죽을 40g씩 12덩이로 분할하고 공 모양으로 성형한 뒤(→42쪽), 밀가루를 충분히 뿌린 면포 위에 올려놓는다.

4 다른 면포로 그 위를 덮어 따뜻한 곳(25-28℃)에서 1시간 30분-2시간 동안 발효시켜 반죽의 부피가 2배로 늘어나도록 한다.

5 기름을 145-150℃로 가열한 뒤, 뜨거운 기름에 반죽을 집어넣어 한쪽에 30초씩 익힌다. 튀김망으로 건져내어 기름을 흡수할 수 있는 키친 타월 위에 올려둔다.

6 기름에 튀긴 베녜가 식고 나면 계핏가루를 섞은 설탕옷을 입힌다.

7 라즈베리 콩포트를 만든 뒤(→268쪽), 콩포트가 식으면 모양 깍지가 달린 짤주머니에 넣는다. 베녜 한쪽에 구멍을 뚫고 라즈베리 콩포트를 채운다.

브리오슈 파리지엔

BRIOCHE PARISIENNE

파트 아 브리오슈로 둥근 머리와 홈이 파인 몸통의 두 부분으로 성형.

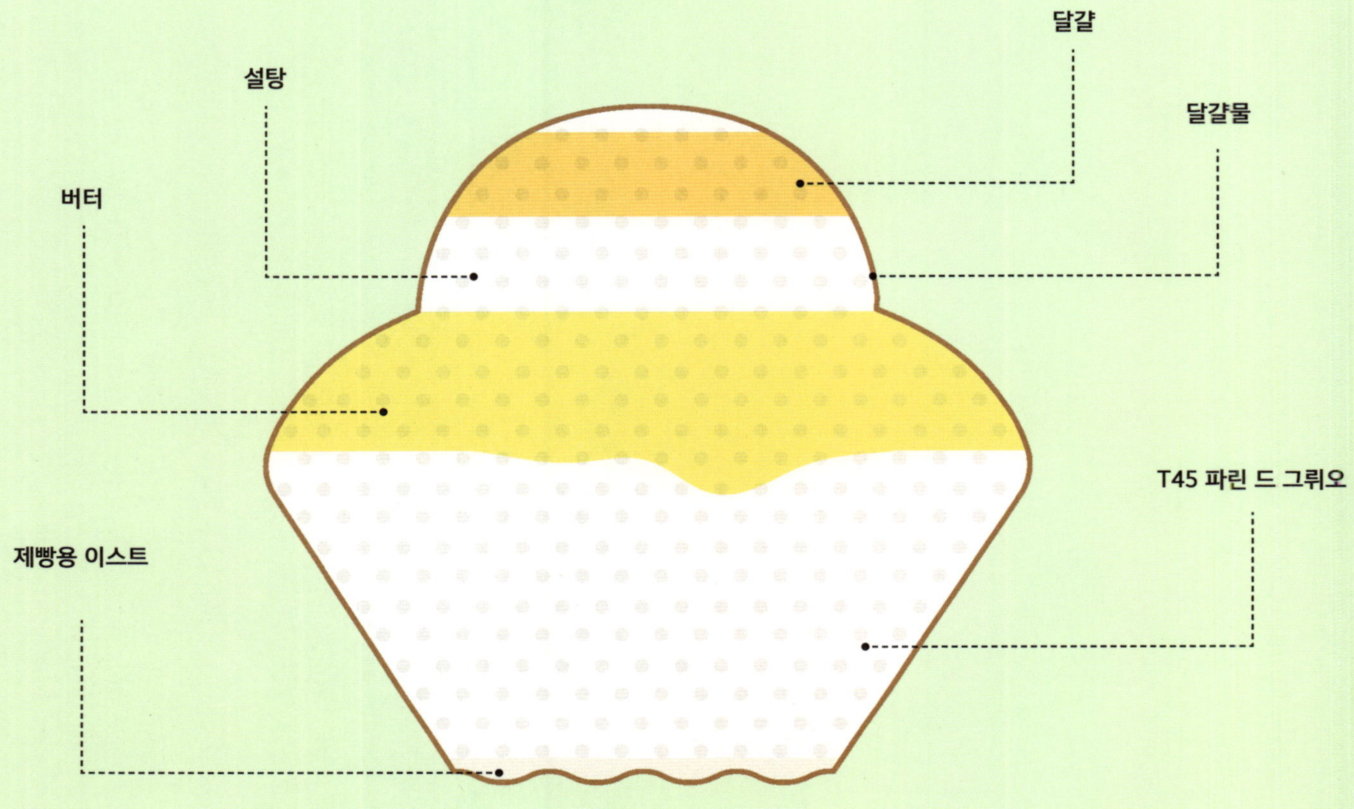

 **특성**

미니 브리오슈 개당 중량: 50g
커다란 브리오슈 중량: 350g
속살: 내상이 촘촘하고 결이 곱다.

 **시간**

준비 시간: 1시간 20분
발효 시간: 13시간(1차 발효 하룻밤, 2차 발효 2시간 30분)
굽는 시간: 10-15분

 **도구**

세로로 홈이 팬 지름 80mm 브리오슈 틀 4개, 세로로 홈이 팬 지름 180mm 브리오슈 틀 1개, 훅을 장착한 믹서, 스크레이퍼, 시누아, 붓

 **주의**

브리오슈 머리 부분을 만들 때 주의.

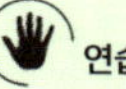 **연습**

반죽하기(→32쪽)
공 모양으로 성형하기(→42쪽)
달걀물 바르기(→48쪽)
접기(→37쪽)

 **팁**

손가락을 이용하여 머리 가장자리를 몸통 부분에 잘 파묻어야 한다. 그렇지 않으면 굽기 과정이 끝난 후 머리 부분이 납작하고 평평해질 수 있다.

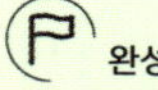 **완성**

브리오슈의 머리 부분이 충분히 부풀어오르고 브리오슈의 색상이 노릇해졌을 때.

 **보관**

2-3일.

**50g 미니 브리오슈 4개
및 350g 큰 브리오슈 1개**

1 파트 아 브리오슈

T45 파린 드 그뤼오 240g
달걀 3개
소금 5g
제빵용 생이스트 8g
설탕 40g
버터 130g

2 달걀물

달걀 1개(50g)
우유 3g
소금 1꼬집

3 틀

포마드 버터

<table>
<tr><td>

1 전날 모든 재료를 냉장고에 넣어둔다. 믹서에 밀가루와 달걀, 소금, 이스트, 설탕을 넣고 저속으로 4분간 믹싱한 뒤(→32쪽), 이어 중속으로 6분간 믹싱한다. 반죽은 믹싱볼 안쪽 벽에 달라붙지 않는 상태가 되어야 한다.

2 깍둑썰기 한 버터를 추가한 뒤, 버터가 반죽에 완전히 섞일 때까지 계속해서 믹싱한다.

3 반죽을 스텐볼에 넣은 뒤, 반죽에 밀착하여 랩을 씌워(→285쪽) 30분간 발효시킨다. 접기 작업을 하고(→37쪽) 다시 반죽을 스텐볼에 넣은 뒤 반죽에 밀착하여 랩을 씌운 다음 이튿날까지 냉장고에 넣어둔다(1차 발효).

</td><td>

4 스크레이퍼를 이용하여 반죽을 50g씩 네 덩어리로 분할하고, 300g 중량의 한 덩어리와 100g 중량의 나머지 한 덩어리를 따로 만들어 놓는다. 공 모양으로 성형한 뒤(→42쪽) 랩을 씌워 냉장고에 15분간 넣어둔다.

5 틀에 붓으로 포마드 버터를 바른다. 4개의 작은 반죽 덩어리는 위에서 2/3 지점에서 끊어지지 않게끔 목과 머리 부분을 조여 미니 브리오슈의 머리 부분을 성형한다. 큰 브리오슈의 경우, 300g의 반죽을 왕관 모양으로 성형한 뒤(→46쪽) 100g짜리 반죽 덩어리는 굴려서 물방울 모양으로 만든다.

</td><td>

6 머리 부분을 위로 향하게 하여 틀 안에 4개의 미니 브리오슈 반죽을 집어넣는다. 큰 브리오슈의 경우, 왕관 모양으로 성형한 반죽의 구멍 속에 물방울 모양 반죽의 얇은 부분을 집어넣은 뒤 밑면에서 끄트머리를 서로 잘 이어주고 틀 안에 넣는다. 5개 브리오슈 머리 정수리 부분은 손가락을 이용하여 몸통 쪽으로 눌러 머리 부분과 몸통 부분이 서로 잘 이어지도록 만든다.

7 붓을 이용하여 브리오슈에 달걀물을 바르고(→48쪽), 따뜻한 곳(25-28℃)에서 2시간 30분 동안 발효시킨다(2차 발효). 철판을 넣고 오븐을(데크 오븐 기준) 180℃로 예열한다. 오븐에서 꺼낸 가열된 철판 위에 브리오슈를 올리고 다시 한번 달걀물을 바른 뒤, 오븐에 넣어 10-15분간 굽는다. 틀에서 브리오슈를 꺼내기 전 최소 5분 동안 식힌다.

</td></tr>
</table>

브리오슈 오
프랄린

BRIOCHE AUX PRALINES

프랄린 로즈를 첨가한 파트 아 브리오슈로, 공 모양으로 성형.

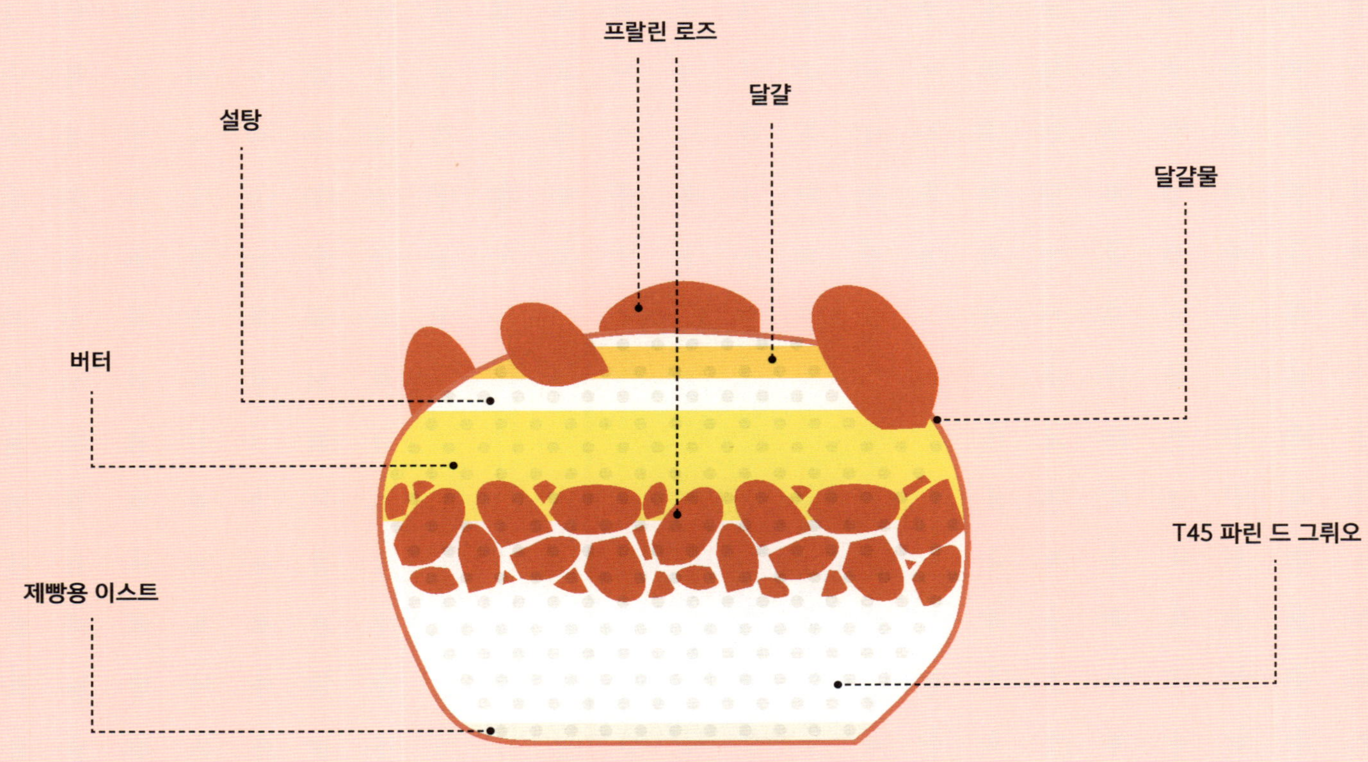

 **특성**

중량: 40g
크기: 1인용 미니 사이즈.
속살: 내상이 조밀하고 결이 곱다.

 **시간**

준비 시간: 1시간 10분
발효 시간: 14시간 30분(1차 발효 하룻밤, 2차 발효 2시간 30분)
굽는 시간: 10분

 **도구**

훅을 장착한 믹서, 붓, 스크레이퍼, 시누아

 **응용**

초콜릿 칩 브리오슈: 믹서에 버터를 넣은 다음 초콜릿 칩을 추가하여 같이 섞는다.

 **주의**

구울 때 프랄린이 떨어지지 않도록 성형하기.

 **연습**

반죽하기(→32쪽)
접기(→37쪽)
공 모양으로 성형하기(→42쪽)
달걀물 바르기(→48쪽)

 **완성**

브리오슈가 충분히 노릇해졌을 때.

 **보관**

2-3일.

4개

1 파트 아 브리오슈

T45 파린 드 그뤼오 80g
달걀 1개(50g)
소금 2g
제빵용 생이스트 3g
설탕 15g
상온의 버터 40g

2 달걀물

달걀 1개(50g)
우유 혹은 크림 3g
소금 1꼬집

3 가르니튀르

프랄린 로즈 60g

프랄린 로즈praline rose 통 아몬드를 볶으면서 설탕 옷을 입힌
후 핑크색으로 착색시킨 것.

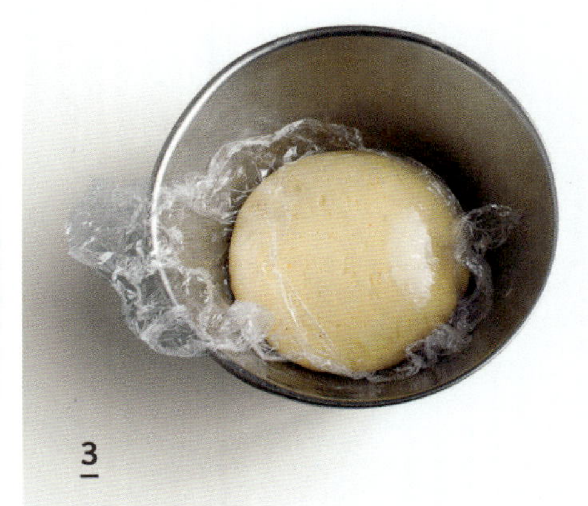

1 전날 모든 재료를 냉장고에 넣어둔다. 믹서에 밀가루와 달걀, 소금, 이스트, 설탕을 넣고 저속으로 4분간 믹싱한 뒤(→32쪽), 이어 중속으로 6분간 믹싱한다.

2 다시 믹서 속도를 저속으로 내린 뒤 깍둑썰기 한 버터를 반죽에 넣고 버터가 다 섞일 때까지 천천히 섞는다.

3 상온에서 30분간 휴지시킨 다음 접기 작업을 하고(→37쪽), 용기에 랩을 씌워 다음날까지 냉장고에 넣어둔다(1차 발효).

4 반죽을 70g씩 네 덩어리로 분할하고 공 모양으로 성형한다(→42쪽). 브리오슈 온도가 너무 높을 경우 다시 15분간 냉장고에 넣어둔다.

5 지름 10cm의 원반 모양이 되도록 각각의 반죽을 밀어 편 뒤, 손으로 눌러가며 표면에 프랄린을 얹는다.

6 프랄린 위로 반죽을 덮고 다시 공 모양으로 만든다. 이때 프랄린은 반죽 안으로 들어가 있어야 한다.

7 이음매를 아래로 두고 유산지 위에 브리오슈를 올린다. 붓을 이용하여 반죽에 달걀물을 바르고(→48쪽), 따뜻한 곳(25-28℃)에서 2시간 30분 동안 발효시킨다(2차 발효).

8 철판을 넣고 오븐을 (데크 오븐 기준) 180℃로 예열한다. 오븐에서 꺼낸 가열된 철판 위에 유산지와 함께 브리오슈를 올리고 다시 한번 달걀물을 바른 뒤, 윗면에 프랄린을 가볍게 박는다. 이후 오븐에 넣어 10분간 굽는다.

브리오슈 트레세

BRIOCHE TRESSÉE

오렌지 플라워 워터와 럼을 넣어 향을 낸 파트 아 브리오슈로, 세 가닥으로 땋아 성형.

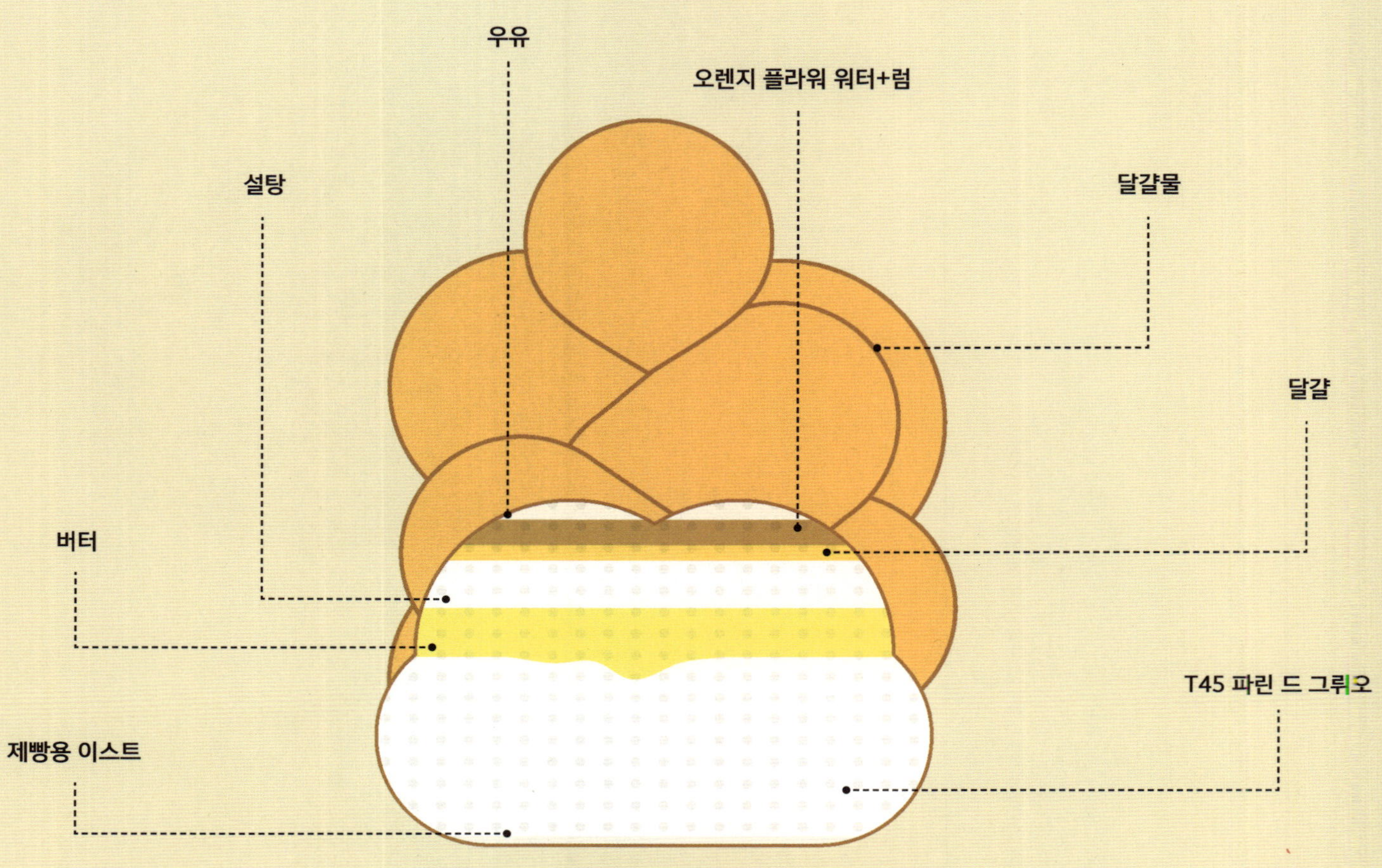

 **특성**

중량: 350g
크기: 40cm
속살: 긴 빵결을 지닌다.

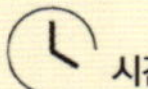 **시간**

준비 시간: 전날 1시간+당일 1시간
발효 시간: 1차 발효 하룻밤+2차 발효 4시간
굽는 시간: 25–30분

 **도구**

훅을 장착한 믹서, 둥근 스크레이퍼, (일반) 스크레이퍼, 시누아, 붓

 **주의**

가닥을 느슨하게 땋아 구울 때 반죽이 잘 부풀어오를 수 있도록 한다.

 **연습**

반죽하기(→32쪽)
재료 긁어내기(→282쪽)
접기(→37쪽)
달걀물 바르기(→48쪽)

 **완성**

겉껍질에 노릇한 색이 나고 땋아서 꼬인 부분이 약간 하얄 때.

 **보관**

2–3일.

1개

1 파트 아 브리오슈

T45 파린 드 그뤼오 170g
상온의 버터 50g
달걀 2개
설탕 40g
우유 10g
오렌지 플라워 워터 2g
럼 10g
제빵용 생이스트 10g
소금 3g

2 달걀물

달걀 1개(50g)
우유 3g
소금 1꼬집

속살이 긴 빵결을 지닌 이유는?

가닥을 꼬는 과정에서 글루텐 조직의 형태
가 달라져 각 가닥 내부의 그물망 조직이
길게 늘어나기 때문이다.

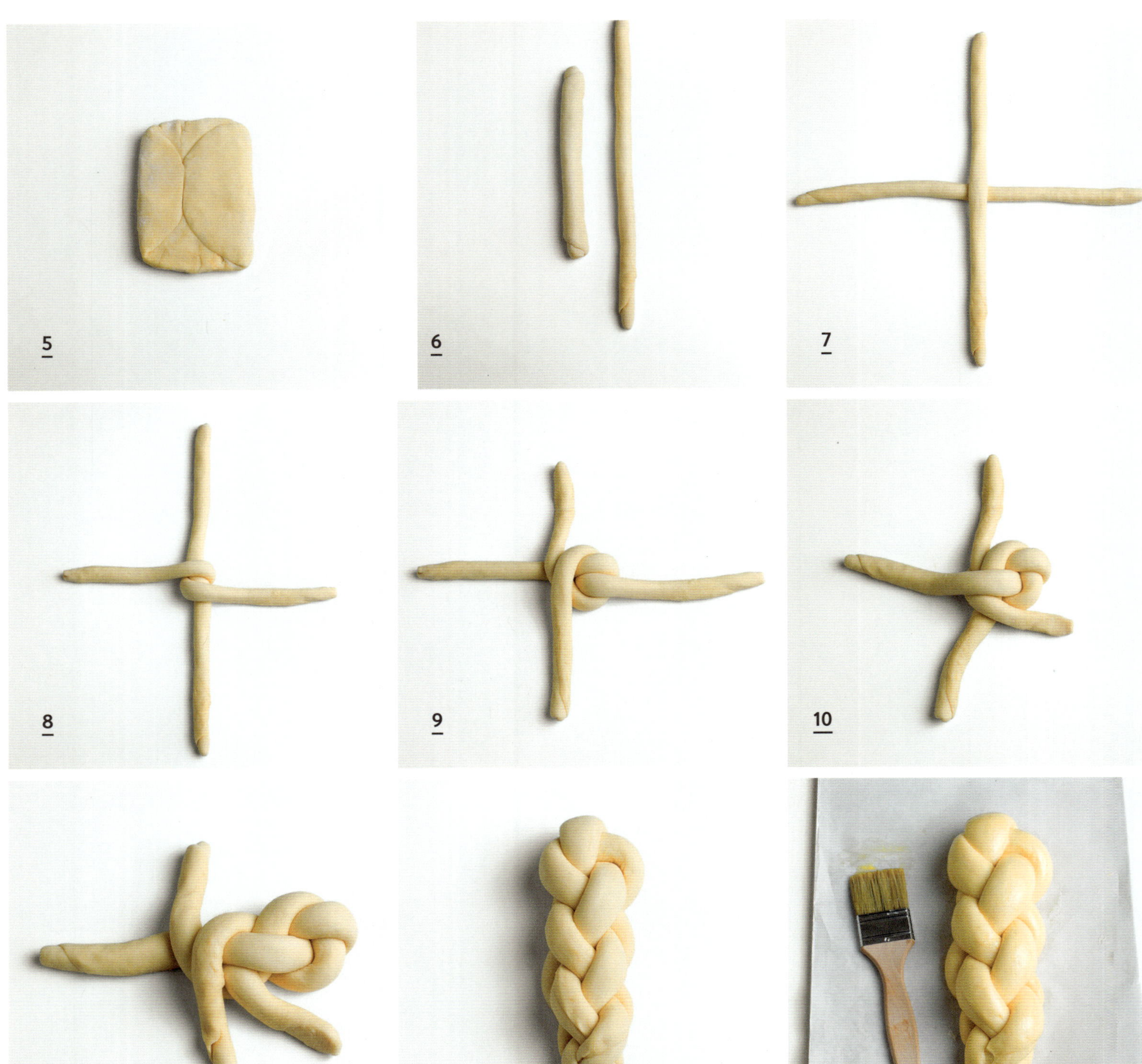

전날 작업

1 믹서에 밀가루, 달걀, 설탕, 우유, 오렌지 플라워 워터, 럼, 이스트, 소금을 넣는다.
2 저속으로 4분간 믹싱한 뒤(→32쪽), 이어 반죽이 믹싱볼 안쪽 벽에 달라붙지 않는 상태가 될 때까지 중속으로 최소 8분간 믹싱한다. 믹싱하는 동안 용기 가장자리에서 수시로 재료를 긁어 모아준다 (→282쪽).
3 다시 저속으로 내려서 깍둑썰기 한 버터를 추가한 뒤 버터가 잘 섞일 때까지 천천히 믹싱한다.
4 밀가루를 뿌린 스텐볼 안에 반죽을 넣고 랩을 씌워 상온에서 1시간 동안 발효시킨다.
5 접기 작업을 하고(→37쪽) 다시 반죽을 스텐볼에 넣은 뒤 반죽에 밀착하여 랩을 씌우고(→285쪽) 하룻밤 동안 냉장고에 넣어둔다(1차 발효).

당일 작업

6 스크레이퍼를 이용하여 반죽을 똑같이 둘로 나누고, 각각의 반죽을 손바닥으로 굴려 60cm 길이의 균일한 가닥 두 개로 만든다.
7 네 개의 가닥으로 꽈배기를 만드는데, 먼저 가로로 놓인 가닥 위에 나머지 한 가닥을 세로로 놓아 십자가를 만든다.
8 가로로 놓인 가닥을 좌우로 교차시키되, 왼쪽 가지가 오른쪽 가지 위에 놓이도록 한다.
9 세로로 놓인 가닥을 위아래로 교차시키되, 위쪽 가지가 아래쪽 가지 위에 놓이도록 한다.
10 같은 작업을 반복하여 오른쪽 가지가 왼쪽 가지 위에 올라오도록 한다.
11 위쪽 가지는 아래쪽 가지 위로 올라오게 한다.

12 계속해서 끝단까지 땋은 뒤 밑동 부분을 봉합한다.
13 붓을 이용하여 반죽에 달걀물을 바르고(→48쪽), 유산지에 올려 따뜻한 곳(25-28℃)에서 4시간 동안 발효시킨다(2차 발효).
14 철판을 넣고 오븐을 (컨벡션 오븐 기준) 180℃로 예열한다. 다시 한번 달걀물을 바른 뒤 오븐에서 꺼낸 가열된 철판 위에 유산지와 함께 브리오슈를 올리고, 오븐에 넣어 약 25-30분간 굽는다.

브리오슈 푀이테

BRIOCHE FEUILLETÉE

버터 층을 끼워넣고 말아서 층상 구조를 만들어낸 파트 아 브리오슈.

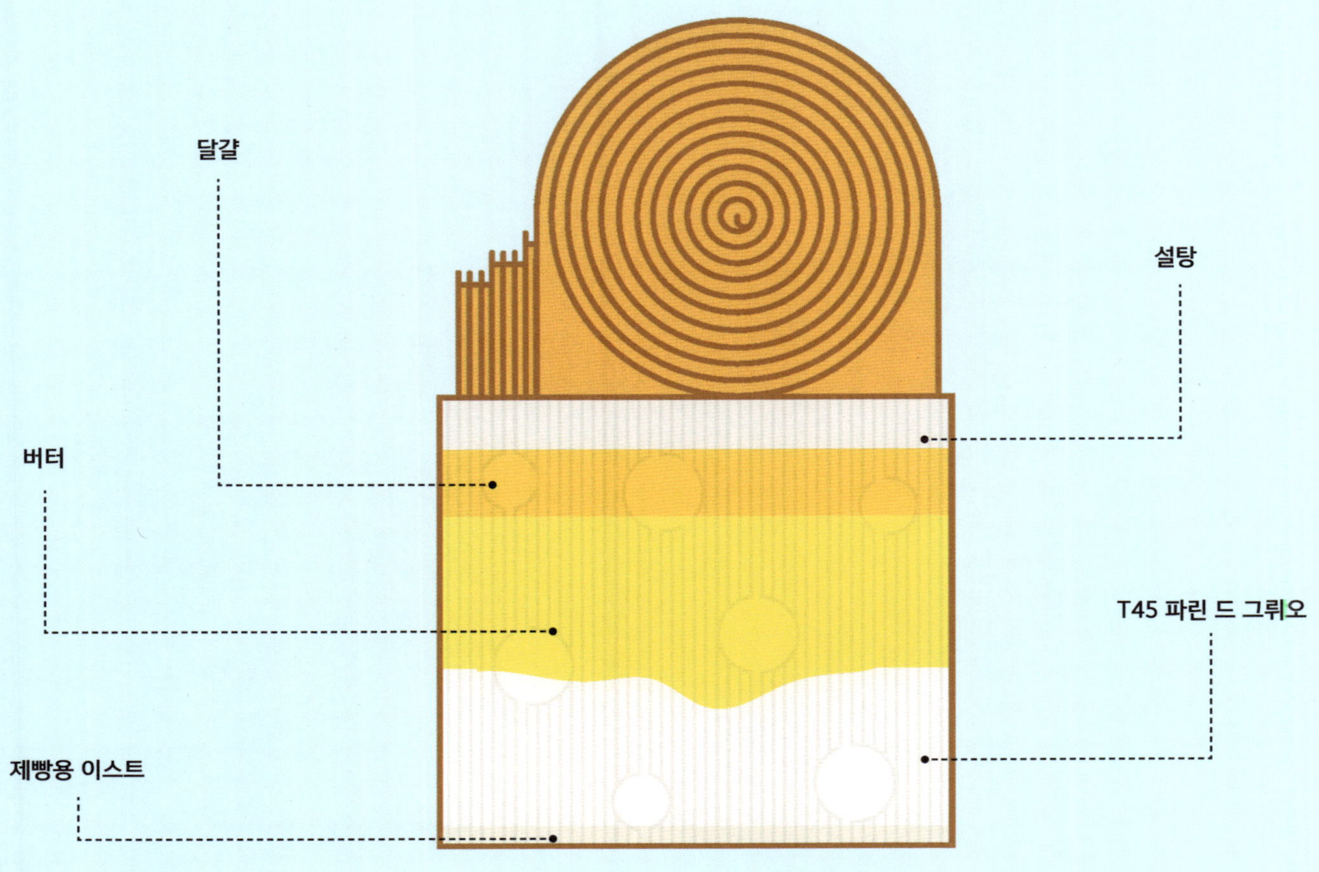

 **특성**

중량: 400g
크기: 10cm
속살: 내상에 벌집 기공이 두드러진다.
겉껍질: 겹겹이 층을 이루는 구조.

시간

준비 시간: 45분
발효 시간: 3시간(1차 발효 30분, 냉장 휴지 1시간,
2차 발효 1시간 30분)
굽는 시간: 35분

 **도구**

훅을 장착한 믹서, 밀대, 지름 15cm의 유산지가 깔린 종이틀, 시누아, 붓

 **주의**

버터 층과 반죽 층이 서로 뒤섞일 수 있으므로, 반죽을 너무 세게 펴지 않는다.

 **연습**

반죽하기(→32쪽)
접기(→37쪽)
달걀물 바르기(→48쪽)

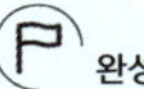 **완성**

브리오슈가 충분히 부풀어오르고 색이 노릇해졌을 때.

1개

1 파트 아 브리오슈

T45 파린 드 그뤼오 180g
달걀 2개(100g)
소금 3g
제빵용 생이스트 6g
설탕 30g
상온의 버터 90g

2 푀이타주

버터 100g

3 달걀물

달걀 1개(50g)
우유 3g
소금 1꼬집

4 마무리

슈거파우더

1 파트 아 브리오슈를 준비한다(→66쪽). 밀대를 이용하여 반죽을 30×20cm의 직사각형으로 밀어 편다.

2 밀대로 버터를 두드려 부드럽게 만든다.

3 버터를 15×20cm 크기의 직사각형 모양으로 만든 뒤, 반죽의 가운데에 올려놓는다. 반죽의 위아래를 버터 위로 접은 뒤, 이음매가 수직이 되도록 방향을 회전한다.

4 3겹 접기를 하는데, 먼저 밀대를 이용하여 (이음매의 방향을 따라) 세로로 길게 반죽을 펴되 가로 길이보다 세로 길이가 3배 더 길어지게 한다.

5 반죽을 3겹으로 접은 뒤 랩을 씌워 냉장고에 20분 동안 넣어둔다. 그리고 다시 3겹 접기를 하는데, 이음매를 세로로 두고 반죽을 길게 펴고 3겹으로 접은 뒤 다시 랩을 씌워 냉장고에 20분간 넣어두고, 마지막으로 한 번 더 3겹 접기를 한 뒤 랩을 씌워 냉장고에 20분간 넣어둔다.

6 밀대로 반죽을 밀어 가로 10cm, 두께 0.5~1cm로 만든다.

7 이어 반죽을 단단히 조이면서 둘둘 말아준다.

8 틀 안에 반죽을 넣되, 한쪽 끝이 틀 바닥에 닿도록 한다. 붓을 이용하여 반죽에 달걀물을 바르고(→48쪽), 면포로 덮어 따뜻한 곳(25~28℃)에서 2시간 30분 동안 발효시킨다(2차 발효).

9 오븐을 (데크 오븐 기준) 180℃로 예열한다. 다시 한번 달걀물을 바른 뒤 오븐에 넣어 35분간 굽는다. 식힌 후 슈거파우더를 뿌린다.

타르트 오 쉬크르

TARTE AU SUCRE 설탕 타르트

버터와 설탕을 얹은 파트 아 브리오슈로, 타르틀레트 형태로 성형.

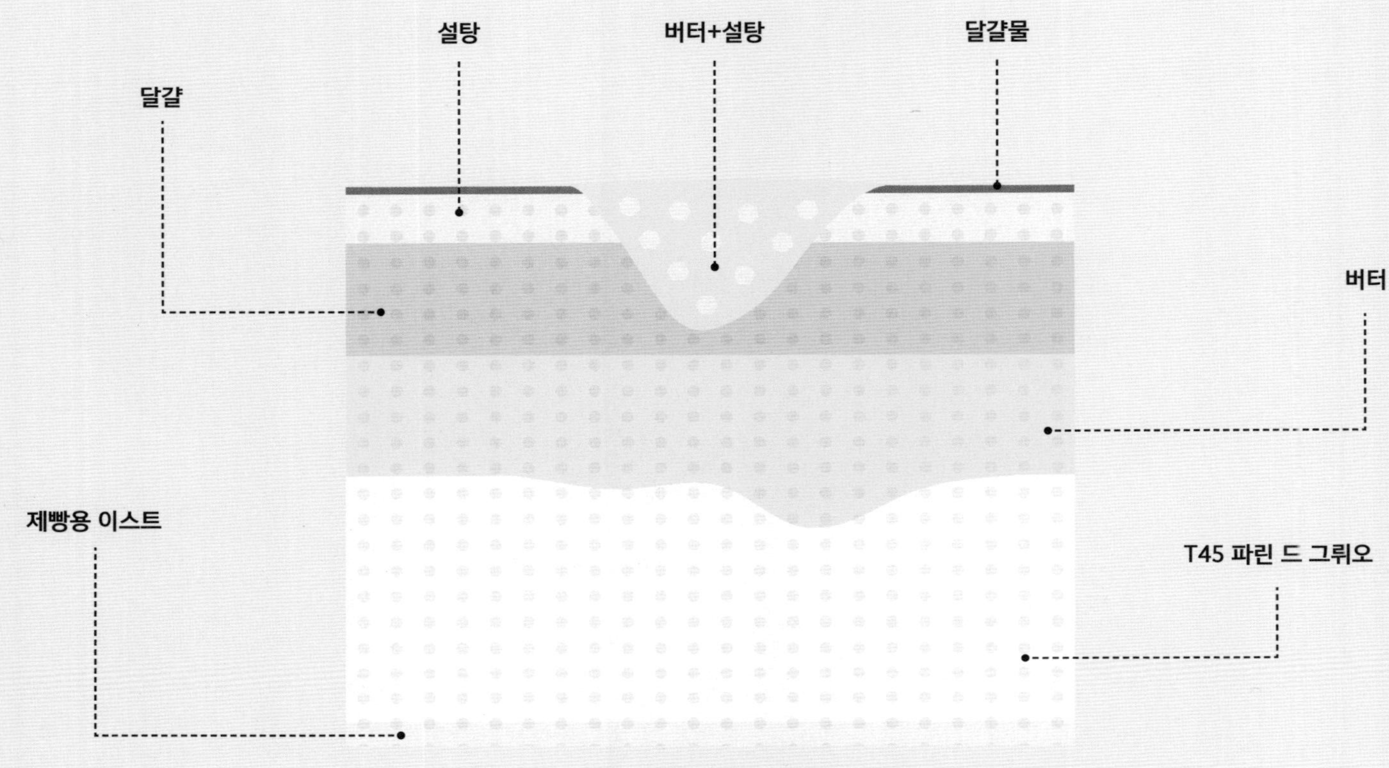

 **특성**

중량: 50g
크기: 지름 15cm
속살: 내상은 촘촘하고 속살은 부드럽다.

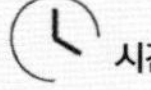 **시간**

준비 시간: 50분
발효 시간: 15시간(1차 발효 하룻밤, 휴지 30분, 2차
발효 2시간 30분)
굽는 시간: 5-7분

 **도구**

훅을 장착한 믹서, 밀대, 스크레이퍼, 시누아, 붓

 **주의**

반죽 밀기.

 **연습**

반죽하기(→32쪽)
접기(→37쪽)
둥글리기(→38쪽)
달걀물 바르기(→48쪽)

 **팁**

밀대로 반죽을 밀어 펼 때 일정 간흐으로 조금씩 반
죽을 회전시켜 둥근 모양이 유지될 수 있도록 한다.

 **완성**

타르트의 색이 약간 노릇해졌을 때.

 **보관**

상온에서 1-2일.

8개

파트 아 브리오슈

T45 파린 드 그뤼오 245g
달걀 3개(150g)
소금 5g
제빵용 생이스트 8g
설탕 40g
상온의 버터 120g

가르니튀르

버터 80g
설탕 65g(혹은 비정제 황설탕)

달걀물

달걀 1개
우유 3g
소금 1꼬집

1 파트 아 브리오슈를 준비한다(→66쪽). 스크레이퍼를 이용하여 반죽 560g을 8덩어리로 분할하고, 각각의 반죽 덩어리를 둥글리기한다(→38쪽).

2 반죽 덩어리에 랩을 씌운 뒤, 냉장고에 넣고 최소 30분간 휴지시킨다.

3 작업대와 반죽 윗면에 밀가루를 뿌리면서 밀대를 이용하여 상당히 얇은 (약 5mm) 원반 모양으로 각 반죽을 밀어 편다.

4 유산지를 깐 철판 위에 납작한 원반 모양의 반죽을 올린 뒤, 면포로 덮어 따뜻한 곳(25-28℃)에서 2시간 30분 동안 발효시킨다(2차 발효).

5 오븐을 (데크 오븐 기준) 180℃로 예열한 뒤, 붓을 이용하여 준비된 반죽 위에 달걀물을 바른다(→48쪽).

6 검지와 중지를 이용하여 각 반죽 위에 다섯 개의 손가락 자국을 만들어준다. 각각의 구멍에는 2g의 작은 버터 조각을 넣고 설탕(약 8g)을 뿌린다.

7 오븐에 넣고 5-7분간 굽는다.

브리오슈 보르들레즈

BRIOCHE BORDELAISE

오렌지 플라워 워터로 향을 내고 과일 콩피를 첨가한 파트 아 브리오슈로,
왕관 형태로 성형하고 펄 슈가와 과일 콩피를 토핑으로 올린다.

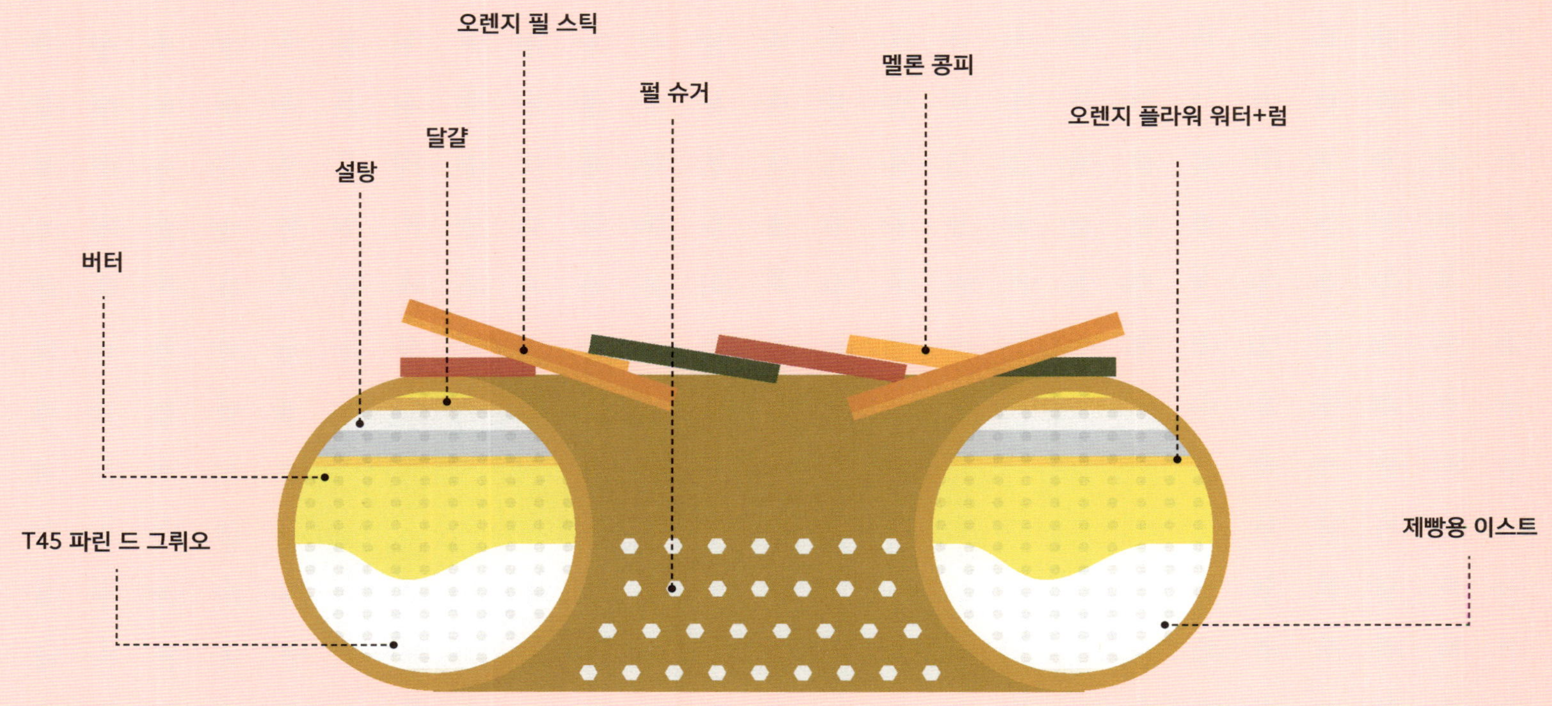

 **특성**

중량: 500g
크기: 지름 25cm
속살: 내상은 촘촘하고 속살은 부드럽다.

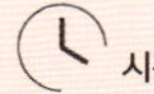 **시간**

준비 시간: 10분
발효 시간: 10시간(1차 발효 30분, 냉장 휴지 하룻
밤, 2차 발효 1시간 30분)
굽는 시간: 30분

 **도구**

훅을 장착한 믹서, 시누아, 붓

 **주의**

버터가 녹지 않으면서 반죽에 잘 섞이도록 유의.

 **연습**

반죽하기(→32쪽)
접기(→37쪽)
둥글리기(→38쪽)
왕관 형태로 성형하기(→46쪽)
달걀물 바르기(→48쪽)

완성

브리오슈에 토핑을 올리고 구워졌을 때.

보관

상온에서 2일.

1개

브리오슈 반죽

T45 파린 드 그뤼오 200g

달걀 2개	소금 4g
제빵용 생이스트 6g	설탕 15g
버터 120g	오렌지 플라워 워터 20g
럼 10g	오렌지 필 45g
레몬 제스트 5g	

마무리

펄 슈거 50g
오렌지 필 스틱 및 멜론 콩피 20g

달걀물

달걀 1개
우유 3g
소금 1꼬집

1 전날 재료들을 냉장고에 넣어둔다. 밀가루와 함께 오렌지 플라워 워터, 럼을 추가하여 파트 아 브리오슈를 준비한다(→66쪽). 오렌지 필과 레몬 제스트를 넣고, 재료가 잘 섞이도록 조금 믹싱한다. 반죽을 30분 동안 발효시킨 뒤(1차 발효), 접기 작업을 하고(→37쪽) 랩을 씌워 다음날까지 냉장고에 넣어둔다(1차 발효).

2 반죽을 둥글리기한 뒤(→38쪽) 냉장고에서 30분 동안 휴지시킨다. 반죽에 검지를 집어넣어 검지가 작업대에 닿을 때까지 가운데 부분을 뚫는다.

3 내부 지름이 약 8cm에 이르도록 하면서 왕관 형태로 성형한다(→46쪽).

4 유산지 위에 브리오슈를 올리고, 붓을 이용하여 달걀물을 바른다(→48쪽). 따뜻한 곳(25-28℃)에서 1시간 30분 동안 발효시킨다(2차 발효).

5 달걀물을 바르고, 브리오슈의 가장자리 둘레를 따라 펄 슈거를 뿌린 뒤 위에는 콩피 껍질을 올린다. 오븐을 (데크 오븐 기준) 260℃로 예열한 뒤, 오븐에서 꺼낸 가열된 철판 위에 유산지와 함께 브리오슈를 올리고 오븐에 넣어 30분간 굽는다.

트로페지엔

TROPÉZIENNE

오렌지 플라워 워터와 바닐라로 향을 낸 크렘 무슬린으로 속을 채운 브리오슈로, 아몬드 슬라이스를 토핑으로 올린다.

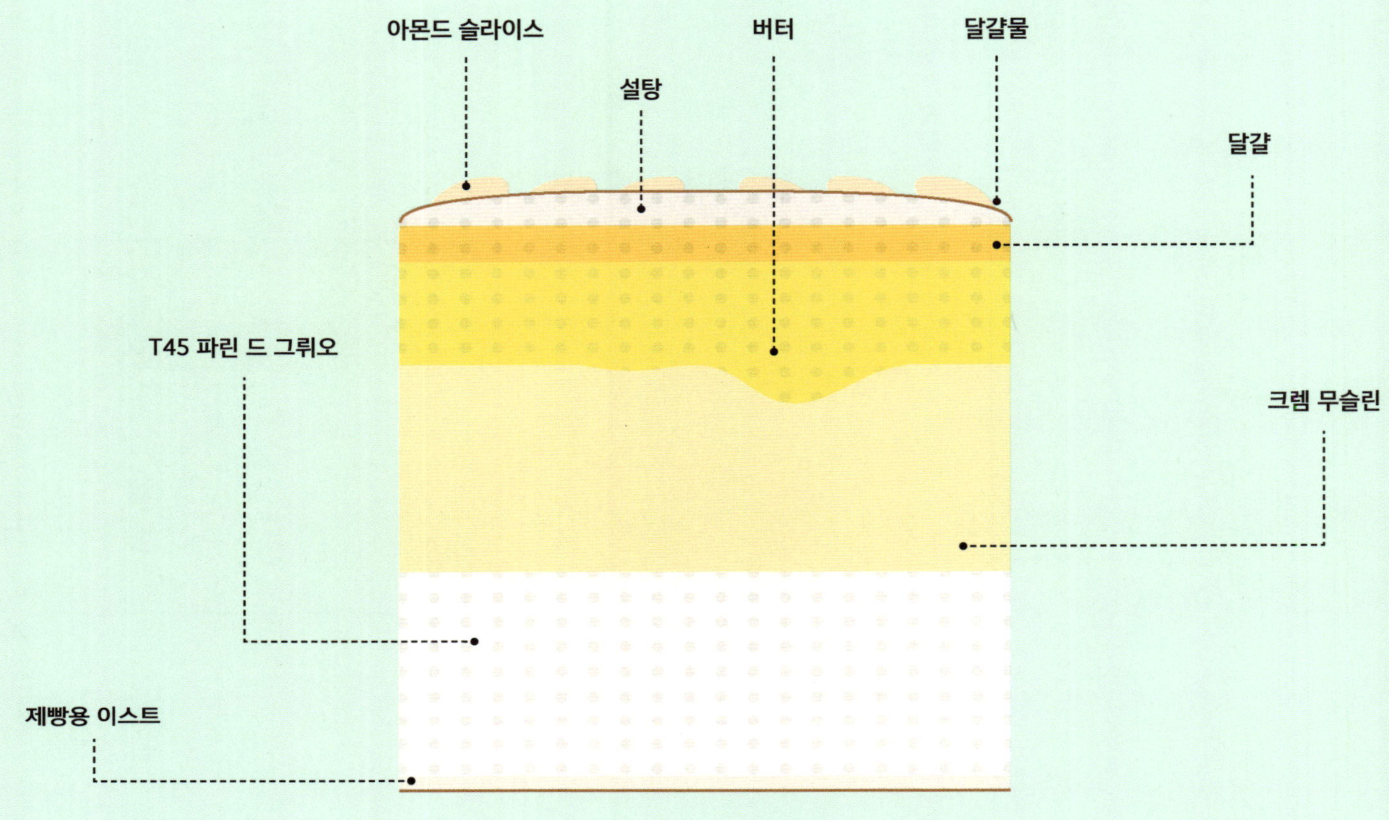

 **특성**

중량: 800g
크기: 지름 24cm
속살: 내상은 촘촘하고 속살은 부드럽다.

 **시간**

준비 시간: 25분
발효 시간: 14시간(1차 발효 하룻밤, 휴지 30분, 2차 발효 1시간 30분)
굽는 시간: 35분

 **도구**

훅을 장착한 믹서, 밀대, 지름 24cm 세르클, 붓, 일자형 스패튤러

 **연습**

반죽하기(→32쪽)
접기(→37쪽)
공 모양으로 성형하기(→42쪽)
달걀물 바르기(→48쪽)
블랑시르(→284쪽)

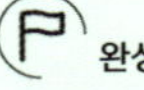 **완성**

브리오슈가 황금색을 띠며 노릇해지고, 크림이 흰색에 가깝도록 연해지고 부드러워졌을 때.

 **보관**

서늘한 곳에서 2-3일.

8조각

1 파트 아 브리오슈 500g

T45 파린 드 그뤼오 220g
달걀 3개(150g)
소금 4g
제빵용 생이스트 7g
설탕 35g
포마드 버터 110g(→284쪽)

2 달걀물

달걀 1개(50g)
우유 3g
소금 1꼬집

3 마무리

포마드 버터 10g
아몬드 슬라이스 10g

4 크렘 무슬린

우유 250g
달걀 1개(50g)
설탕 80g
옥수수 전분 25g
오렌지 플라워 워터 10g
버터 125g
바닐라빈 1/2개

<table>
<tr><td>

1 파트 아 브리오슈를 만든다(→66쪽). 다음날 파트 아 브리오슈를 공 모양으로 성형한 뒤(→42쪽), 이어 밀대로 밀며 조금씩 펼치되 둥근 형태를 계속해서 유지한다. 둥글게 펼친 반죽을 유산지를 깐 철판 위에 놓은 세르클 안에 집어넣는다.

2 붓을 이용하여 달걀물을 바르고(→48쪽), 따뜻한 곳(25-28℃)에서 1시간 30분 동안 발효시킨다(2차 발효).

3 다시 한번 달걀물을 바르고 아몬드 슬라이스를 뿌린 다음, 오븐에 넣어 160℃에서 35분간 구운 뒤 식힌다.

</td><td>

4 크렘 무슬린을 준비하는데, 먼저 스텐볼 안에 달걀과 설탕, 옥수수 전분, 오렌지 플라워 워터를 넣고 섞는다.

5 냄비 안에 반으로 갈라 속을 긁어낸 바닐라빈의 껍질과 씨 부분을 우유와 함께 넣고 약한 불로 끓인 뒤, 이어 스텐볼에 붓고 모든 재료들을 다시 냄비로 옮겨 담는다. (크림이 금방 되직해지기 때문에) 끊임없이 저으면서 2분 동안 가열하고 불을 끈다.

6 뜨거운 상태의 재료 **5**에 절반의 버터를 추가한 뒤 함께 섞는다.

</td><td>

7 다른 용기에 크림을 옮겨 담은 뒤, 피막이 생기지 않도록 표면에 밀착하여 랩을 씌운 다음(→285쪽) 상온에서 식힌다.

8 남은 버터를 추가하고, 믹서에 비터를 장착하여 섞으면서 크림의 거품을 올리고, 흰색에 가깝도록 연해지고, 부드러워지도록 블랑시르한다(→284쪽).

9 브리오슈를 가로로 2등분 한 뒤, 일자형 스패튤러로 속에 크림을 채우고 그 위에 뚜껑 부분을 덮는다.

</td></tr>
</table>

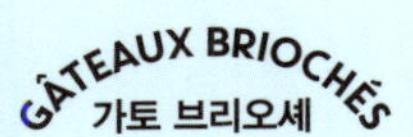

쿠글로프

KOUGLOF

속재료로 건포도를 넣고 브리오슈 케이크로,
쿠글로프 틀에 구운 후 시럽과 정제 버터에 적신 뒤 슈거파우더를 뿌린다.

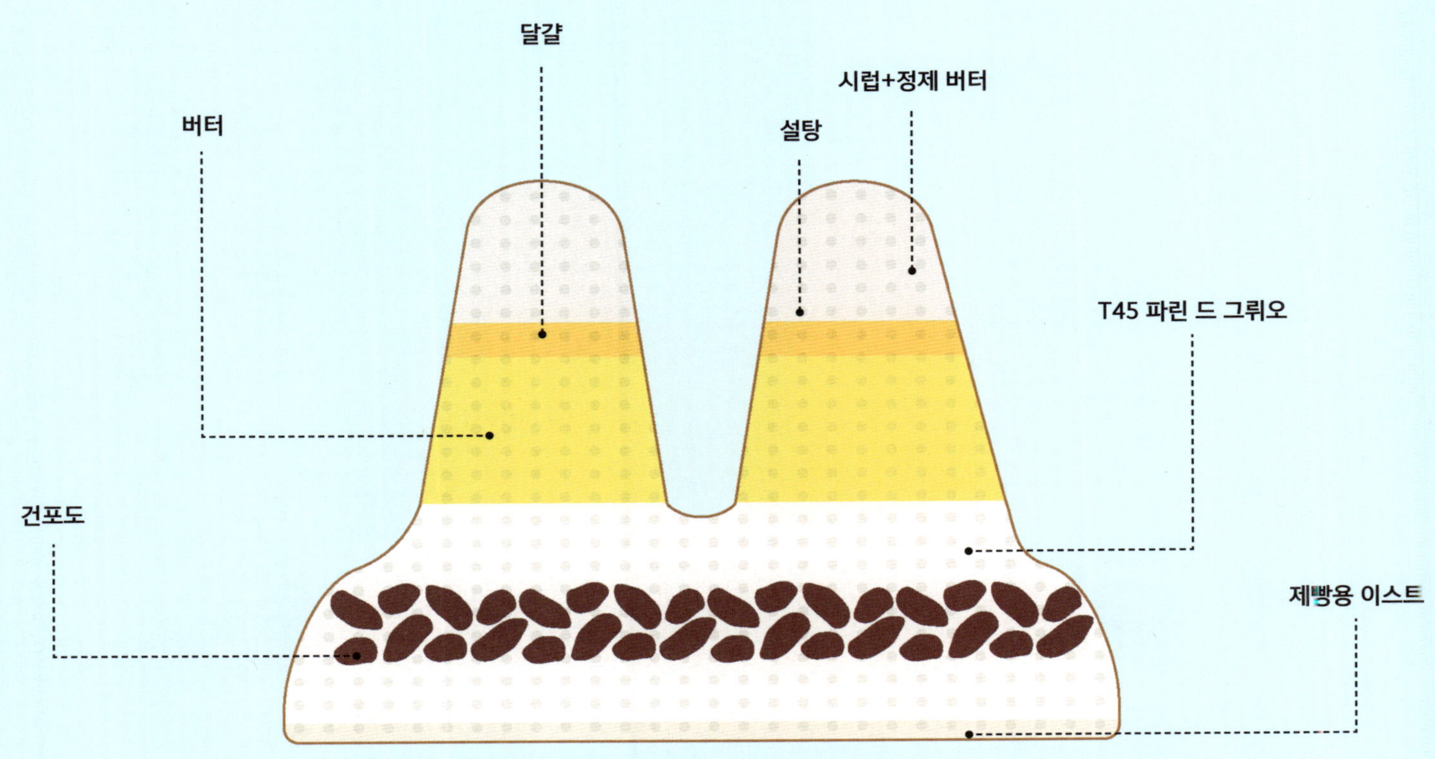

 특성

중량: 300g
크기: 지름 15cm
속살: 내상이 촘촘하다.

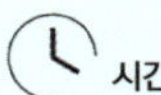 시간

준비 시간: 1시간
발효 시간: 하룻밤+3시간 30분(1차 발효 30분, 냉장 휴지 30분, 2차 발효 2시간 30분)
굽는 시간: 30분

 도구

훅을 장착한 믹서(선택), 붓, 체, 지름 15cm의 쿠글로프 틀

 연습

반죽하기(→32쪽)
접기(→37쪽)
공 모양으로 성형하기(→42쪽)

 완성

쿠글로프가 약간 노릇해지면 완성.

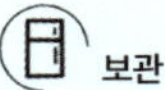 보관

랩을 씌워 2-3일.

1개(300g)

1 반죽

T45 파린 드 그뤼오 140g
달걀 2개(100g)
소금 3g
제빵용 생이스트 4g
설탕 20g
버터 70g
건포도 30g

2 시럽

설탕 50g
물 50g

3 마무리

버터 20g
슈거파우더 10g

4 틀

포마드 버터 10g

쿠글로프를 시럽과 정제 버터에 적시는 이유는?

풍미와 촉촉함을 얻을 수 있기 때문이다. 또한 설탕은 지방에 녹지 않기 때문에 시럽과 정제 버터에 각각 따로 담가야 한다. 버터와 설탕을 섞어 한 번만 담글 경우, 설탕이 잘 흡수되지 않고 결정 상태로 남아 입안에서 사각사각 씹힐 수 있다.

2

4

5

6

9

10

전날 작업

1. 건포도를 미지근한 물에 담가두고, 나머지 재료는 냉장고에 넣어둔다.

2. 반죽을 준비한다(→66쪽). 반죽 마지막에 물기를 뺀 건포도를 더한 뒤, 밀가루를 뿌린 작업대 위에서 면포를 덮고 30분간 발효시킨다(1차 발효).

3. 접기 작업을 하고(→37쪽), 스텐볼에 반죽을 넣은 뒤 반죽에 밀착하여 랩을 씌우고(→285쪽), 다음날 까지 냉장고에서 휴지시킨다.

당일 작업

4. 반죽을 둥글려서 공 모양으로 성형한 뒤(→42쪽), 스텐볼에 반죽을 넣고 반죽에 밀착하여 랩을 씌운 다음 냉장고에 30분간 넣어둔다.

5. 붓을 이용하여 포마드 버터를 바른 뒤, 두 엄지로 가운데 부분을 눌러 공 모양 반죽에 구멍을 뚫는다. 반죽을 뒤집어 쿠글로프 틀에 넣고, 쿠글로프 틀의 홈에 반죽이 잘 채워지도록 손가락으로 반죽을 세 게 눌러준다.

6. 틀을 면포로 덮어 따뜻한 곳(25~28℃)에서 2시 간~2시간 30분 동안 휴지시킨다(2차 발효).

7. 오븐을 (컨벡션 오븐 기준) 160℃로 예열하고, 오 븐에 넣어 30분간 굽는다. 이어 쿠글로프를 틀에서 분리해 식힘망 위에서 식힌다.

8. 정제 버터를 만든다(→284쪽).

9. 물과 설탕을 끓여 시럽을 만든 뒤, 시럽 속에 5~10 초간 쿠글로프를 적신다.

10. 흐르는 시럽 용액을 30초 동안 떨어낸 두 5~10초 간 정제 버터에 집어넣는다.

11. 흐르는 정제 버터를 30초 동안 떨어낸 뒤, 5~10분 간 휴지시켜 버터를 굳히고, 이어 윗면에는 슈거파 우더를 체에 쳐서 뿌린다.

파네토네

PANETTONE

럼으로 향을 내고, 속재료로 과일 콩피와 건포도를 넣은 이탈리아의 브리오슈 케이크.

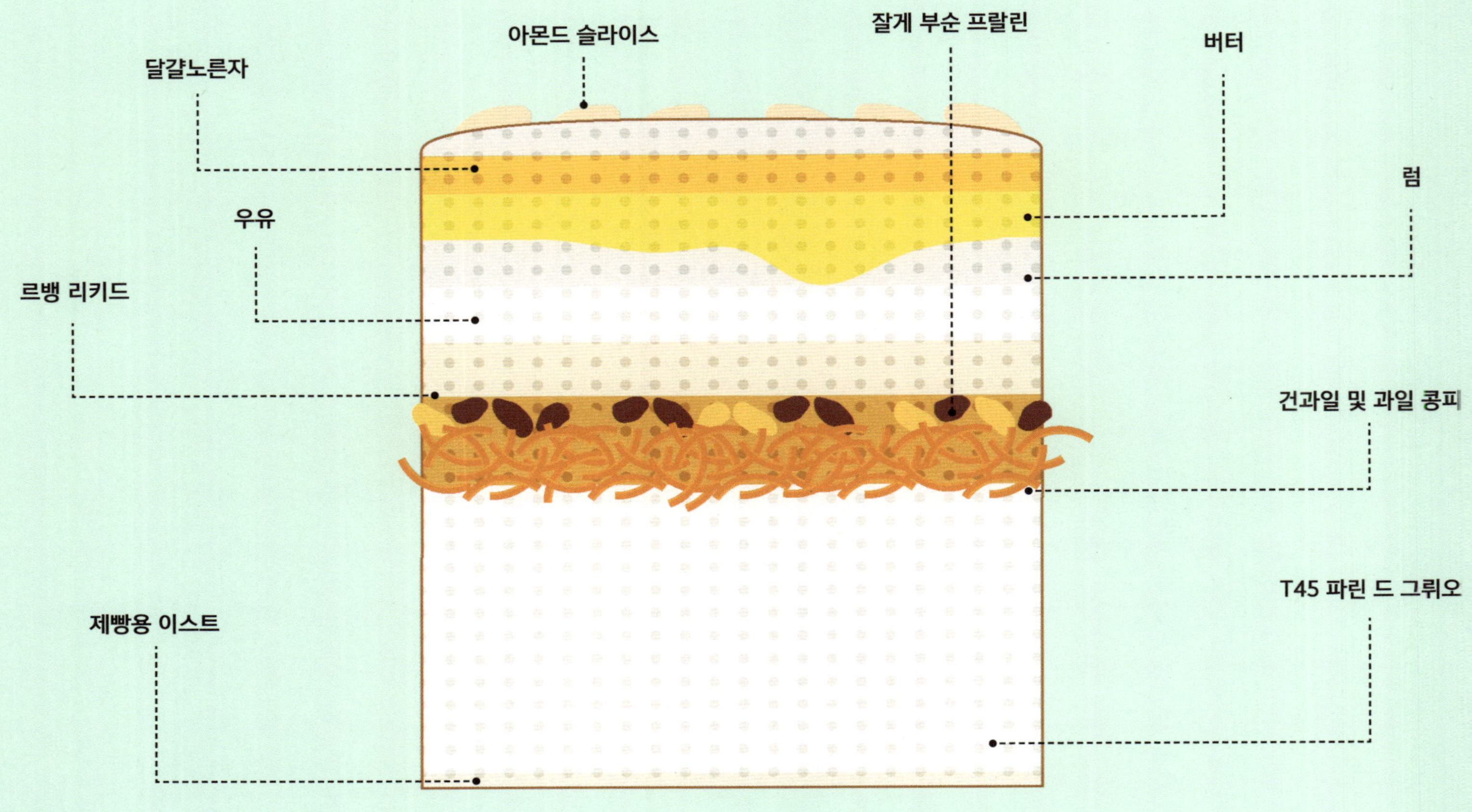

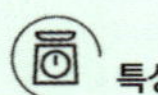 **특성**

중량: 500g
크기: 지름 20×25 cm
속살: 내상은 촘촘하고 속살은 부드럽다.

 **시간**

준비 시간: 45분
발효 시간: 4시간 (1차 발효 1시간, 2차 발효 3시간)
휴지 시간: 이틀 밤
굽는 시간: 45분

도구

훅을 장착한 믹서, 종이로 된 파네토네 틀(반죽 600g의 대형), 깍지 달린 짤주머니

 **응용**

미니 파네토네: 약 80g 정도 되는 반죽을 둥글린 뒤 25분간 굽는다.

르뱅 리키드를 사용하지 않는 경우에는 제빵용 생이스트 5g과 물 20g을 추가로 더 넣는다.

연습

반죽하기(→32쪽)
접기(→37쪽)
공 모양으로 성형하기(→42쪽)

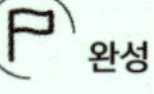 **팁**

과일에 다 흡수되지 않고 남은 여분의 럼은 반죽에 섞기 전에 충분히 떨어낸다.

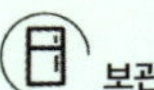 **완성**

파네토네의 색이 충분히 노릇해졌을 때.

보관

랩으로 잘 포장한 상태에서 1주.

1개

1 반죽

T45 파린 드 그뤼오 180g
우유 50g
설탕 40g
소금 3g
제빵용 생이스트 5g
르뱅 리키드 50g(→20쪽)
달걀노른자 3개
버터 60g

2 과일

건포도 35g
오렌지 필 70g
럼 15g

3 파네토네 아파레유

설탕 90g
잘게 부순 프랄린 25g
밀가루 15g
달걀흰자 1개

4 마무리

아몬드 슬라이스 30g

2일 전 작업

1 건포도와 오렌지 필을 하룻밤 동안 럼에 담가둔다.

전날 작업

2 믹서에 밀가루와 전지 우유, 설탕, 소금, 잘게 부순 이스트, 르뱅 리키드, 달걀노른자를 넣고 중속으로 6분간 믹싱한다(→32쪽). 깍둑썰기 한 버터를 넣고 잘 섞은 뒤, 반죽이 믹싱볼 안쪽 벽에 달라붙지 않을 때까지 같은 속도로 계속해서 믹싱한다.

3 럼에 담가두었던 과일을 추가한 뒤 재료가 잘 섞일 때까지 저속으로 믹싱한다.

4 반죽을 스텐볼에 넣은 뒤, 랩을 씌워 따뜻한 곳 (25-28℃)에서 1시간 동안 발효시킨다(1차 발효).

5 접기 작업을 한 뒤(→37쪽) 반죽을 다시 스텐볼에 넣고 반죽에 밀착하여 랩을 씌운 다음(→285쪽) 다음날까지 냉장고에서 휴지시킨다.

당일 작업

6 공 모양으로 성형한 뒤(→42쪽), 파네토네 틀에 넣는다.

7 면포로 덮어 따뜻한 곳(25-28℃)에서 3시간 동안 발효시킨다(2차 발효).

8 오븐을 (데크 오븐 기준) 180℃로 예열한다. 파네토네 아파레유를 준비하는데, 안에 설탕과 잘게 부순 프랄린, 밀가루를 넣고 섞은 뒤 달걀흰자를 추가하고 잘 섞는다.

9 숟가락을 이용하여 아파레유로 파네토네 위를 덮는다. 아몬드 슬라이스를 위에 뿌리고, 오븐에 넣어 45분간 굽는다.

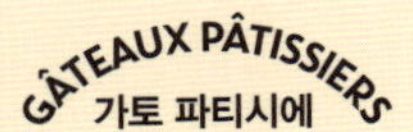

피스타치오
살구 타르트

TARTE PISTACHE-ABRICOT

파트 쉬크레로 만든 타르트의 바닥에 피스타치오 아몬드 크림으로 속을 채우고 살구 조각을 올린 타르트.

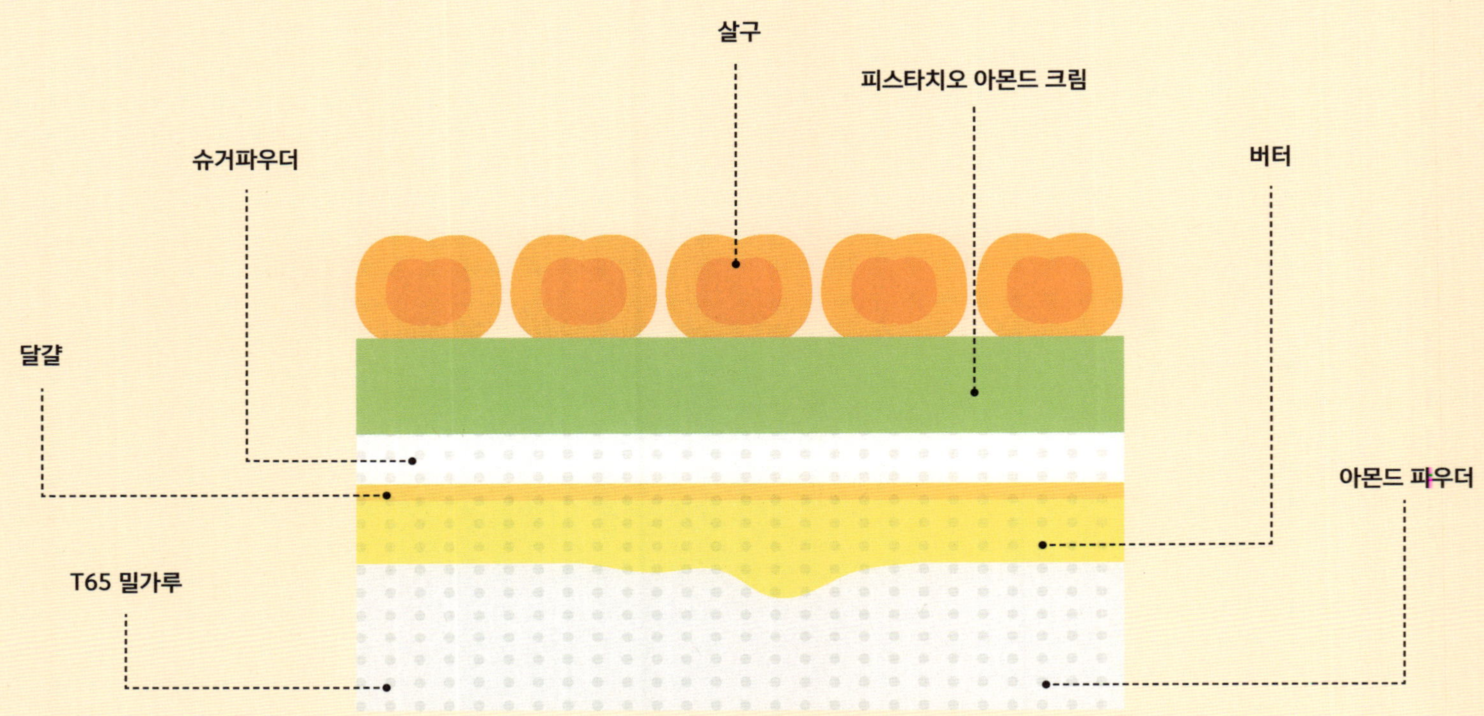

 **시간**

준비 시간: 1시간
휴지 시간: 4시간
굽는 시간: 35–40분

 **도구**

훅 및 비터를 장착한 믹서, 거품기, 밀대, 지름
20cm 세르클, 깍지가 달린 짤주머니

 **주의**

반죽을 틀 바닥에 깔기, 굽기.

 **연습**

반죽하기(→32쪽)
블랑시르(→284쪽)
반죽을 틀에 깔기(→283쪽)

 **팁**

시럽에 담긴 과일 통조림을 이용할 경우, 물기를 잘
빼고 사용한다.

 **완성**

살구 가장자리 부분이 캐러멜화하기 시작하고 파트
쉬크레로 만든 타르트의 바닥 부분이 노릇해졌을 때.

 **보관**

냉장고에서 2–3일.

아몬드 크림을 가열하면 어떻게 되나?

달걀 단백질이 서로 응고되고, 전분의 녹말 성
분이 되직해진다. 크림은 부풀어오르며 부드러
운 상태가 된다.

6조각 타르트 1개

파트 쉬크레

T65 밀가루 260g   달걀 1개(50g)
버터 155g   슈거파우더 100g
아몬드 파우더 30g   소금 1g

피스타치오 아몬드 크림

버터 50g   아몬드 파우더 50g
설탕 50g   달걀 1개(50g)
옥수수 전분 5g   피스타치오 페이스트 20g

가르니튀르

생살구 10개 혹은 시럽에 담긴 살구 통조림의 과육 1/2 조각 20개

1 파트 쉬크레를 준비한 뒤(→74쪽), 2시간 동안 냉장고에 넣어둔다.

2 아몬드 크림을 준비하고(→78쪽), 이어 피스타치오 페이스트를 추가한 뒤 냉장고에 2시간 동안 넣어둔다.

3 살구는 먼저 2등분한 뒤 다시 한번 2등분하여 1/4 조각을 만든다.

4 파트 쉬크레를 3mm 두께로 밀어 편 다음 유산지를 깐 철판 위에 세르클을 올리고 반죽을 그 속에 끼워넣는다(→283쪽).

5 짤주머니를 이용하여 피스타치오 아몬드 크림을 1cm 두께로 짜서 채워넣는다.

6 동심원 모양으로 살구를 올린다.

7 오븐을 (데크 오븐 기준) 190℃로 예열하고, 오븐에 넣어 35-40분간 굽는다.

플랑 파티시에

FLAN PÂTISSIER

퀴이타주 앵베르세로 만든 타르트의 바닥에 달걀, 우유, 옥수수 전분을 넣고 끓인 크림으로 속을 채운 타르트.

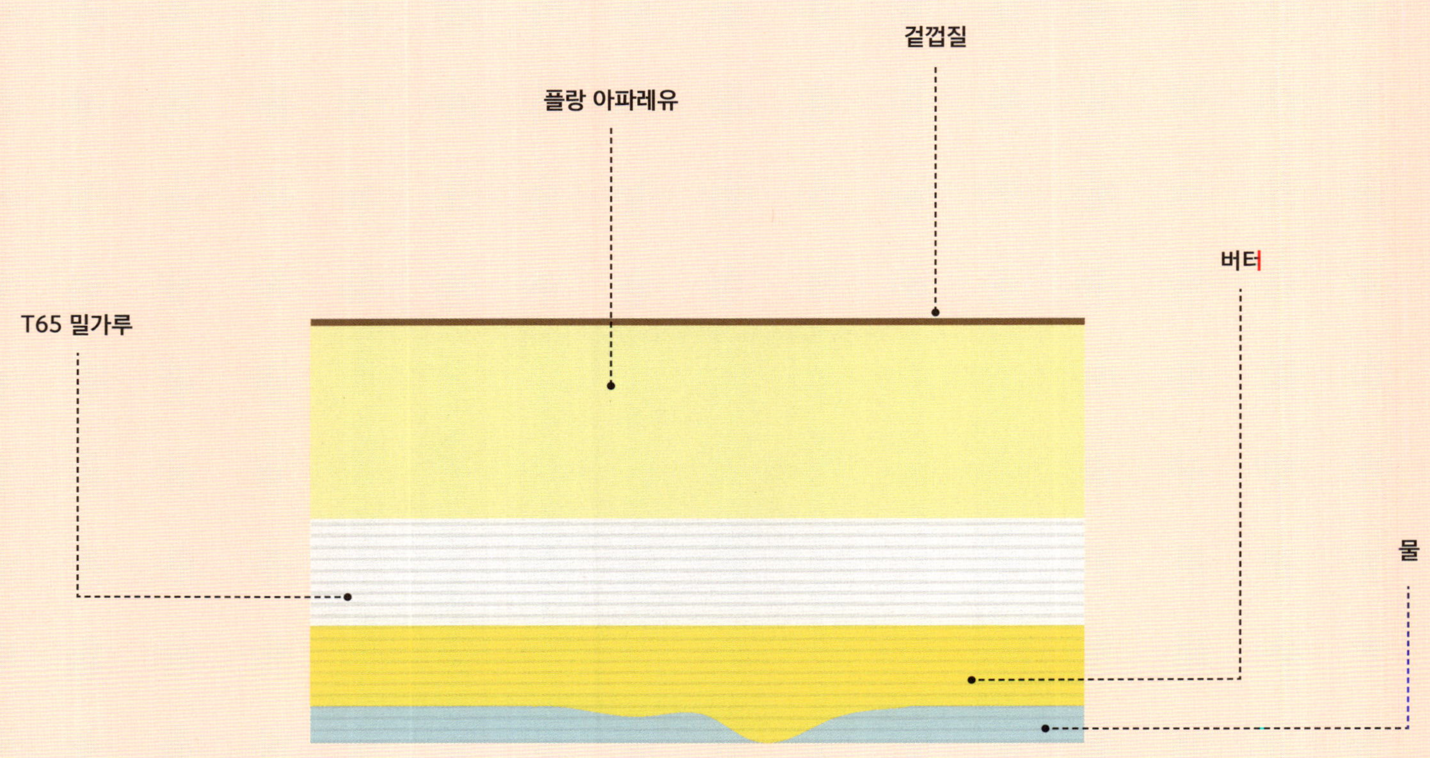

 **시간**

준비 시간: 1시간
냉장 휴지: 8시간
굽는 시간: 35–40분

도구

훅 및 비터를 장착한 믹서,
지름 26cm × 높이 2.5cm 세르클, 붓, 밀대

 **응용**

코코넛 플랑: 강판에 간 코코넛 200g을 추가.
살구 플랑: 타르트의 바닥에 (통조림한) 살구 조각
반쪽을 올린 뒤 그 위로 크림을 부어 만든다.

 **주의**

크림 만들기.

 **연습**

반죽하기(→32쪽)
반죽을 틀에 깔기(→283쪽)
블랑시르(→284쪽)

 **팁**

오븐에 넣기 전 플랑 아파레유를 완전히 식혀야 갈
라지지 않고 보기 좋은 겉껍질이 나온다.

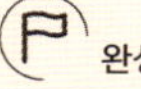 **완성**

몇 군데 검은 얼룩이 생기면서 플랑의 색이 진하게
잘 났을 때.

 **보관**

서늘한 곳에서 2일.

8조각 타르트 1개(300g)

푀이타주 앵베르세 300g

뵈르 마니에
깍둑썰기 한 무른 버터 100g
T65 밀가루 40g

데트랑프
T65 밀가루 90g
포마드 버터 30g(→284쪽)
소금 5g
찬물 40g
화이트 식초 1g

플랑 아파레유

우유 1L
달걀 3개(150g)
설탕 200g
옥수수 전분 80g

틀

포마드 버터

1 푀이타주 앵베르세를 만든 뒤(→68쪽), 반죽을 2mm 두께로 밀어 편다.

2 오븐을 (컨벡션 오븐 기준) 170℃로 예열하고, 붓으로 세르클에 버터를 바른다. 유산지를 깐 철판 위에 세르클을 놓고 반죽을 깐 후 (→283쪽) 선선한 곳에 둔다.

3 거품기로 달걀과 설탕을 블랑시르 하고(→284쪽), 옥수수 전분을 추가하여 섞어준다.

4 우유를 끓이고, **3**에 우유 1/3을 섞어 묽게 만든 다음 재료를 모두 냄비 안에 붓는다.

5 불에 올려 1분 동안 휘젓는다.

6 반죽을 깐 세르클 위로 아파레유를 붓는다. 상온에서 식힌 뒤 오븐에 넣어 35-40분 동안 굽고 1시간 30분간 식힌다.

팽 데피스

PAIN D'ÉPICE

꿀을 듬뿍 첨가하고 향신료와 감귤류 제스트를 가미한 파트 아 가토.

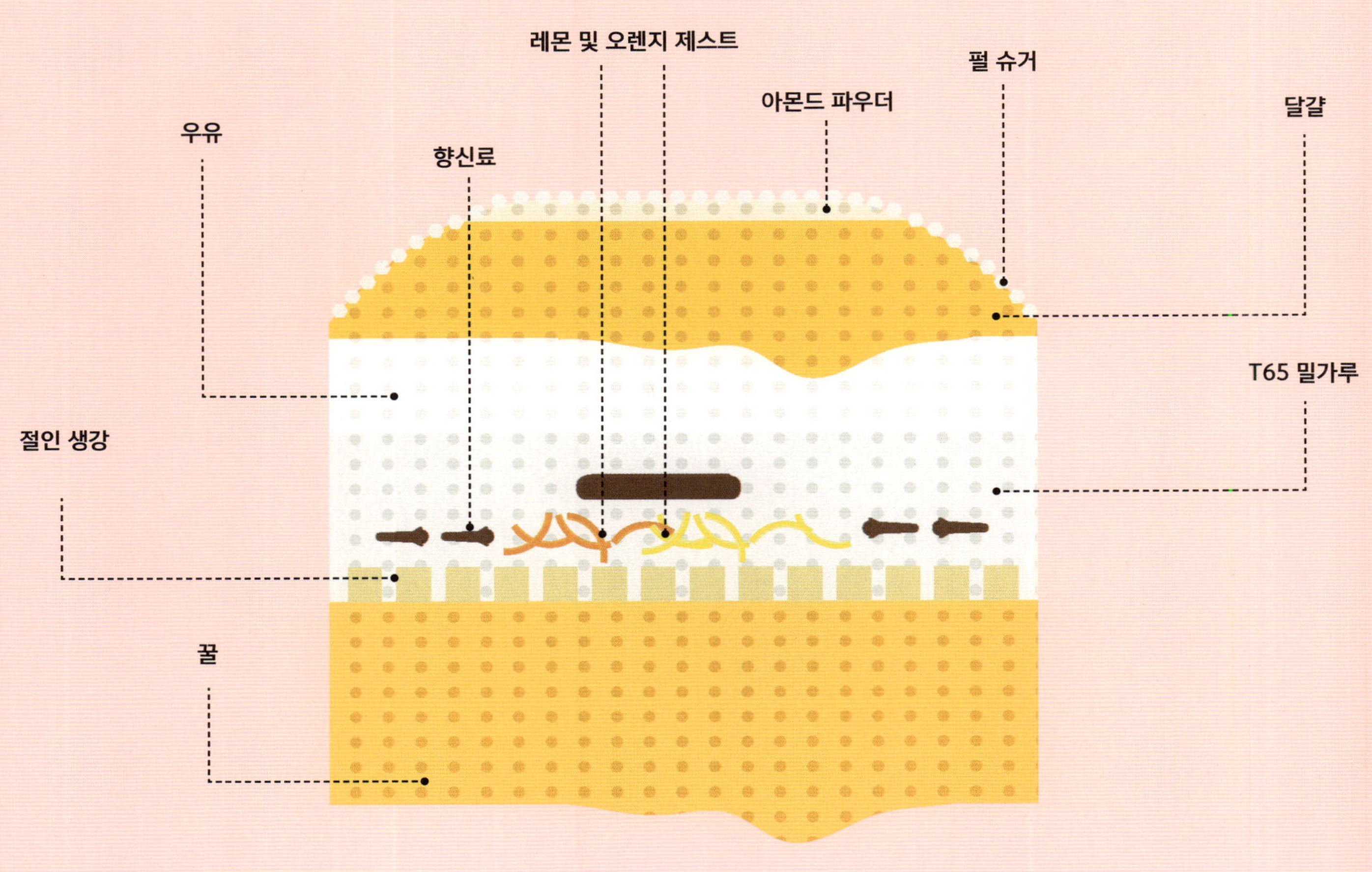

 **시간**

준비 시간: 30분
굽는 시간: 45분

 **도구**

20cm 파운드 케이크 틀, (손잡이가 단단한) 스패튤러, 시누아

 **주의**

꿀과 우유를 섞은 혼합물이 끓어오르지 않도록 한다. 작은 기포가 올라오는 순간 즉시 냄비 불을 끈다.

 **팁**

틀에서 뺀 뒤 랩으로 포장하면 매우 촉촉한 상태를 유지할 수 있다.
준비된 재료에 우유를 더할 때 우유 온도가 60℃ 미만이면 약한 불로 우유를 데운다.

 **완성**

빵에 칼끝을 꽂았을 때 내용물이 칼에 묻어나지 않으면 완성.

 **보관**

랩으로 포장한 상태에서 1주.

 **우유가 끓어오르지 않도록 해야 하는 이유는 무엇인가?**

향신료가 타지 않게 우려내야 원치 않는 향이 나오는 걸 막을 수 있기 때문이다.

1개

반죽

T65 밀가루 140g	꿀 170g
우유 80g	달걀 2개(100g)
아몬드 파우더 15g	베이킹소다 5g
소금 1g	

향신료

조각낸 생강 콩피 28g	오렌지 제스트 3g
레몬 제스트 3g	생강가루 1g
계핏 가루 1g	정향 1g

마무리

펄 슈거 100g

1. 꿀과 우유를 냄비에 넣고 약한 불에 데운 뒤 끓기 전에 불을 끈다. 생강가루, 계핏가루와 정향을 추가한 다음 15분간 우려낸다.
2. **1**을 시누아에 내리고(→285쪽) 정향을 건져낸 다음 식힌다.
3. 오븐을 150℃로 예열한 뒤 베이킹소다 및 아몬드 파우더와 함께 밀가루를 체에 쳐서 믹싱볼에 담는다(→285쪽). 소금과 달걀, 제스트를 추가하고 스패튤러를 이용하여 섞는다.
4. 향신료가 우러난 우유를 조심스럽게 붓고 재료가 균일하게 섞이도록 계속 저어가며 섞는다. 생강 콩피를 넣고 스패튤러로 젓는다.
5. 틀 위에 유산지를 깐 뒤, 펄 슈거의 절반을 골고루 뿌린다.
6. 틀에 준비된 반죽을 붓고 나머지 펄 슈거를 골고루 뿌린다. 오븐에 넣고 45분간 구운 뒤 식으면 틀에서 빼낸다.

콩피 케이크

CAKE AUX FRUITS CONFITS

과일 콩피를 첨가하여 구운 후 시럽을 듬뿍 바른 파트 아 가토.

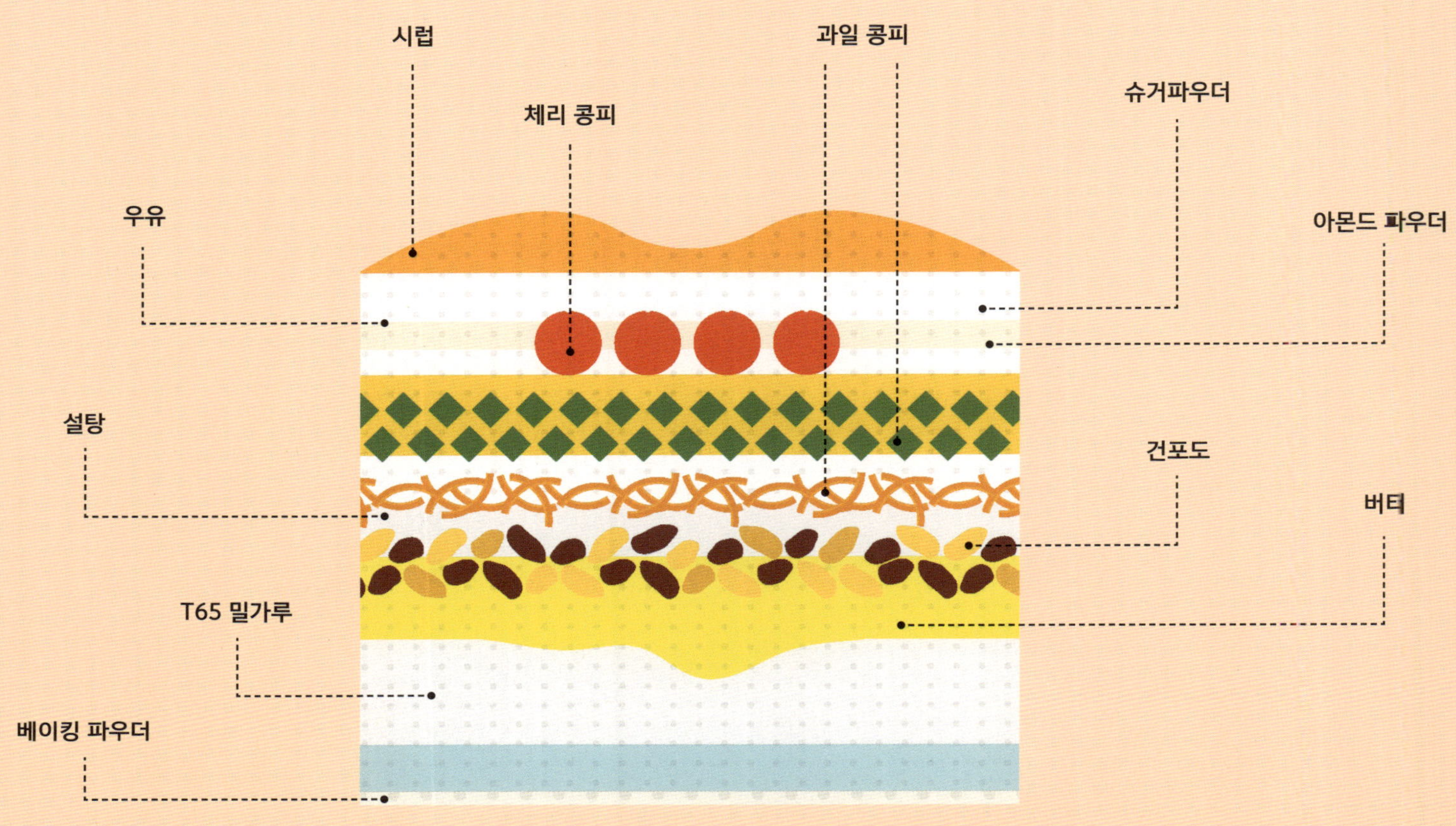

 **시간**

준비 시간: 30분
굽는 시간: 45분

 **도구**

20cm 길이의 케이크 틀, (손잡이가 단단한) 스패튤러, 체, 붓

 **주의**

과일 콩피가 틀 바닥으로 가라앉지 않도록 유의.

 **연습**

크림 상태로 만들기(→284쪽)

 **팁**

틀에서 빼낸 뒤 랩으로 케이크를 포장하면 매우 촉촉한 상태를 유지할 수 있다.

 **완성**

케이크에 칼끝을 꽂았을 때 내용물이 칼에 묻어나지 않으면 완성.

 **보관**

랩으로 포장한 상태에서 1주.

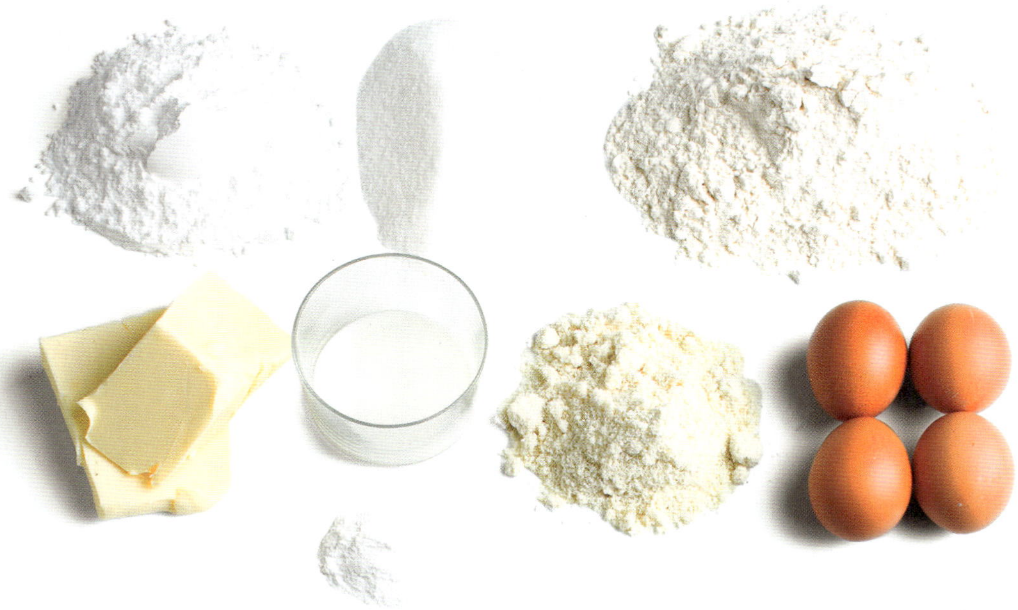

1 & 4

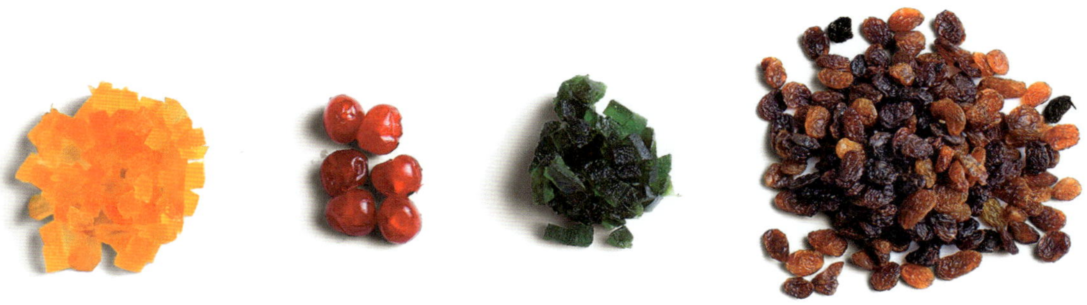

2

3

1개

1 파트 존

T65 밀가루 90g
설탕 50g
달걀 2개(100g)
아몬드 파우더 20g
포마드 버터 80g(→284쪽)
슈거파우더 50g
우유 15g
베이킹 파우더 5g

2 가르니튀르

건포도 65g
조각낸 과일 콩피 50g
체리 콩피 10g
오렌지 필 15g

3 시럽

설탕 50g
물 40g
브라운 럼 40g

4 틀

포마드 버터 10g

파트 존pâte jaune 노란 반죽.

굽기 전 건포도를 물에 불리는 이유는?

반죽 내 녹말 성분이 익으려면 수분이 필수적인데, 건포도가 반죽의 모든 수분을 흡수하지 못하도록 하기 위함이다.

1 냄비에 건포도를 넣은 다음 건포도가 잠길 만큼 물을 붓고 끓인다. 불을 끄고 물속에 몇 분간 담가두어 건포도를 불린다. 키친 타월로 물기를 제거한 뒤 식힌다.

2 포마드 버터와 설탕, 슈거파우더를 믹싱볼에 넣은 뒤 스패튤러 혹은 믹서에 비터를 장착하여 크림 상태로 만든다(→284쪽).

3 달걀을 추가하고 균일한 상태가 될 때까지 섞은 다음 우유를 넣고 잘 섞는다.

4 밀가루, 베이킹 파우더, 아몬드 파우더를 함께 체에 쳐서(→285쪽), 2/3가량을 앞의 3에 섞어준다.

5 과일 콩피 및 물기를 제거하여 식힌 건포도를 또 다른 믹싱볼에 넣는다. 남은 가루 혼합물의 1/3을 넣은 뒤, 모든 과일 재료들에 밀가루가 잘 묻을 수 있도록 섞는다.

6 4에 5를 붓고 조심스럽게 섞는다. 오븐을 160℃로 예열한다.

7 케이크 틀에 포마드 버터를 바른 뒤, 틀 안에 아파레유(6의 혼합물)를 붓는다. 오븐에 넣고 45분간 구운 뒤 틀에서 케이크를 꺼내어 완전히 식힌다.

8 시럽을 준비하는데, 먼저 물과 설탕을 함께 넣고 가열하다 끓는 순간 불을 끈다. 럼을 추가하고 섞은 다음 미지근해질 때까지 7 다린다. 식은 시럽을 붓으로 케이크에 바른다.

팽 드 젠

PAIN DE GÊNES

아몬드 페이스트를 넣은 매우 촉촉한 케이크.

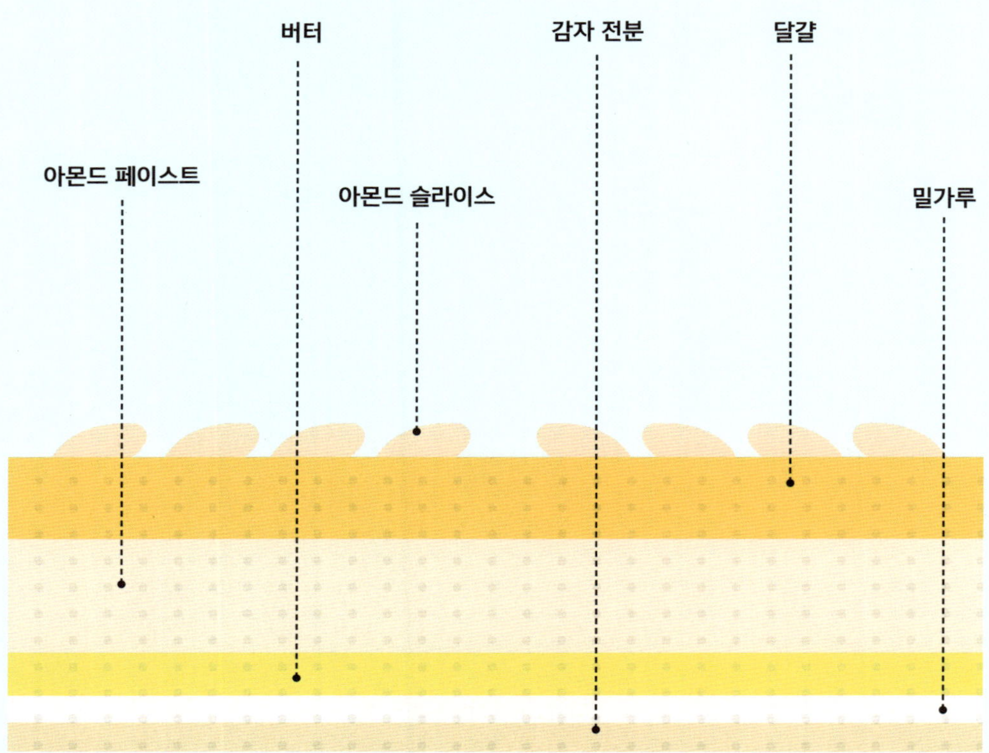

 시간

준비 시간: 25분
굽는 시간: 25분

 도구

지름 14cm, 높이 5cm 세르클, 비터 및 거품기를 장착한 믹서, 체, (손잡이가 단단한) 스패튤러, 붓

 활용

앙트르메용 비스퀴의 베이스.

 주의

너무 오래 구우면 촉촉함이 사라진다.

 팁

아몬드 슬라이스가 세르클 안에 잘 붙어 있도록 포마드 버터를 이용한다.

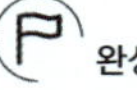 완성

케이크가 노릇한 황금색을 띠었을 때.

보관

2-3일.

비스퀴biscuit 비스킷.

1개

1 팽 드 젠 아파레유

아몬드 페이스트 200g(아몬드 50%)
달걀 3개(150g)
버터 60g
밀가루 20g
감자 전분 20g

2 틀

포마드 버터 10g
아몬드 슬라이스 10g

아몬드 파우더로 아몬드 페이스트를 대체할 수 있나?

아몬드 파우더를 사용하면 팽 드 젠의 설탕 함유량이 줄어든다(아몬드 파우더에 비해 아몬드 페이스트에 다량의 설탕이 포함되어 있기 때문). 설탕이 적게 들어가면 좀 더 쉽게 글루텐 조직이 형성되므로, 완성된 팽 드 젠의 속살에 (빵의 속성인) 벌집 기공이 더욱 두드러지며, 케이크의 속성이 줄어들어 부드러움과 촉촉함이 덜하다.

1 냄비에 버터를 넣고 약한 불로 녹인 뒤 식힌다.

2 비터를 장착한 믹서에 아몬드 페이스트를 넣고 달걀 2개를 하나씩 추가하며 중속으로 섞는다. 반죽이 부드럽고 균일한 상태가 되어야 한다.

3 마지막 달걀을 추가할 때 믹서에 거품기를 장착한 뒤 약 5분간 휘저어 반죽이 매끄러워지도록 한다. 거품기를 들어 올렸을 때 떨어지는 반죽이 리본 상태가 되어야 한다(→284쪽).

4 밀가루와 감자 전분을 체에 쳐 준비된 재료에 섞은 다음 스패튤러로 살살 섞는다.

5 **1**의 버터를 추가한 뒤 스패튤러로 조심스레 섞어 준다.

6 오븐을 (데크 오븐 기준) 150℃로 예열한다. 붓을 이용하여 틀에 포마드 버터를 바른다. 버터를 접착제로 삼아 아몬드 슬라이스를 틀 안쪽에 골고루 붙이고 틀을 가볍게 두드려 여분의 아몬드를 떨어낸다.

7 **5**를 틀에 붓고, 오븐에 넣어 25분간 굽는다. 오븐에서 꺼내 10분 후 틀에서 빼낸다.

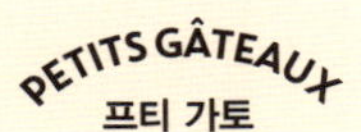

사블레

SABLÉ

버터를 많이 넣어 부서지기 쉬운 바삭바삭한 비스킷.

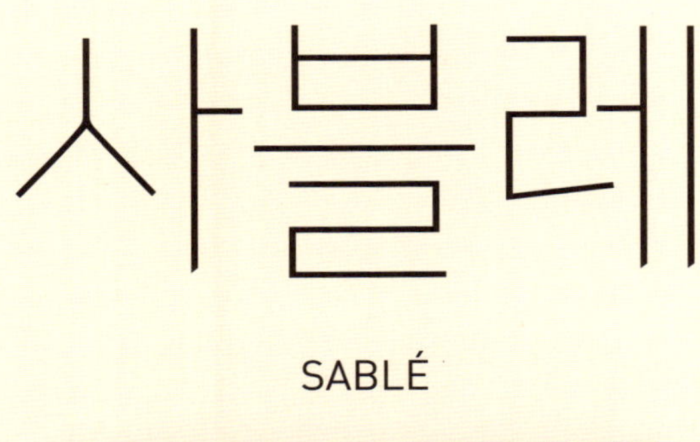

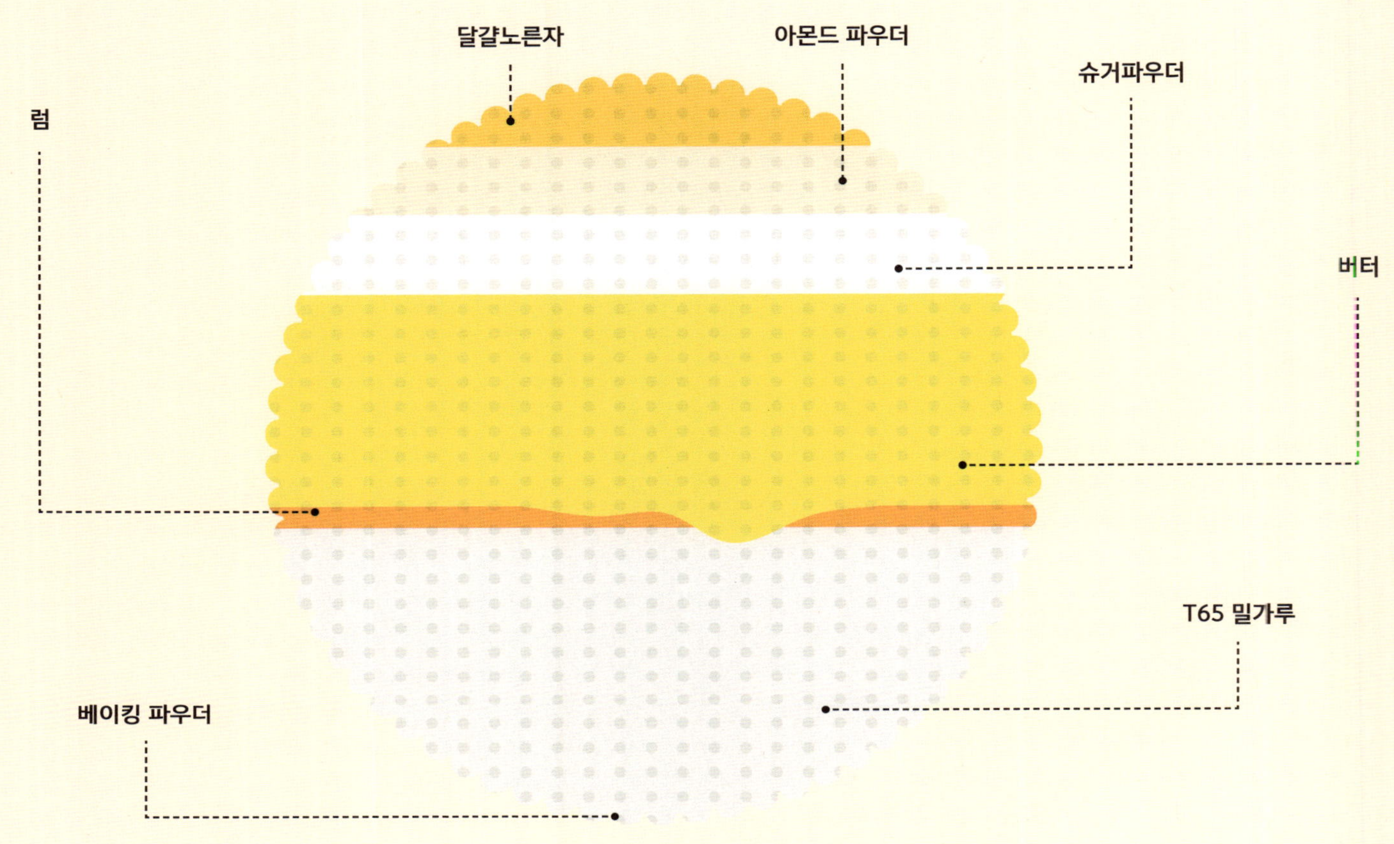

 **시간**

준비 시간: 20분
냉장 휴지: 1시간
굽는 시간: 20분

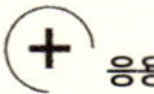 **도구**

비터를 장착한 믹서(선택), 밀대, 톱니 모양이 있는
지름 13cm 세르클, 시누아, 체, 붓

응용

초코 칩 사블레, 아몬드 슬라이스 사블레.

 **주의**

달걀노른자를 너무 많이 익히지 말 것.

 **연습**

달걀물 바르기(→48쪽)
폴카 칼집 넣기(→51쪽)

팁

오븐에서 꺼낸 사블레는 무른 상태이나, 식으면서
차츰 단단해진다.

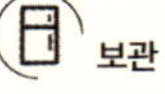 **완성**

사블레가 노릇해졌을 때.

보관

밀폐 용기에서 2-3일.

4개

T65 밀가루 225g
버터 210g
슈거파우더 75g
아몬드 파우더 40g
달걀노른자 2개(40g)
럼 11g
플뢰르 드 셀 1g
베이킹 파우더 1g

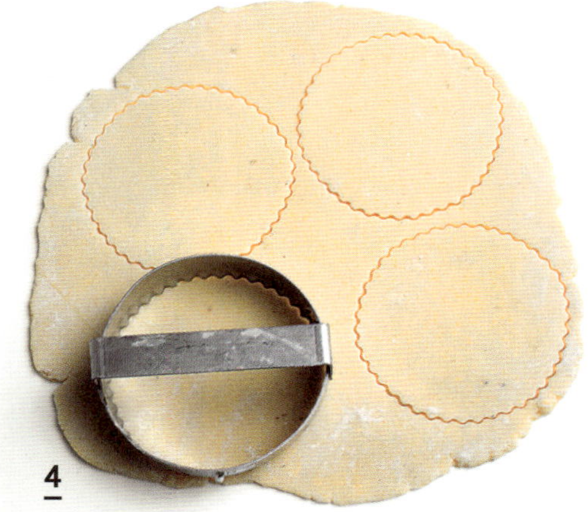

1. 달걀노른자를 전자레인지에 1분간 익히고 체에 거른다.
2. 비터를 장착한 믹서에 모든 재료를 넣고 저속으로 5분간 섞는다(손으로 반죽할 경우 믹싱볼에 모든 재료를 넣고 스패튤러로 섞는다).
3. 반죽을 공 모양으로 성형하고(→42쪽) 넓게 펼친 다음 랩으로 감싸 1시간 동안 냉장고에 넣어둔다.
4. 오븐을 (데크 오븐 기준) 180℃로 예열한다. 반죽은 4mm 두께로 밀어 편 뒤, 톱니 모양이 있는 지름 13cm의 세르클로 4개를 찍어낸다.
5. 유산지를 깐 철판 위에 **4**의 반죽을 올린 뒤 붓으로 달걀물을 바른다(→48쪽). 포크날을 이용하여 폴카 칼집을 넣는다(→51쪽).
6. 오븐에 넣어 20분간 굽는다.

달걀노른자를 익히는 이유는?

사블레 특유의 (파삭하게 부스러지는) 모래 질감을 얻기 위해서이다. 전자레인지에 넣어 익히면 달걀 단백질의 일부가 응고되는데, 응고된 달걀의 단백질이 반죽에 섞이고 나면 글루텐 조직의 형성을 억제한다. 글루텐 조직이 느슨할수록 구운 후 파삭하게 부스러지는 질감이 나타나기 쉬운 반면 글루텐 조직이 촘촘하면 보다 단단한 질감이 나타난다.

팔미에

PALMIER

설탕을 뿌린 파트 푀이테로, 반죽 양쪽을 말아준 뒤 슬라이스로 잘라 바삭하게 굽는다.

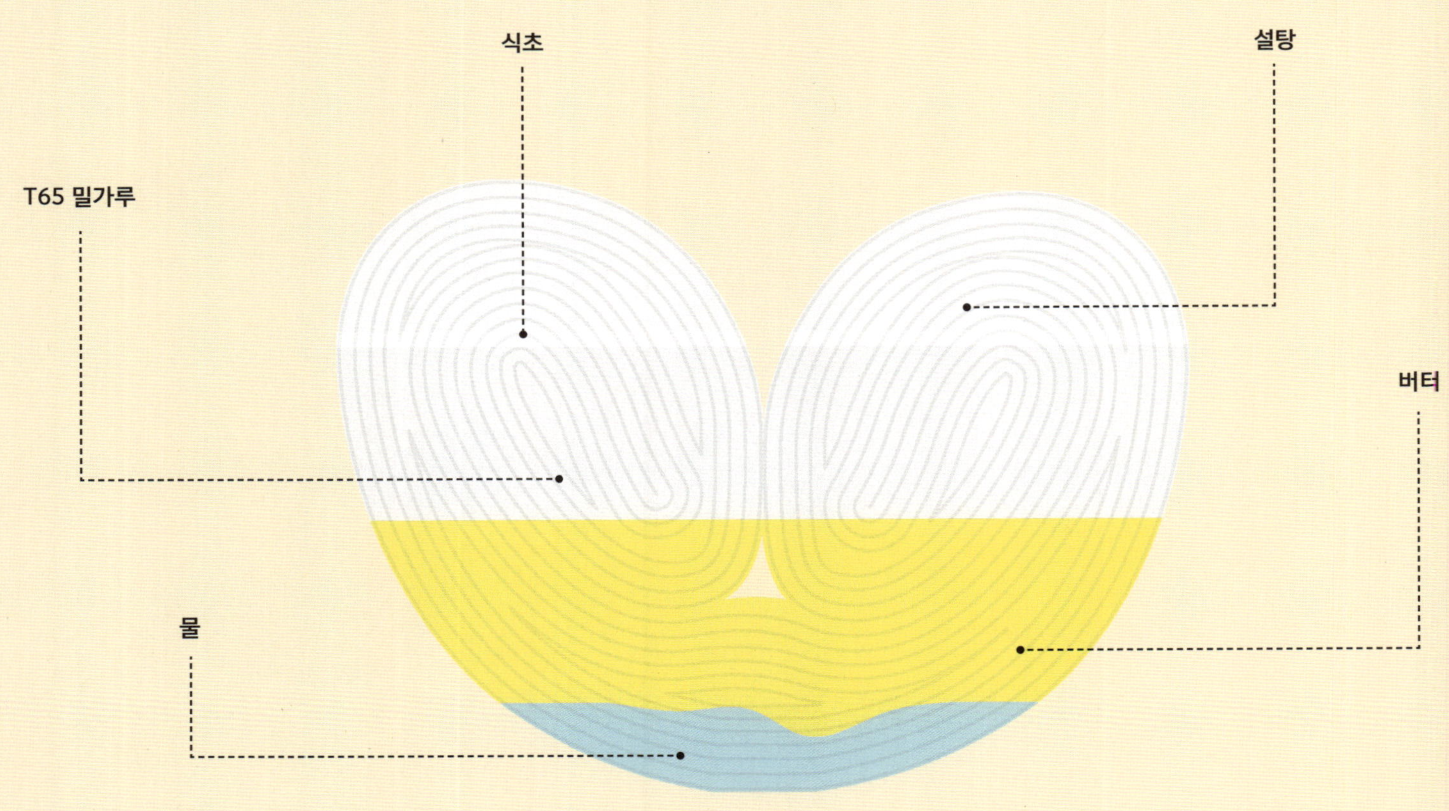

 **시간**

준비 시간: 45분
냉장 휴지: 12시간 15분
굽는 시간: 15-20분

 **도구**

비터 및 훅을 장착한 믹서, 밀대

 **주의**

버터 층과 반죽 층이 서로 뒤섞이지 않게 반죽을 너무 세게 펴지 않는다. 또한 반죽을 접을 때, 접힌 부분을 잘 살펴서 여러 개의 반죽 층 사이에 공기가 남아 있지 않도록 한다.

 **연습**

반죽하기(→32쪽)
반죽 밀기(→283쪽)

 **팁**

작업대에 밀가루 대신 슈거파우더를 뿌리면 구울 때 표면이 캐러멜화된다.

 **완성**

표면이 노릇해지고 캐러멜화되었을 때.

 **보관**

밀폐 용기에서 며칠.

겹처 접을 때마다 설탕을 뿌리는 이유는?

구울 때 설탕이 녹고 캐러멜화되는데, 이에 따라 설탕이 층과 층 사이를 붙여주는 접착제 역할을 하므로 팔미에의 모양이 잘 유지된다.

3

5

6

7

8

9

15개

푀이타주 앵베르세 600g

뵈르 마니에
T65 밀가루 80g
깍둑썰기 한 무른 버터 200g

데트랑프
T65 밀가루 180g
포마드 버터 60g(→284쪽)
소금 10g
찬물 80g
화이트 식초 2g

마무리

설탕 200g

1. 푀이타주 앵베르세를 준비한다(→70쪽 과정**3**까지).
2. 3겹 접기를 하는데, 먼저 반죽을 60×20cm로 밀어 편 뒤, 반죽의 1/3 정도를 중심으로 향해 접고 이어 나머지 1/3도 그 위에 접어 포갠다. 랩을 씌워 냉장고에서 2시간 휴지시킨다.
3. 4겹 접기를 하는데 먼저 반죽을 60×20cm로 밀어 편 뒤, 양쪽 끝에서 1/4 만큼을 중심으로 향해 접은 뒤, 가운데에서 한 번 더 반으로 접는다. 랩을 씌워 냉장고에 2시간 동안 넣어둔다.
4. 접기 전 반죽 위에 설탕 100g을 뿌린 뒤 4겹 접기를 한다. 랩을 씌워 냉장고에 2시간 동안 넣어둔다.
5. 접기 전 반죽 위에 설탕 50g을 뿌린뒤 3겹 접기를 한다. 랩을 씌워 냉장고에 최소 2시간 동안 넣어둔다.
6. 푀이타주를 길이 96cm, 너비 15cm로 밀어 편다. 반죽을 세로로 놓고 양끝을 16cm씩 접는다.
7. 양끝을 다시 한번 접은 다음 마지막으로 가운데에서 한 번 더 반으로 접는다.
8. 평평한 작업대 위에 남은 설탕을 뿌린 다음 그 위로 반죽을 굴린다. 반죽에 랩을 씌워 약 15분 동안 냉동실에 넣어둔다.
9. 오븐을 (데크 오븐 기준) 160℃로 예열한다. 반죽을 너비 1cm로 썬 뒤, 유산지 없이 철판 위에 평평하게 깐다. 오븐에 넣어 15-20분간 굽는다.

파유 프랑부아즈

PAILLE FRAMBOISE 라즈베리 파이

오븐에서 바삭하게 구운 후 라즈베리 콩포트를 채워넣은 사각 모양의 파트 푀이테.

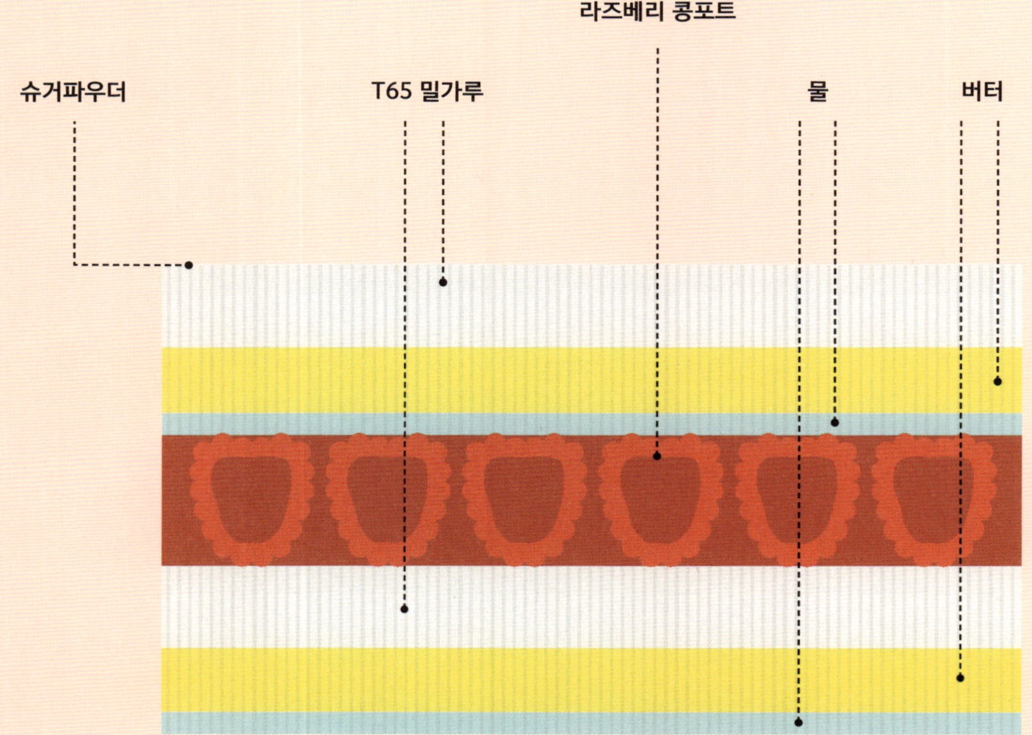

🕐 **시간**

준비 시간: 25분
냉장 휴지: 12시간
굽는 시간: 20분

🔪 **도구**

훅 및 비터를 장착한 믹서, 밀대

⚠ **주의**

층 단면의 색이 균일하게 나야 한다.

✋ **연습**

반죽하기(→32쪽)
반죽 밀기(→283쪽)

🏁 **완성**

푀이타주가 노릇한 황금색을 띠었을 때.

📅 **보관**

2–3일.

5개

1 푀이타주 앵베르세 300g

뵈르 마니에
깍둑썰기 한 무른 버터 100g
T65 밀가루 40g

데트랑프
T65 밀가루 90g
포마드 버터 30g
소금 5g
찬물 40g
화이트 식초 1g

2 라즈베리 콩포트

라즈베리 125g
설탕 60g
펙틴 1.5g

3 마무리

슈거파우더

펙틴pectin 잼 등에 쓰이는 응고제.

1 푀이타주 앵베르세를 만든다(→68쪽).

2 라즈베리 콩포트를 만든다. 먼저 설탕 10g과 펙틴을 섞은 다음 냄비에 라즈베리와 설탕 50g을 넣고 과즙이 나올 때까지 약한 불에서 익힌다.

3 **2**를 수시로 저으며 몇 분간 졸인다. 또 다른 용기에 넣어 식힌다.

4 오븐을 (데크 오븐 기준) 180℃로 예열하고, 반죽을 20×50cm의 직사각형으로 밀어 편 다음(→283쪽) 10cm 길이의 정사각형으로 자른다.

5 반죽 위에 붓을 이용하여 물을 바른 뒤, 5개씩 겹쳐 놓은 묶음 2개를 만든다.

6 각각의 묶음을 2cm 간격으로 자른 다음, 유산지를 깐 철판 위에 (절단면을 위로 해서) 눕혀 올려놓는다.

7 오븐에 넣어 약 20분간 굽고 식힌다.

8 푀이타주 한쪽 면에 라즈베리 콩포트를 바른 뒤, 다른 한쪽으로 그 위를 덮는다. 이어 나머지 푀이타주도 같은 방식으로 라즈베리 콩포트를 바르고, 슈거파우더를 뿌려 마무리한다.

피낭시에

FINANCIER

아몬드 파우더와 달걀흰자로 만든 작고 부드러운 구움 과자.

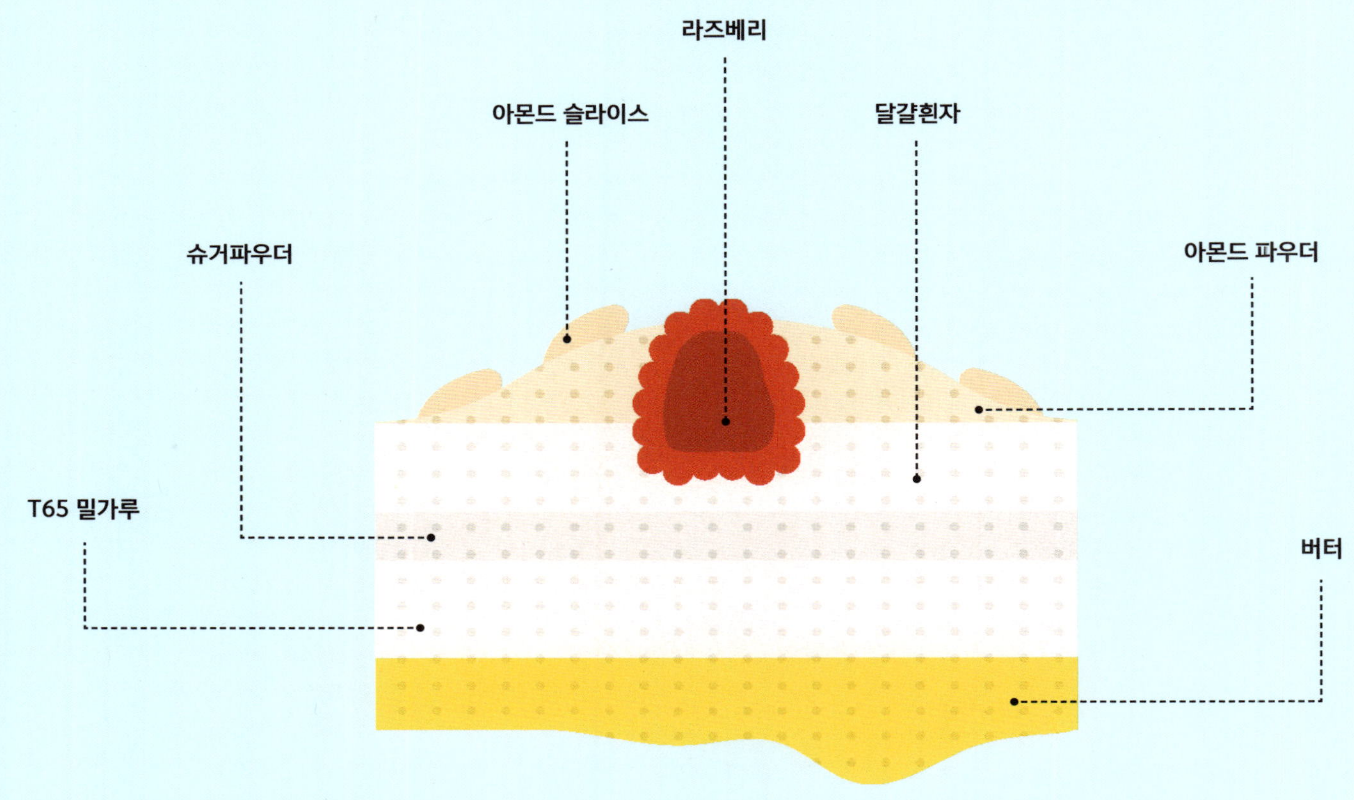

 **시간**

준비 시간: 15분
발효 시간: 저온에서 최소 2시간
굽는 시간: 20-25분

 **도구**

8구 피낭시에 틀, 시누아, 체, 깍지가 달린 짤주머니

 **주의**

헤이즐넛 버터 만들기(→284쪽).

 **연습**

짤주머니 짜기(→285쪽)

 **완성**

피낭시에의 색이 약간 났을 때.

 **보관**

랩으로 포장한 상태에서 2-3일.

반죽을 냉장고에서 휴지시켜야 하는 이유는?

휘핑하는 과정에서 반죽 안에 공기가 유입되기 때문이다. 달걀은 공기를 포집하는 단백질을 함유하고 있으므로 유입된 공기는 아파레유 안에 갇혀 있게 된다. 녹인 버터를 추가하면 이러한 상태의 반죽 내부 구조가 코팅되는데, 냉장 휴지가 이뤄지는 동안 버터가 굳어지며 공기가 유입된 반죽의 구조도 균일해지고 그에 따라 구운 후 피낭시에가 보다 고르게 만들어진다.

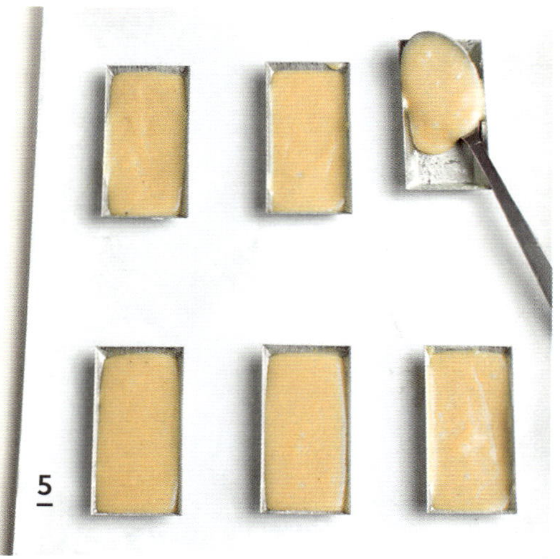

8개

피낭시에 반죽

아몬드 파우더 25g
슈거파우더 65g
T65 밀가루 30g
상온의 달걀흰자 2개(60g)
버터 45g

장식

라즈베리 8개
아몬드 슬라이스 10g

틀

포마드 버터 5g

1 아몬드 파우더와 슈거파우더, 밀가루를 체에 친 뒤
   (→285쪽), 달걀흰자를 추가하고 휘젓는다.
2 헤이즐넛 버터 만들기: 냄비에서 중불로 노릇해질
   때까지 버터를 녹인 다음 버터에서 더 이상 탁탁 튀
   는 소리가 들리지 않고 버터의 거품이 잦아들면 시
   누아로 거른다.
3 1에 뜨거운 상태의 헤이즐넛 버터를 넣은 다음 재료
   가 모두 균일하게 섞일 때까지 계속해서 휘젓는다.

4 3에 밀착하여 랩을 씌우고(→285쪽), 최소 2시간
   혹은 다음 날까지 냉장고에 넣어둔다.
5 오븐을 (컨벡션 오븐 기준) 150℃로 예열한다. 각
   각의 피낭시에 틀에 붓으로 포마드 버터를 바른 뒤,
   숟가락이나 깍지 달린 짤주머니를 이용해 아파레유
   를 채운다.
6 각 피낭시에의 윗면에 라즈베리 1개와 아몬드 슬라
   이스를 올리고 오븐에 넣어 20~25분간 굽는다.

마들렌

MADELEINE

조개껍데기 모양을 한 작은 크기의 부드러운 케이크.

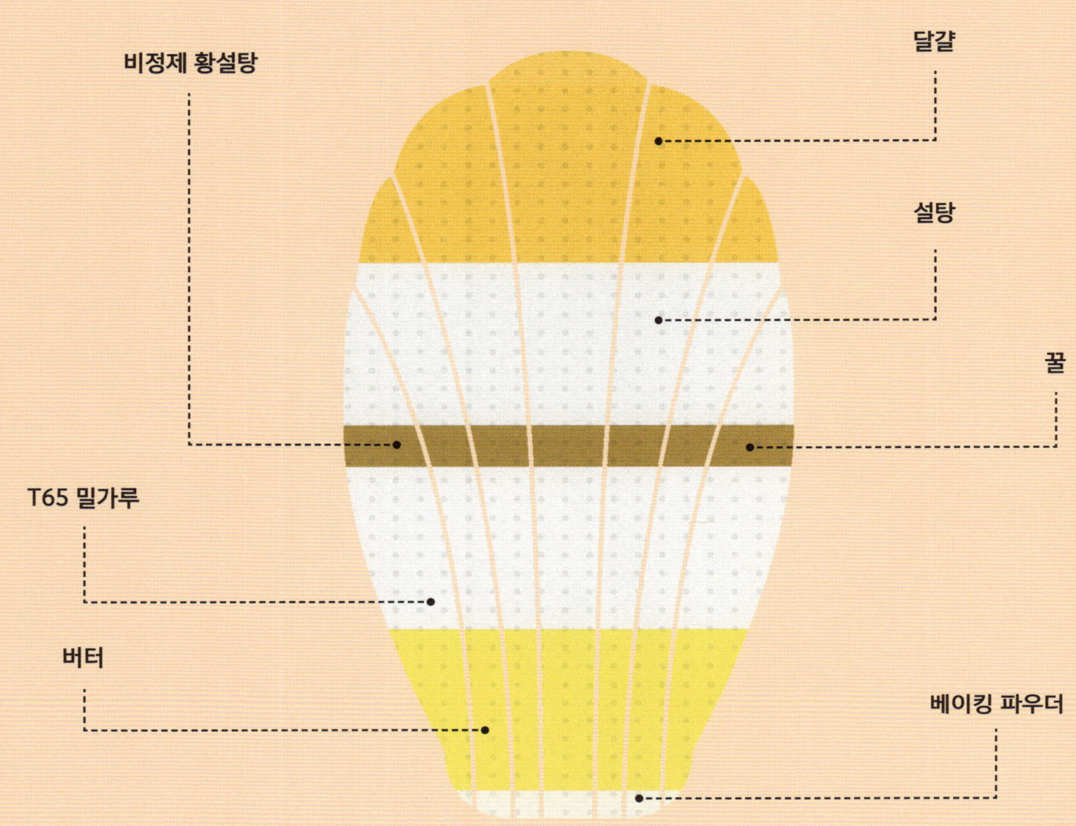

 **시간**

준비 시간: 20분
냉장 휴지: 24시간
굽는 시간: 8-10분

 **도구**

20구 마들렌 틀, 체, 깍지가 달린 짤주머니, 붓

 **주의**

반죽을 충분히 휴지시킨다.

 **연습**

짤주머니 짜기(→285쪽)

 **완성**

마들렌이 노릇해지고 가운데 혹이 생겼을 때.

 **보관**

밀폐 용기에서 며칠.

 ### 가운데 혹이 생기는 이유는?

(냉장고에서 꺼낸) 차가운 반죽을 뜨거운 오븐에 넣으면 가운데 혹이 생길 가능성이 높다. 냉기는 반죽의 점성을 높여 반죽이 틀 안에서 덜 퍼지게 하고, 반죽이 위로 더 부풀어오르게 한다. 또한 오븐의 고온은 빠른 속도로 증기를 형성해 마들렌이 부풀어오르게 된다.

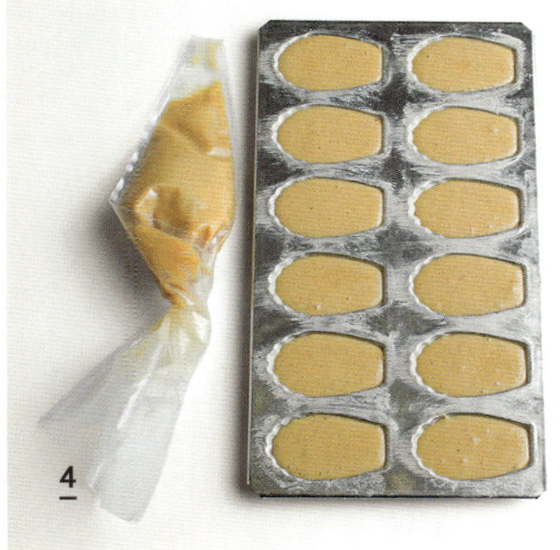

20개

반죽

T65 밀가루 190g   포마드 버터 190g(→284쪽)
설탕 150g   비정제 황설탕 20g
달걀 4개(200g)   꿀 30g
베이킹 파우더 7g   소금 4g

향료

바닐라빈 1개

틀

포마드 버터 5g(→284쪽)

전날 작업

1 스텐볼 안에 포마드 버터와 설탕, 비정제 황설탕, 소금을 넣고 스패튤러로 섞는다. 미리 풀어놓은 달걀과 꿀을 추가한 뒤, 반죽이 균일해지도록 섞는다.

2 칼등으로 바닐라빈을 납작하게 누른 뒤, 반으로 갈라 칼로 씨를 긁어낸다. 바닐라빈의 껍질 부분은 빼고 씨 부분만 스텐볼에 넣는다.

3 스텐볼 위에서 밀가루와 베이킹 파우더를 체에 치고 마지막으로 잘 섞는다. 반죽이 매끄러운 상태가 되면 표면에 밀착하여 랩을 씌우고(→284쪽) 냉장고에서 최소 24시간 동안 휴지시킨다.

당일 작업

4 오븐을 210℃로 예열한다. 각각의 마들렌 틀에 붓으로 포마드 버터를 바른다. 커다란 숟가락이나 깍지 달린 짤주머니를 이용하여(→285쪽) 마들렌 틀에 3/4가량 **3**을 채워넣는다. 오븐에 넣고 8-10분간 굽는다.

아몬드 튀일

TUILE AUX AMANDES

아몬드 슬라이스를 넣은 얇고 바삭한 과자.

 **시간**

준비 시간: 20분
냉장 휴지: 최소 2시간
굽는 시간: 8분

 **도구**

원통 모양의 틀이나 밀대, L자형 스패튤러

+ 응용

헤이즐넛 분태를 넣은 튀일.

 **주의**

튀일(기와) 모양 만들기.

 **팁**

튀일을 여러 차례에 걸쳐 조금씩 나눠 굽는다. 튀일이 뜨거울 때 빨리 모양을 잡아줘야 튀일이 깨지지 않는다.

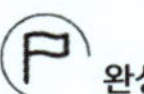 **완성**

튀일 가장자리가 약간 노릇해졌을 때.

 **보관**

밀폐 용기에서 며칠.

반죽을 2시간 동안 휴지시켜야 하는 이유는?

휴지시키는 동안, 달걀흰자에 포함된 수분에 설탕이 녹기 때문에, 구울 때 설탕이 결정화되는 걸 막을 수 있고, 먹을 때 설탕 입자가 씹히는 걸 피할 수 있다.

25개

아몬드 슬라이스 250g
설탕 250g
달걀 4개(200g)
바닐라빈 1개
레몬 제스트 2g
오렌지 제스트 2g

1 칼등으로 바닐라빈을 납작하게 누른 뒤, 반으로 갈라 칼로 씨를 긁어낸다. 씨 부분을 스텐볼에 넣은 뒤, 설탕과 달걀, 제스트를 추가하고 내용물이 균일해질 때까지 휘젓는다.

2 아몬드 슬라이스가 깨지지 않도록 조심스럽게 집어넣고 가볍게 섞는다. 반죽에 밀착하여 랩을 씌워 (→285쪽) 최소 2시간 동안 혹은 다음 날까지 냉장고에서 휴지시킨다.

3 오븐을 (데크 오븐 기준) 170℃로 예열하고, 유산지나 실리콘 매트를 깐 철판 위에 티스푼으로 **2**를 떠서 8개의 작은 반죽 더미를 만든다. 넓게 퍼질 수 있도록 간격을 유지한다.

4 포크를 물에 적신 뒤 포크 뒷면으로 반죽 더미를 눌러주면서 모양을 둥글게 만든다. 누를 때의 방향은 튀일의 안쪽에서 바깥을 향하도록 한다.

5 오븐에 넣고 튀일의 가장자리가 노릇해질 때까지 약 8분간 굽는다.

6 L자형 스패튤러를 이용하여 철판에서 빠르게 튀일을 떼어낸 뒤 원통 모양의 틀이나 밀대 위에 올려놓는다. 손으로 밀대의 곡선을 따라 튀일의 모양을 잘 잡아주고 이어 나머지도 같은 방식으로 작업한다.

슈케트

CHOUQUETTE

속을 채우지 않고 펄 슈거를 겉에 뿌린 작은 슈.

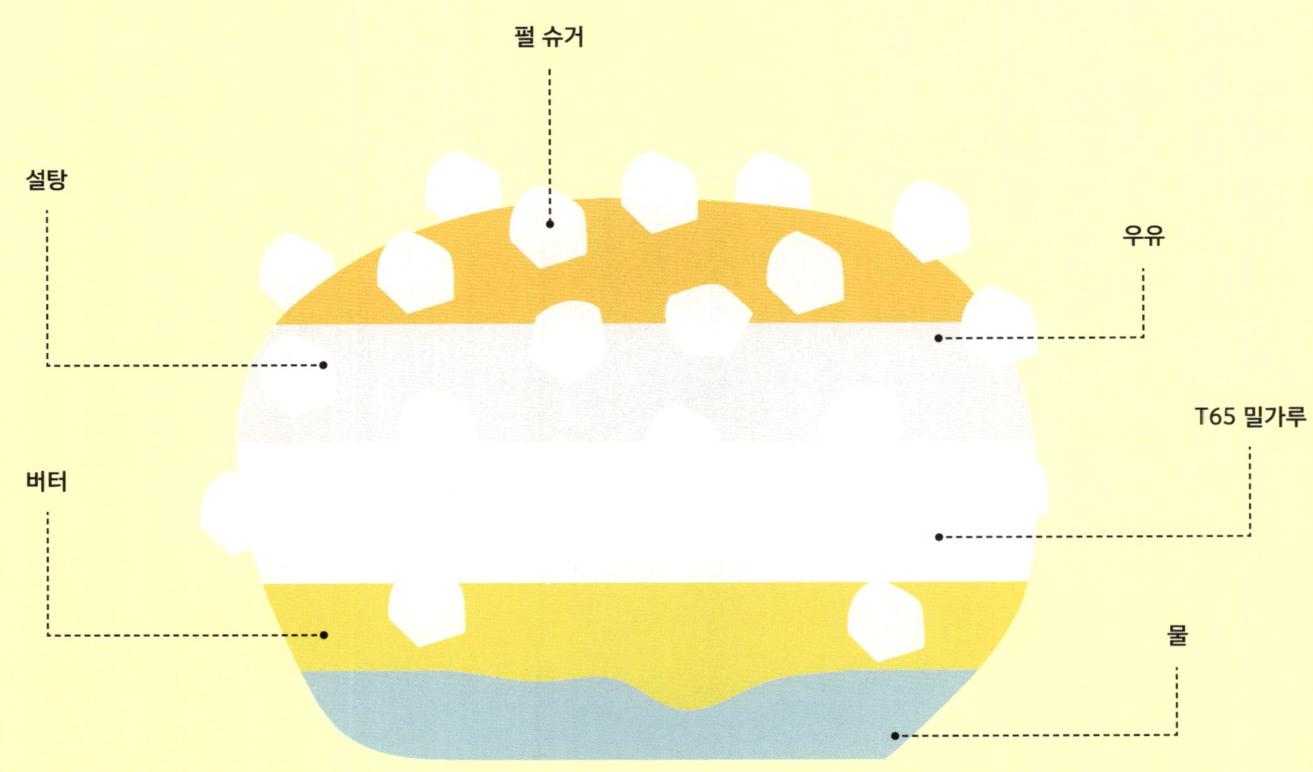

 **시간**

준비 시간: 15분
굽는 시간: 20분

 **도구**

비터를 장착한 믹서(선택), (손잡이가 단단한) 스패튤러, 둥근 스크레이퍼, 깍지가 달린 짤주머니 + 10번 모양 깍지

! **주의**

슈 반죽을 태우지 않고 수분 날리기.
슈 굽기.

 **팁**

겉껍질이 마르기 전 오븐 문을 열지 않아야 슈케트가 주저앉는 것을 방지할 수 있다.

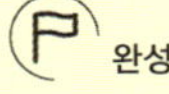 **완성**

슈케트가 잘 부풀어오르고 노릇해지면서 펄 슈거가 약간 캐러멜화되었을 때.

 **보관**

슈케트가 눅눅해지거나 마를 수 있으므로 빠른 시간 안에 섭취.

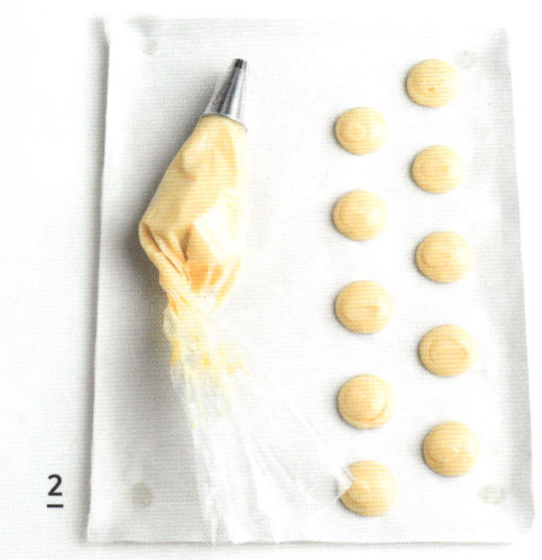

50개

파트 아 슈

T65 밀가루 150g

우유 165g

물 90g

버터 110g

달걀 4개(200g)

소금 2g

설탕 2g

마무리

펄 슈거 200g

1 파트 아 슈를 만든다(→73쪽).

2 오븐을 (컨벡션 오븐 기준) 150℃로 예열한다. 10번 모양 깍지를 끼운 짤주머니에 슈 반죽을 넣고, 유산지를 깐 철판 위에 지름 2~2.5cm 가량의 슈 25개를 짠다. 반죽을 짤 때 짤주머니는 철판 가까이에 대고 수직으로 짠다.

3 펄 슈거를 슈 위에 넉넉하게 뿌린다.

4 오븐에 넣고 20분간 굽는다. 나머지 반죽으로 25개의 슈를 짠 뒤, 펄 슈가를 뿌리고 오븐에 넣어 20분간 굽는다.

구울 때 설탕이 녹지 않는 이유는?

펄 슈거는 각설탕처럼 자당(포도당과 과당으로 이루어진 이당류의 하나) 성분으로 되어 있기 때문에 160℃부터 녹기 시작한다. 슈케트의 굽기 온도는 그보다 아래(150℃)이므로 펄 슈거의 형태가 유지되며 녹지 않는 것이다.

제3부

용어 사전

도구 소개

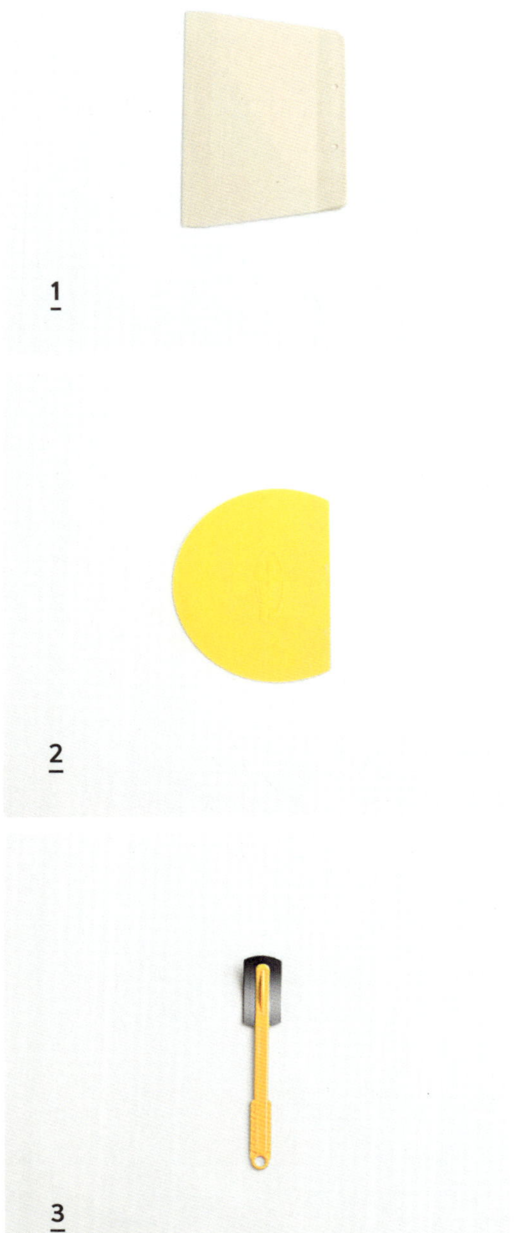

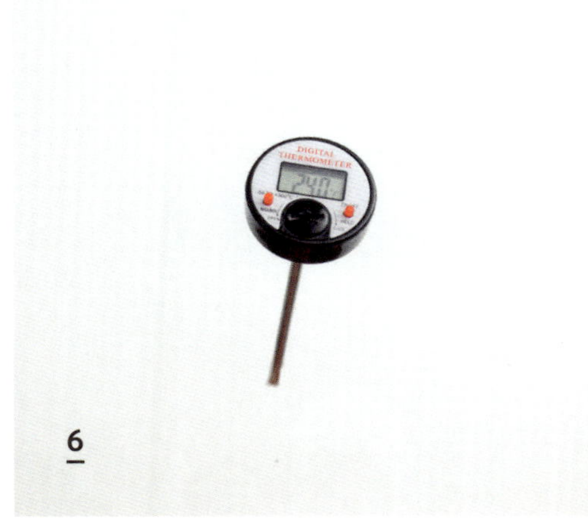

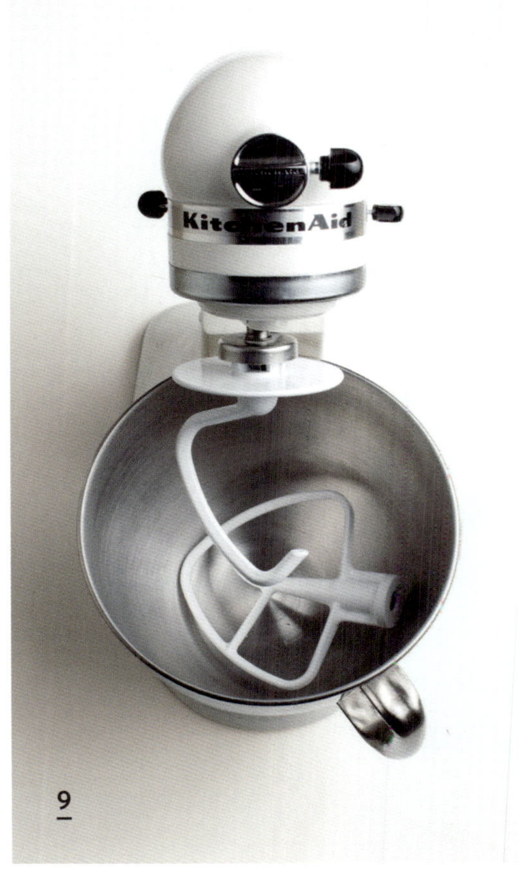

1 스크레이퍼(쿠프파트coupe-pâte)

반죽을 깔끔하게 분할/커팅하는 (플라스틱 혹은 금속 재질의) 도구.

2 둥근 스크레이퍼(코른corne)

용기 안의 준비된 혼합물을 긁어내어 옮기는 데 사용되는 플라스틱 재질의 도구.

3 쿠프 나이프

빵에 칼자국을 내어 칼집을 만드는 데 사용되는 날카로운 칼날.

4 가위

가위집을 넣거나 이삭(에피) 모양 등을 만들 때 사용.

5 빵칼

톱니날이 달린 큰 칼로, 굽고 난 빵을 자를 때 사용.

6 온도계

믹싱 작업이 끝났을 때 반죽의 온도를 알아보는 데에 사용. 최적의 발효가 이루어지는 온도는 22-24℃ 사이이다.

7 저울

재료의 정확한 무게를 재는 데 사용.

8 스텐볼, 면포

준비된 재료를 섞거나 빵 반죽의 발효에 사용되는 스텐 재질의 용기. 반죽의 표면이 말라 껍질이 생기는 것을 방지하기 위해 덮는 면포.

9 믹서/믹싱볼

손으로 하면 장시간 고된 작업이 필요한 빵 반죽의 믹싱 작업에 사용. 보다 강도 높은 믹싱 작업이 이뤄지기 때문에 더욱 힘이 들어간 반죽을 만들 수 있다. 믹싱 작업은 훅을 사용하며, 비터는 부드럽거나 반 액체 상태의 반죽을 섞거나 크림 종류를 섞는 데 사용한다. 거품기 fouet는 크림이나 달걀흰자를 거품 낼 때 (부피를 증가시키기 위해) 쓴다.

도구 소개

1 팽 드 미 틀(식빵 틀)

뚜껑이 있는 식빵 틀. 제과제빵 전문점에서 구입.

2 브리오슈 파리지엔 틀

홈이 패인 금속 재질의 둥근 틀로, 브리오슈 파리지엔의 몸통 부분을 구울 때 사용된다. 제과제빵 전문점에서 구입.

3 쿠글로프 틀

쿠글로프를 굽는 데에 사용되는 도자기 재질의 전통 틀. 금속 재질로 된 것도 있다.

4 파네토네 틀

종이로 된 틀. 스프링폼springform이라고 부르는 분리형 틀도 있다.

5 마들렌 틀

(조개 모양의) 줄무늬 홈이 여러 개 있는 철판 틀. 실리콘 재질보다는 금속 재질의 틀이 더욱 잘 구워진다.

6 피낭시에 틀

(금괴 모양의) 홈이 여러 개 있는 철판 틀 형태도 있고, 낱개 틀(1구)로 된 것도 있다. 실리콘 재질보다는 금속 재질의 틀이 더욱 잘 구워진다.

7 철판

빵을 구울 때 사용하는 금속 재질의 팬. 반죽이 달라붙는 것을 방지해주는 코팅 처리가 되어 있지 않은 경우에는 바닥에 유산지를 깔고 사용한다.

8 짤주머니/모양 깍지

제과에서는 혼합물을 장식용으로 짜는 데 사용된다(앙트르메용 크림). 제빵에서는 주로 충전물을 채워넣거나(베녜 푸레, 아몬드 크루아상), 크림류를 균일하게 채우거나(갈레트 데 루아), 작은 크기의 구움 과자류 반죽을 깨끗하게 짜거나(피낭시에, 마들렌), 슈게트의 슈 모양을 만들 때 사용한다.
따라서 보통 중간 정도 지름(8, 10mm)의 민무늬 모양 깍지를 주로 사용하며, 짤주머니는 실용적이고 위생적인 일회용을 선택한다.

9 밀대

반죽을 균일하게 미는 데 사용되는 나무 방망이. 한 번 밀어주고 난 다음에는 반죽을 90°씩 돌려주어 일정한 두께가 만들어질 수 있도록 한다.

10 붓

비에누아즈리에 달걀물을 바르는 데 사용하는 조리용 붓.

반죽 다루기

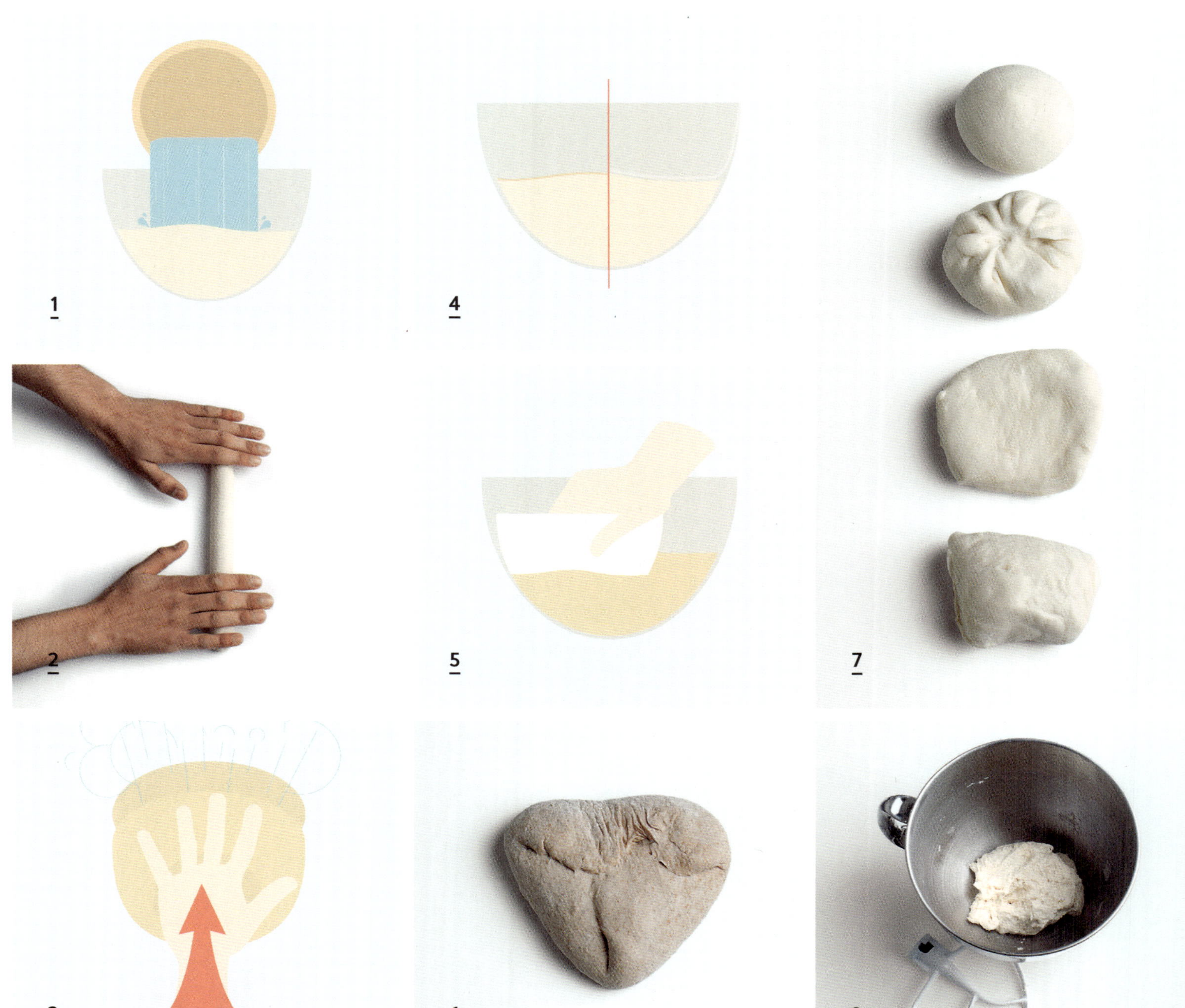

1 물 추가(바시나주BASSINAGE)

반죽이 너무 될 경우, 믹싱 작업 마지막에 반죽에 물을 더하여 수분 함량을 높인다.

2 길게 늘이기(알롱제ALLONGER)

반죽을 길게 늘리는 사전 성형 작업. 반죽의 양쪽 끝에 손바닥을 대고, 원하는 길이가 될 때까지 가볍게 누르면서 굴린다.

3 가스 빼기(데가제DÉGAZER)

손으로 반죽을 평평하게 눌러주어 가스를 빼내는 작업. 이 작업을 하면 발효 과정 동안 생성되는 가스를 더욱 고르게 분배할 수 있고, 속살의 기공 상태도 더 좋아진다.

4 피막 형성시키기(크루테CROÛTER)

반죽이나 크림의 표면에 피막이 형성되는 것. 혼합물이 공기 중에 노출되어 산화될 때 피막이 형성된다.

5 (용기 안의) 재료 긁어내기(코르네CORNER)

'코른corne'이라 부르는 플라스틱 재질의 원형 스크레이퍼를 이용하여 용기 안에서 반죽 혹은 혼합물을 긁어내는 작업.

6 이음매(수뒤르SOUDURE)

같은 덩어리의 반죽에서 두 부분을 서로 잇는 작업. 제빵에서 (봉합 부분이라고도 부르는) 이음매는 구울 때 보통 아래쪽에 위치하는데, 이음매를 위로 하여 빵을 굽는 경우도 있다. 이럴 때는 이음매 부분이 칼집을 대신한다.

7 둥글리기(불레BOULER)

반죽 살짝 눌러 편 뒤, 가장자리 부분을 가운데로 조금씩 밀어넣어 접는다. 접어 올린 가장자리 부분을 가운데에서 하나로 봉합한 뒤, 밀가루를 뿌린 작업대 위에 (이음매를 아래로 가게 하여) 공 모양 반죽을 뒤집어놓는다. 손바닥으로 반죽 표면을 여러 차례 매만지면서 반죽을 매끈하게 만든다.

8 프라자주FRASAGE(또는 프라제FRASER)

제빵에서 '프라자주'란 본격적인 믹싱 작업 전 반죽의 재료들을 섞는 작업을 일컫는다. 제과에서 '프라자주'란 작업대 위에서 반죽(파트 사블레, 파트 브리제, 파트 쉬크레 등)을 손바닥으로 짓이김으로써 반죽을 지나치게 치대지 않고 재료를 섞는 작업을 말한다.

반죽 다루기

11

14

12

13

15

9 신장성이 있는 반죽

쉽게 늘릴 수 있는 반죽을 일컫는다.

10 탄성이 있는 반죽

밀어 펴기 힘든 반죽. 펼쳤을 때 곧바로 수축되는 상태의 반죽을 일컫는다.

11 밀기(아베세ABAISSER)

밀대를 이용하여 반죽(파트 푀이테, 파트 사블레, 파트 브리제, 파트 아 피자 등)을 미는 작업. 작업 시에는 작업대와 밀대, 반죽 모두에 약간의 밀가루를 뿌린다.

12 틀에 깔기(퐁세FONCER)

틀이나 세르클에 반죽을 까는 작업. 작업 시 밀대를 이용하여 반죽이 찢어지는 것을 방지한다. 밀가루를 뿌린 밀대에 반죽을 말아준 뒤, 세르클이나 틀 가장자리 위에 밀대를 올려놓고 펼치면 된다.

13 빗금 넣기(시크테CHIQUETER)

작은 칼을 이용하여 반죽의 가장자리에 일정 간격으로 작은 홈을 내는 작업. 이 작업을 하면 구울 때 가스가 빠져나가지 않아 반죽이 좀 더 빠르게 부풀어오를 수 있으며, 외관상으로도 더 보기 좋은 결과물이 만들어진다. 홈을 내는 작업은 반죽의 바깥쪽에서 안쪽을 향해 5mm 간격으로 만들어준다.

14 3겹 접기

투라주 작업(반죽을 겹겹이 접는 작업) 시 파트 푀이테를 3겹으로 접는 형태. (이음매를 세로로 두고) 반죽을 밀어 펴서 길이가 너비보다 3배 더 길어지게 만든다. 반죽의 1/3을 가운데로 향해 접은 뒤, 아래쪽의 나머지 1/3도 가운데를 향해 포개어 접는다. 랩을 씌운 뒤 냉장고에서 휴지시킨다.

15 4겹 접기(또는 지갑 모양 접기)

투라주 작업(반죽을 겹겹이 접는 작업) 시 파트 푀이테를 4겹으로 접는 형태. (이음매를 세로로 두고) 반죽을 펼쳐서 길이가 너비보다 3배 더 길어지게 만든다. 반죽 양쪽의 1/4을 가운데로 향해 접은 뒤 이어 가운데에서 반으로 한 번 더 접어준다. 랩을 씌운 뒤 냉장고에 넣어둔다.

버터 및 달걀 다루기

1

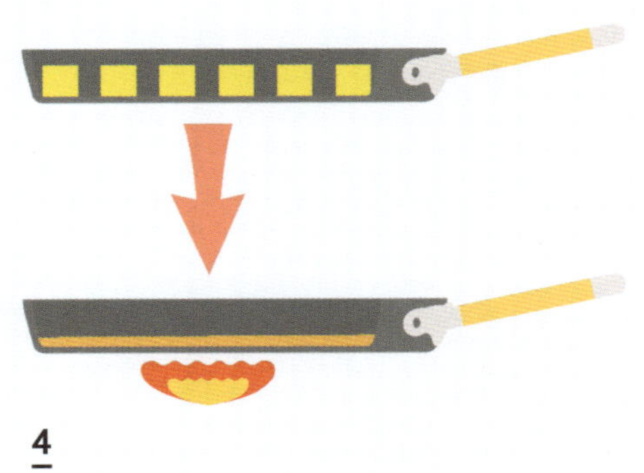

4

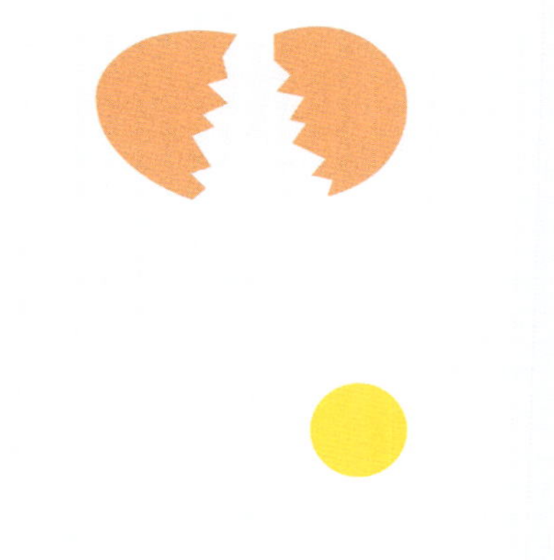

6

2

3

5

7

8

1 틀에 버터 바르기

붓을 이용하여 포마드 버터로 틀의 표면을 전부 덮는다. 틀에 버터를 바르면 굽고 난 뒤 틀에서 쉽게 꺼낼 수 있다.

2 포마드 버터

(액체 상태는 아니지만) 상당히 무른 상태의 버터. 물러지고 포마드 질감이 나올 때까지 치대어 만든다. 먼저 버터를 조각내 자른 뒤, 볼에 담아 1–2시간 정도 상온에 두었다가 스패튤러로 치대거나 비터를 장착한 믹서로 섞는다.

3 크림 상태로 만들기(크레메CRÉMER)

(포마드 상태의) 무른 버터에 설탕을 넣고 섞어 크림을 만드는 작업.

4 헤이즐넛 버터

갈색 빛이 돌 때까지 가열한 버터.

5 정제 버터

모든 불순물을 제거하고 유지만 남은 상태의 버터. 아주 약한 불에 버터를 녹이고, 버터가 완전히 녹고 나면 숟가락을 이용하여 표면의 불순물을 걷어낸다. 노란버터를 볼에 담되, 냄비 바닥의 하얀유장은 냄비에서 딸려나오지 않도록 주의한다.

6 달걀 분리하기

달걀흰자에서 노른자를 분리하는 작업.

7 리본 모양 만들기

균일하고 매끄러운 혼합 상태가 될 때까지 설탕과 함께 달걀을 휘저어준다. 이렇게 하면 중간에 끊기지 않고 리본처럼 말려 접히면서 떨어지는 상태의 혼합물이 만들어진다.

8 블랑시르BLANCHIR

흰색 빛이 돌 때까지 달걀노른자나 버터에 설탕을 넣고 힘 있게 휘젓는 작업.

기본 동작 이해하기

1

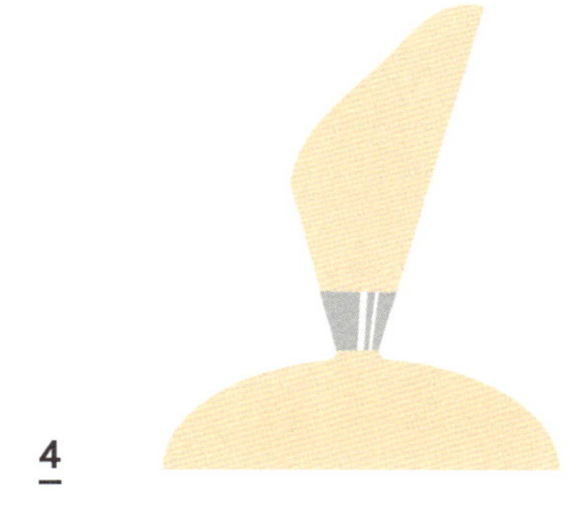

4

7

2

5

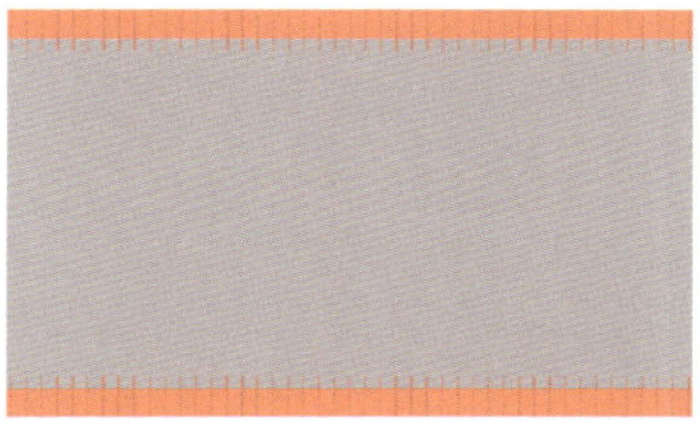

8

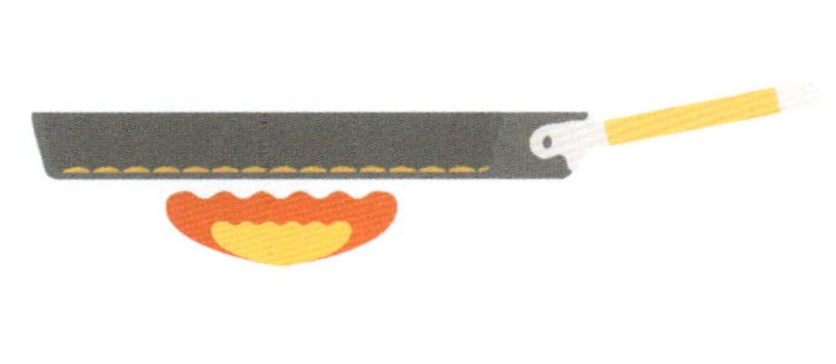

3

6

9

1 체 치기(타미제TAMISER)

가루를 체에 쳐서 모든 잔여물을 걸러내는 작업.

2 시누아에 내리기

액체를 시누아(거름망)에 내려 잔여물 혹은 지나치게 덩어리진 부분을 걸러내는 작업.

3 과일/곡물 굽기

건과일이나 곡물을 구워 향을 끌어내는 작업. 철판 위에 재료를 올린 뒤, 180℃에서 10여 분간 오븐에 넣고 굽는다. 프라이팬을 이용할 경우, 기름을 두르지 않은 채 팬을 수시로 흔들어주면서 굽는다. 재료가 타지 않도록 주의한다.

4 짤주머니 짜기(포셰POCHER)

제과에서 모양 깍지가 달린 혹은 달리지 않은 짤주머니를 이용하여 반죽으로 (원반, 돔, 에클레르, 슈 등의) 형태를 만들어내거나 장식을 넣는 작업.

5 랩 (밀착하여) 씌우기

준비된 재료 위에 랩을 씌우는 작업. 랩이 재료에 밀착되도록 하여 공기와의 접촉을 피한다. 이렇게 하면 재료 위에 피막이 생기거나 재료가 마르는 걸 방지할 수 있다.

6 데크 오븐

(오븐의 위아래에) 2개의 열선이 깔린 오븐으로, 열기가 서서히 위로 올라간다. 동시에 여러 개의 철판을 올리고 굽는 것에는 적합하지 않다.

7 컨벡션 오븐

2개의 열선과 1개의 회전 팬이 달린 오븐으로, 오븐 안에서 열기가 골고루 배분된다.

8 스팀(뷔에BUÉE)

오븐에 반죽을 넣을 때 오븐 안에 증기 형태로 집어넣는 수분으로, 굽는 동안 오븐 안의 대기가 촉촉하게 유지된다. 스팀을 넣으면 빵에 윤기가 돌고 겉껍질 모양이 잘 나오며, 칼집이 벌어지게 하는 데 도움이 되고, 수분 증발이 덜되어 빵을 더 오래 보관할 수 있다.

9 마야르 반응

(빵의 굽기가 끝날 무렵) 표면에 물 분자가 남아 있지 않은 순간부터 일어나는 단백질과 당분 사이의 화학 작용. 갈색 빛을 띠며 캐러멜 향이 도는 방식으로 나타난다.

레시피별 목차 TABLE DES RECETTES

재료별 목차 INDEX DES INGREDIENTS

감사의 말

로돌프 랑드멘

늘 함께 작업하는 메종 랑드멘 팀에게 감사를 표한다.

안 카조르

이 책을 만드는 데 참여해준 모든 분들에게 감사의 뜻을 전한다.

야니스 바루치코스

내 곁에서 달콤한 주말을 만들어준 밀가루 T65와 T175에게 고맙다는 말을 하고 싶다. 내게 '핫한' 제빵의 신기원을 마련해준 글루텐 프리 빵도 너무너무 고맙다. 아울러 한 입 베어 물 때마다 내게 말도 못할 행복감을 안겨준 내 사랑 슈케트에게도 무한한 감사 인사를 전한다.

이 책을 만든 이들

저자 로돌프 랑드멘Rodolphe Landemaine

마옌 출신인 로돌프 랑드멘Rodolphe Landemaine은 전문 직업 기술학교(Les Compagnons du Devoir et du Tour de France)에서 제빵 및 제과 기술을 공부했다. 이후 피에르 에르메Pierre Hermé 곁에서 라 뒤레La Durée 파티시에로 근무했을 뿐 아니라 리옹 폴 보퀴즈Paul Bocuse 레스토랑, 뤼카 카르통Lucas Carton 레스토랑, 브리스톨 Bristol 호텔 등을 거치며 최고의 노하우를 쌓아갔다. 2007년 아내 요시미와 함께 파리 9구에 자신의 이름을 딴 첫 베이커리를 오픈한 뒤 파리 시내 여러 곳으로 지점을 확대한다. 현재 파리에만 12곳의 지점을 두고 있으며, 일본에도 제빵 노하우를 발전시키기 위한 제빵 학교를 설립했다.

자문 안 카조르Anne Cazor

분자요리학 박사이자 농업식품공학자. 분자요리학계의 유명한 전문가 에르베 티스Hervé This와 함께 3년간 일했으며, 2006년 퀴진 이노바시옹Cuisine Innovation을 창업하여 관련 전문가와 일반인에게 과학적 지식을 전파하고 있다.

번역 배영란

한국외국어대학교 통번역대학원에서 순차 통역 및 번역 석사학위를 받았고, 현재 동 대학원에 출강하며 전문 번역가로 활동 중이다. 옮긴 책으로는 《미래를 심는 사람》《포르투갈》《책의 탄생》《핵심 서양미술사》《왜 고기를 안 먹기로 한 거야?》 등이 있으며, 《르몽드 디플로마티크Le Monde Diplomatique》 한국어판 번역에도 참여하고 있다.

감수 신성환

아티제, 폴 바셋 R&D 팀장을 거쳐 비스트로 달고나에서 제빵을 총괄했다.